# 数字电子技术基础

主　编　陈　敏　张金豪
副主编　赵红利　姚建平
参　编　陈　岚　王　毅　邱堂清　李虹燃
　　　　张　波　李　涛　刘　旭　石　磊
主　审　范琼英

北京理工大学出版社
BEIJING INSTITUTE OF TECHNOLOGY PRESS

## 内容简介

本书以接近生活的典型电路为载体,通过任务驱动的方式将知识点与技能点有机融合。全书共包括 9 个项目,前 6 个项目分别为触摸式延时开关的认识与制作、数码显示电路的认识与制作、单脉冲计数电路的认识与制作、汽车前照灯关闭自动延时控制电路的认识与制作、函数信号发生器的认识与制作、N 进制计数器的认识与实现,项目七~项目九为综合电路制作。

本书内容新颖全面、图文并茂、通俗易懂、易学好教。

本书为校企合作共同编写,可作中等职业院校"数字电子技术基础"的教材,也可作为相关从业人员的业务参考书和培训教材。

---

版权专有　侵权必究

---

### 图书在版编目(CIP)数据

数字电子技术基础 / 陈敏,张金豪主编. -- 北京：北京理工大学出版社,2021.11
ISBN 978-7-5763-0663-7

Ⅰ.①数… Ⅱ.①陈… ②张… Ⅲ.①数字电路-电子技术-中等专业学校-教材 Ⅳ.①TN79

中国版本图书馆 CIP 数据核字(2021)第 224265 号

---

| | |
|---|---|
| 出版发行 / | 北京理工大学出版社有限责任公司 |
| 社　　址 / | 北京市海淀区中关村南大街 5 号 |
| 邮　　编 / | 100081 |
| 电　　话 / | (010)68914775(总编室) |
| | (010)82562903(教材售后服务热线) |
| | (010)68944723(其他图书服务热线) |
| 网　　址 / | http://www.bitpress.com.cn |
| 经　　销 / | 全国各地新华书店 |
| 印　　刷 / | 定州市新华印刷有限公司 |
| 开　　本 / | 889 毫米×1194 毫米　1/16 |
| 印　　张 / | 17 |
| 字　　数 / | 347 千字 |
| 版　　次 / | 2021 年 11 月第 1 版　2021 年 11 月第 1 次印刷 |
| 定　　价 / | 44.00 元 |

责任编辑 / 陆世立
文案编辑 / 陆世立
责任校对 / 周瑞红
责任印制 / 边心超

图书出现印装质量问题,请拨打售后服务热线,本社负责调换

# 前言

"数字电子技术基础"作为电子类专业的基础课程，支撑着计算机方向、电子通信方向、机电方向、智能控制等诸多应用领域。本书是为适应中等职业学校高水平学校建设专业群建设需求，更好地培养通用电子技术人才而编写的专业基础教材之一。编者根据技术领域和职业岗位（群）的任职要求，融合通用电子类专业职业标准，以电子电路典型工作过程和来源于企业的实际案例为载体编写本书，强调对学生应用能力、实践能力、分析问题和解决问题能力的培养，突出职业特色。

本书编者依据《技工院校电子类通用专业课教学大纲（2016）》，将知识点高度融合为数字电子技术基础知识、组合逻辑电路、时序逻辑电路、555定时器4个教学任务，精选教学内容，根据中职学生认知能力，基础理论以"必需""够用"为度，删除不必要的理论推导和计算，适当精简电子电路结构与分析方法的论述，以定性分析为主，只对集成电路中最经典的结构内容进行介绍，重点介绍其功能及应用方法，并根据"知识要点—芯片测试—电路制作"的认识顺序编写教材内容。通过本书的学习，学生应初步具备利用中、小规模集成芯片进行简单应用电路装接的能力，具备对常用电子产品进行分析、组装、焊接、维修、检测和调试的能力。

本书采用工学结合的一体化课程模式，采用行动导向教学方法，项目引领、任务驱动的编写模式，以"任务"为主线，将"知识学习、职业能力训练和综合素质培养"贯穿于教学全过程的一体化教学模式，让学生在技能训练过程中加深对专业知识的理解和应用，培养学生的综合职业技能，全面体现职业教育的新理念。

为了便于教学，本书采用模块化设计方式，依据工学结合的职业教育思想，以及职业成长规律，将各工作任务分解为多个子任务，并配备了工作页。配备的工作页将学习与工作紧密结合，并以"学习的内容是工作，通过工作实现学习"为宗旨，以此促进学习过程的系统化，并使教学过程更贴近企业生产实际。本书突出了工作页对学生实操过程的指导作用，以达到学生只要使用工作页便可基本掌握整个工作过程的效果。另外，在编写本书时，编者在时间跨度和内容深广度上留有伸缩性。本书项目五介绍模数（A/D）转换器和数模（D/A）转换器，项目六介绍可编程逻辑控制器，旨在增强学生创新意识和创新精神，并为学生后续的学习指出方向。项目七至项目九属于综合实训项目,是对本书知识点和技能点的总结,教师可任选一个综合实训项目进行教学。

本书建议学时如下:

| 项目 | 任务 | 建议学时 |
| --- | --- | --- |
| 项目一 触摸式延时开关的认识与制作 | 任务一 数字电路的初步认识 | 2 |
| | 任务二 基本逻辑运算的认识 | 2 |
| | 任务三 逻辑变量与逻辑函数的认识 | 2 |
| | 任务四 集成逻辑门电路的认识 | 2 |
| | 任务五 集成门电路系列及其逻辑功能测试 | 2 |
| | 任务六 触摸式延时开关的制作与调试 | 2 |
| 项目二 数码显示电路的认识与制作 | 任务一 组合逻辑电路的分析与设计 | 2 |
| | 任务二 编码器的功能及应用 | 2 |
| | 任务三 译码器的功能及应用 | 2 |
| | 任务四 数码显示电路的制作与调试 | 4 |
| 项目三 单脉冲计数电路的认识与制作 | 任务一 触发器的认识 | 6 |
| | 任务二 计数器的认识 | 4 |
| | 任务三 寄存器的认识 | 2 |
| | 任务四 单脉冲计数电路的制作 | 6 |
| 项目四 汽车前照灯关闭自动延时控制电路的认识与制作 | 任务一 555 电路逻辑功能的认识 | 4 |
| | 任务二 555 定时器电路测试 | 2 |
| | 任务三 汽车前照灯关闭自动延时控制电路的制作与调试 | 2 |
| 项目五 函数信号发生器的认识与制作 | 任务一 ADC 的认识 | 2 |
| | 任务二 DAC 的认识 | 2 |
| | 任务三 函数信号发生器的制作与调试 | 4 |
| 项目六 N 进制计数器认识与实现 | 任务一 可编程逻辑器件的认识 | 1 |
| | 任务二 主流可编程逻辑器件 CPLD/FPGA 的认识 | 1 |
| | 任务三 可编程器件实现 N 进制计数器 | 2 |
| 项目七 数字毫伏表制作* | 任务一 数字毫伏表电路的认识 | 4 |
| | 任务二 数字毫伏表的组装与调试 | 6 |
| 项目八 温度控制器制作* | 任务一 温度控制器电路的认识 | 6 |
| | 任务二 温度控制器的组装与调试 | 10 |

续表

| 项目 | 任务 | 建议学时 |
|---|---|---|
| 项目九　无线防盗报警器制作* | 任务一　无线防盗报警器的认识 | 6 |
|  | 任务二　无线防盗报警器的组装与调试 | 10 |

注：标注星号的为选学内容。

本书由陈敏、张金豪担任主编，赵红利、姚建平担任副主编，范琼英担任主审，陈岚、王毅、邱堂清、李虹燃、张波、李涛、刘旭、石磊参与编写。其中，陈敏、张金豪、赵红利、姚建平共同完成了项目一、项目四、项目五的编写，李虹燃、石磊完成了项目二的编写，陈岚、张波完成了项目三的编写，王毅、刘旭完成了项目六的编写，邱堂清、李涛完成了项目七到项目九的编写。感谢马玖益老师对本书编写提供的帮助。

本书中选用大量与生产生活紧密相关的应用实例，如触摸式定时控制开关、触摸式延时控制开关、双音门铃、光控开关、汽车前照灯关闭自动延时控制电路等，教师教学时应注意学生电路思维分析习惯的养成，引导知识应用，鼓励创新精神，重视实践能力的培养。

由于编者水平有限，加之时间仓促，书中疏漏和不足之处在所难免，恳请广大读者批评指正。

编　者
2021 年 5 月

# 目录

**项目一　触摸式延时开关的认识与制作** ································· 1
  任务一　数字电路的初步认识 ····································· 2
  任务二　基本逻辑运算的认识 ···································· 10
  任务三　逻辑变量与逻辑函数的认识 ······························ 14
  任务四　集成逻辑门电路的认识 ·································· 23
  任务五　集成门电路系列及其逻辑功能测试 ························ 30
  任务六　触摸式延时开关的制作与调试 ···························· 36

**项目二　数码显示电路的认识与制作** ·································· 40
  任务一　组合逻辑电路的分析与设计 ······························ 41
  任务二　编码器的功能及应用 ···································· 44
  任务三　译码器的功能及应用 ···································· 52
  任务四　数码显示电路的制作与调试 ······························ 60

**项目三　单脉冲计数电路的认识与制作** ································ 68
  任务一　触发器的认识 ·········································· 70
  任务二　计数器的认识 ·········································· 78
  任务三　寄存器的认识 ·········································· 84
  任务四　单脉冲计数电路的制作 ·································· 89

**项目四　汽车前照灯关闭自动延时控制电路的认识与制作** ··············· 93
  任务一　555 电路逻辑功能的认识 ································· 94
  任务二　555 定时器电路测试 ···································· 105
  任务三　汽车前照灯关闭自动延时控制电路的制作与调试 ············ 109

## 项目五  函数信号发生器的认识与制作 ……… 113
### 任务一  ADC 的认识 ……… 114
### 任务二  DAC 的认识 ……… 123
### 任务三  函数信号发生器的制作与调试 ……… 130

## 项目六  $N$ 进制计数器认识与实现 ……… 140
### 任务一  可编程逻辑器件的认识 ……… 141
### 任务二  主流可编程逻辑器件 CPLD/FPGA 的认识 ……… 143
### 任务三  可编程逻辑器件实现 $N$ 进制计数器 ……… 147

## 项目七  数字毫伏表制作 ……… 153
### 任务一  数字毫伏表电路的认识 ……… 155
### 任务二  数字毫伏表的组装与调试 ……… 160

## 项目八  温度控制器制作 ……… 171
### 任务一  温度控制器电路的认识 ……… 173
### 任务二  温度控制器的组装与调试 ……… 181

## 项目九  无线防盗报警器制作 ……… 188
### 任务一  无线防盗报警器电路的认识 ……… 190
### 任务二  无线防盗报警器的组装与调试 ……… 201

## 参考文献 ……… 208

# 项目一
# 触摸式延时开关的认识与制作

### 项目描述

触摸式延时开关广泛用于楼道、卫生间、仓库等场所的自控照明或定时报警器电路。本任务将使用基本门电路与非门采集触摸式输入信号，手离开开关后，经过一定时间的延迟，继电器才能释放，被控制的灯泡熄灭或报警器停止报警。

### 知识目标

1. 掌握数制和数制转换的基本知识，了解 BCD 码的编码规律。
2. 掌握基本门电路与常见复合门电路的逻辑功能及表示方法。
3. 掌握逻辑代数的基本运算、基本公式及基本定理。
4. 掌握逻辑代数的公式法化简和卡诺图法化简。
5. 熟练运用真值表、逻辑表达式、逻辑电路图和卡诺图表示逻辑函数。

### 技能目标

1. 会查找资料，了解数字集成电路的相关知识。
2. 掌握常用集成门电路的功能测试与应用方法。
3. 初步了解数字电路的故障检修方法。
4. 熟悉数字电路的搭接技巧与集成芯片的电子焊接方法。
5. 能够对由与非门构成的触摸式延时开关进行安装与调试。

## 素养目标

1. 安全用电，爱护仪器设备，保持实训室环境整洁。
2. 关注我国集成电路技术的发展，具有为我国集成电路发展做贡献的意识。
3. 通过逻辑关系的学习，能够用逻辑代数的"0""1"语言表达客观世界。
4. 通过逻辑函数的化简，养成求同存异的辩证思维方式。

## 工作流程与活动

1. 了解数字电路的基本知识。
2. 认识基本的逻辑运算。
3. 认识逻辑变量与逻辑函数。
4. 认识集成逻辑门电路。
5. 学会集成门电路的使用。
6. 进行集成门电路逻辑功能的测试与应用。
7. 学会触摸式延时开关的制作与调试。

# 任务一 数字电路的初步认识

## 学习目标

1. 了解模拟信号和数字信号。
2. 掌握数字电路的特点和分类。
3. 掌握不同数制之间的转换方法。

## 学习过程

### 一、数字电路概述

在某种程度上，各种电子电路和电气设备都是将各种非电物理量转换为电信号，再利用电子技术对其进行处理、转化，以及对其他设备和物理量进行控制的电子电器。

## 1. 电子电路信号

电子电路的信号可分为两大类：模拟信号和数字信号。

（1）模拟信号

在自然界中存在着许多物理量，如时间、温度、压力、速度等，它们在时间和数值上都具有连续变化的特点，这种连续变化的物理量，习惯上称为模拟量。把表示模拟量的信号称为模拟信号。例如，正弦变化的交流信号，它在某一瞬间的值可以是一个数值区间内的任何值。

模拟信号的特点：在时间和数值上都是连续变化的，不会突然跳变。典型的模拟信号如图1-1-1（a）所示。

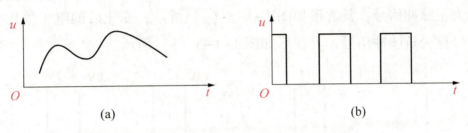

图1-1-1 模拟信号和数字信号的波形

（a）模拟信号的波形；（b）数字信号的波形

（2）数字信号

数字量在时间和数值上都不是连续的，它们的变化总是发生在一系列离散的瞬间，数值大小和每次的增减变化都是某一个最小单位的整数倍。把表示数字量的信号称为数字信号，如图1-1-1（b）所示。

狭义地说，脉冲信号是指一种连续时间极短的电压或电流波形。从广义上讲，凡不具有连续正弦形状的信号可以通称为脉冲信号，如图1-1-2所示。脉冲信号的幅度随时间不连续变化，波形存在转折点或尖峰、阶跃等突变，如电子产品中运用非常广泛的矩形波、锯齿波、三角波、梯形波等信号。

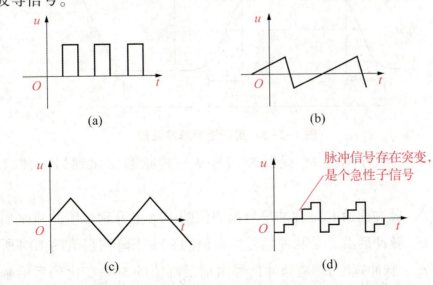

图1-1-2 脉冲信号波形

（a）矩形波；（b）锯齿波；（c）三角波；（d）阶梯波

数字信号是一种特殊的脉冲信号，一般是指波形只有高低两种电平的信号，例如，矩形波就可以看成一种数字信号，但数字信号不一定要求高低电平交替出现。数字信号的特点：其变化发生在离散的瞬间，其值也仅在有限量化值之间发生阶跃变化。

数字信号波形只有高低两种电平，因此它正好和自然界大量存在的互斥型事件或互斥型状态相对应，如开与关、高与低、来与去、上与下、左与右、逻辑学中的真与假、古代的阴与阳、二进制数码 1 与 0 等。因此，数字信号很容易用自然界的事物、状态、颜色等来表示，如围棋中的黑棋子和白棋子，电平的高低，电流的有无、大小、方向，开关的通断等。

脉冲信号可以分为正脉冲信号和负脉冲信号两种。变化后的电平值比变化前的电平值高的脉冲信号称为正脉冲信号，其波形如图 1-1-3（a）所示；变化后的电平值比变化前的电平值低的脉冲信号称为负脉冲信号，其波形如图 1-1-3（b）所示。

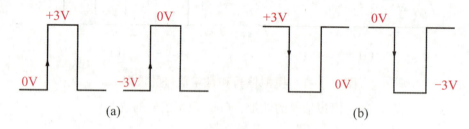

**图 1-1-3 正、负脉冲信号的波形**
（a）正脉冲信号的波形；（b）负脉冲信号的波形

由于数字信号是用两种物理状态来表示 0 和 1 的，故其抵抗材料本身干扰和环境干扰的能力都比模拟信号强很多；在现代技术的信号处理中，数字信号发挥的作用越来越大，复杂的信号处理都离不开数字信号；或者说，只要能把解决问题的方法用数学公式表示，就能用计算机来处理代表物理量的数字信号。

下面以如图 1-1-4 所示的实际矩形脉冲波形为例说明描述脉冲信号的各种参数。

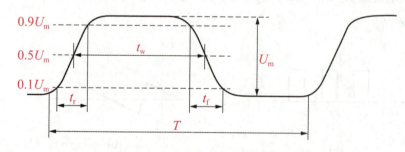

**图 1-1-4 实际矩形脉冲波形**

1）脉冲幅值 $U_m$。脉冲幅值 $U_m$ 是脉冲信号从一种状态变化到另一种状态的最大变化幅度。

2）脉冲前沿 $t_r$。脉冲前沿 $t_r$ 是脉冲信号由幅值的 10% 上升到幅值的 90% 所需的时间。

3）脉冲后沿 $t_f$。脉冲后沿 $t_f$ 是脉冲信号由幅值的 90% 下降到幅值的 10% 所需的时间。

4）脉冲宽度 $t_w$。脉冲宽度 $t_w$ 是脉冲信号由前沿幅值的 50% 变化到后沿幅值的 50% 所需的时间。

5) 脉冲周期 $T$。脉冲周期 $T$ 是周期性变化的脉冲信号完成一次变化所需的时间。

6) 脉冲频率 $f$。脉冲频率 $f$ 是单位时间内脉冲信号变化的次数。

**2. 数字电路**

数字电路又称数字系统，是指传输和处理数字信号的电子电路。数字电路也可定义为用数字信号完成对数字量进行算术运算和逻辑运算的电路。因其具有逻辑运算和逻辑处理功能，故又称数字逻辑电路。现代的数字电路由半导体工艺制成的若干数字集成器件构造而成。逻辑门是数字逻辑电路的基本单元。存储器是用来存储二进制数据的数字电路。从整体上看，数字电路可以分为组合逻辑电路和时序逻辑电路两大类。

数字电路或数字集成电路是由许多逻辑门组成的复杂电路。与模拟电路相比，它主要进行数字信号的处理（即信号以 0 和 1 两个状态表示），因此抗干扰能力较强。数字集成电路有各种门电路、触发器及由它们构成的各种组合逻辑电路和时序逻辑电路。一个数字系统一般由控制部件和运算部件组成，在时脉的驱动下，控制部件控制运算部件完成所要执行的动作。通过模数转换器（Analog to Digital Converter，ADC）、数模转换器（Digital to Analog Converter，DAC），数字电路可以和模拟电路互相连接。

（1）数字电路的特点

与模拟电路相比，数字电路具有以下显著特点：

1) 工作信号是二进制的数字信号，反映在电路上是高低电平两种状态。

2) 研究的主要问题是电路的逻辑功能。

3) 电路结构简单，便于集成化、系列化生产，成本低廉，使用方便。

4) 抗干扰能力强，可靠性高，精度高。

5) 对电路中元器件精度要求不高，只要能区分 0 和 1 两种状态即可。

6) 数字信号更易于存储、加密、压缩、传输和再现。

（2）数字电路的分类

数字电路的种类很多，一般按下列几种方法进行分类：

1) 按电路有无集成元器件来分，可分为分立元器件数字电路和集成数字电路。

2) 按集成电路的集成度来分，可分为小规模集成数字电路（Small Scale Integration，SSI）、中规模集成数字电路（Medium Scale Integration，MSI）、大规模集成数字电路（Large Scale Integration，LSI）和超大规模集成数字电路（Very Large Scale Integration，VLSI）。

3) 按构成电路的半导体器件来分，可分为双极型数字电路和单极型数字电路。

4) 按电路中元器件有无记忆功能来分，可分为组合逻辑电路和时序逻辑电路。

## 二、数制与码制

数字电路常用来处理数字信号，计算及测量的结果也大多用数字信号来表示，因此学习数字电路前要解决数制和码制的问题。

## 1. 数制及其转换

计数时，往往需要多位码制。把多位数码中每一位的构成方法和低位向高位的进位规则称为数制。

**（1）十进制**

十进制数有 0、1、2、3、4、5、6、7、8、9 共 10 个数码，通常把数制中的数码个数称为基数。十进制的基数为十，超过 9 就要向高位进位，"逢十进一"，故称为十进制。

任意一个 N 位十进制数可以展开为

$$(N)_{10} = K_{n-1} \times 10^{n-1} + K_{n-2} \times 10^{n-2} + \cdots + K_0 \times 10^0 + K_{-1} \times 10^{-1} + \cdots + K_{-m} \times 10^{-m}$$

(1-1-1)

式（1-1-1）为十进制数的展开式。其中，$n$ 为整数位数，$m$ 为小数位数，$m$ 和 $n$ 为正整数；$K_{-m} \sim K_{n-1}$ 为第 $i$ 位数字，它可以是 0~9 这 10 个数码中的任何一个；$10^{-m} \sim 10^{n-1}$ 为以基数 10 为底的某次幂，称为第 $i$ 位的权。

例如，305.1 可以写为

$$(305.1)_{10} = 3 \times 10^2 + 0 \times 10^1 + 5 \times 10^0 + 1 \times 10^{-1}$$

这里，10 是基数，$10^2$、$10^1$、$10^0$、$10^{-1}$，这些 10 的幂表示十进制数计数的各相应位的权。十进制数用 D 来表示，如十进制数 $(305.1)_{10}$ 也可表示为 $(305.1)_D$。

**（2）二进制**

基于数字信号和数字电路的特点，它们最便于用二进制数表示。二进制数中只有 0 和 1 两个数码，所以基数为 2，低位向相邻高位按"逢二进一"进位，故称为二进制，各位的权是 2 的幂。

任意一个 N 位二进制数可以展开为

$$(N)_2 = K_{n-1} \times 2^{n-1} + K_{n-2} \times 2^{n-2} + \cdots + K_0 \times 2^0 + K_{-1} \times 2^{-1} + \cdots + K_{-m} \times 2^{-m}$$

(1-1-2)

例如，二进制数 1011.01 的展开式为

$$(1011.01)_2 = 1 \times 2^3 + 0 \times 2^2 + 1 \times 2^1 + 1 \times 2^0 + 0 \times 2^{-1} + 1 \times 2^{-2}$$
$$= (8+0+2+1+0+0.25)_{10}$$
$$= (11.25)_{10}$$

二进制数用 B 表示，如二进制数 $(1011)_2$ 常表示为 $(1011)_B$。

对于一个 $n$ 位二进制数，其由高位到低位的各相应位的权分别为 $2^{n-1}$、$2^{n-2}$、$\cdots$、$2^1$、$2^0$、$2^{-1}$、$2^{-2}$、$\cdots$。

**（3）二进制数和十进制数的互换**

二进制数与十进制数可以很方便地互换。二进制数转换成十进制数的方法：将各位二进制数码乘以对应位的权值然后相加，其相加的和即转换成的十进制数。

十进制数转换成二进制数，整数部分"除 2 取余法，逆序排列"，即将十进制整数部分连

续除以 2，直到商为零为止，将余数由下到上依次排列；小数部分"乘 2 取整，顺序排列"。即将十进制数小数部分乘以 2，取其积的整数部分作为系数，剩余的纯小数部分再乘以 2，先得到的整数作为转换数的高位，后得到的为低位，直至其纯小数部分为 0，或到一定精度为止。例如，$(109.25)_D$ 转换成二进制数过程如下。

整数部分：

小数部分：

$$\begin{array}{r} \times\ 0.25 \\ 2 \\ \hline 0.5 \end{array}\ \text{整数部分……0}$$

$$\begin{array}{r} \times\ 0.5 \\ 2 \\ \hline 1 \end{array}\ \text{整数部分……1}$$

顺序排列

$(109.25)_D = (1101101.01)_B$

**（4）八进制**

八进制中只有 0~7 共 8 个数码，它逢八进位，各位的权是 8 的幂。

任意一个 $N$ 位八进制数可以展开为

$$(N)_8 = K_{n-1} \times 8^{n-1} + K_{n-2} \times 8^{n-2} + \cdots + K_0 \times 8^0 + K_{-1} \times 8^{-1} + \cdots + K_{-m} \times 8^{-m}$$

(1-1-3)

例如，八进制数 $(207.2)_8$ 的展开式为

$$(207.2)_8 = 2 \times 8^2 + 0 \times 8^1 + 7 \times 8^0 + 2 \times 8^{-1}$$
$$= (128 + 0 + 7 + 0.25)_{10}$$
$$= (135.25)_{10}$$

八进制数常用 O 表示，如八进制数 $(207.2)_8$ 常表示为 $(207.2)_O$。

(5) 十六进制

十六进制有 0~9、A、B、C、D、E、F 共 16 个数码，其中 A~F 相当于十进制的 10~15，逢十六进位，各位的权是 16 的幂。

任意一个 $N$ 位十六进制数可以展开为

$$(N)_{16} = K_{n-1} \times 16^{n-1} + K_{n-2} \times 16^{n-2} + \cdots + K_0 \times 16^0 + K_{-1} \times 16^{-1} + \cdots + K_{-m} \times 16^{-m}$$

(1-1-4)

例如，十六进制数 12A.8 的展开式为

$$(12A.8)_{16} = 1 \times 16^2 + 2 \times 16^1 + 10 \times 16^0 + 8 \times 16^{-1}$$
$$= (256 + 32 + 10 + 0.5)_{10}$$
$$= (298.5)_{10}$$

十六进制数可以用字母 H 来表示，如十六进制数 $(12A.8)_{16}$ 常表示为 $(12A.8)_H$。

表 1-1-1 为各种进位制数间的对应关系。

表 1-1-1　各种进位制数间的对应关系

| 十进制 | 二进制 | 八进制 | 十六进制 |
| --- | --- | --- | --- |
| 0 | 0000 | 00 | 0 |
| 1 | 0001 | 01 | 1 |
| 2 | 0010 | 02 | 2 |
| 3 | 0011 | 03 | 3 |
| 4 | 0100 | 04 | 4 |
| 5 | 0101 | 05 | 5 |
| 6 | 0110 | 06 | 6 |
| 7 | 0111 | 07 | 7 |
| 8 | 1000 | 10 | 8 |
| 9 | 1001 | 11 | 9 |
| 10 | 1010 | 12 | A |
| 11 | 1011 | 13 | B |
| 12 | 1100 | 14 | C |
| 13 | 1101 | 15 | D |
| 14 | 1110 | 16 | E |
| 15 | 1111 | 17 | F |

(6) 二进制数与八进制数的转换

在二进制数转换为八进制数时只要将二进制数的整数部分从低位到高位每 3 位分为一组并代之以等值的八进制数，同时将小数部分从高位到低位每 3 位分为一组并代之以等值的八进制数就可以了。二进制数最高一组不足 3 位或小数部分最低一组不足 3 位时，需以 0 补足 3 位。

例如，若将 (11110.010111)₂ 化为八进制数，则得

$$(011\ \ 110.\ \ 010\ \ 111)_2$$
$$\downarrow\ \ \ \ \downarrow\ \ \ \ \ \ \downarrow\ \ \ \ \downarrow$$
$$(3\ \ \ \ 6.\ \ \ \ 2\ \ \ \ 7)_8$$

$(11110.010111)_2 = (36.27)_8$

（7）二进制数与十六进制数的转换

由于 4 位二进制数恰好有 16 个状态，而把这 4 位二进制数看成一个整体，它的进位数又正好是"逢十六进一"，所以只要从低位到高位将整数部分每 4 位二进制数分为一组并代之以等值的十六进制数，同时从高位到低位将小数部分的每 4 位数分为一组并代之以等值的十六进制数，即可得到对应的十六进制数。

例如，将 (1011110.1011001)₂ 化为十六进制数时可得

$$(0101\ \ 1110.\ \ 1011\ \ 0010)_2$$
$$\downarrow\ \ \ \ \ \ \downarrow\ \ \ \ \ \ \ \downarrow\ \ \ \ \ \ \downarrow$$
$$(5\ \ \ \ \ E.\ \ \ \ \ B\ \ \ \ \ 2)_{16}$$

$(101\ 1110.1011001)_2 = (5E.B2)_{16}$

**2. 码制**

数字信息有两类：一类是数值，另一类是文字、图形、符号或表示非数值的其他事物。对后一类信息，在数字系统中也用一定的数码来代表，以便计算机来处理。这些代表信息的数码不再有数值的大小意义，而称为信息代码或简称代码，如汉字四角字典的字码、电报码、运动员的编号等。为了便于记忆、查找、区别，在编写各种代码时，总要遵循一定的规律，这一规律称为码制。

对于数字系统，使用最方便的是按二进制数码编制代码。用二进制数码表示一位十进制数，称为二-十进制代码，即 BCD 码。十进制有 0~9 共 10 个数码，至少需要 4 位二进制码来表示 1 位十进制数。BCD 码分为有权码和无权码，8421BCD 码是常用的编码方式之一，8、4、2、1 是 4 位二进制数对应的权，如 $(1001)_{8421BCD} = 1\times 8+0\times 4+0\times 2+1\times 1 = (9)_D$、$(92)_D = (1001, 0010)_{8421BCD}$。8421BCD 码的代码表如表 1-1-2 所示。

**表 1-1-2　8421BCD 码的代码表**

| 十进制 | 代码 | | | |
|---|---|---|---|---|
| | D | C | B | A |
| 0 | 0 | 0 | 0 | 0 |
| 1 | 0 | 0 | 0 | 1 |
| 2 | 0 | 0 | 1 | 0 |
| 3 | 0 | 0 | 1 | 1 |

续表

| 十进制 | 代码 | | | |
|---|---|---|---|---|
| | D | C | B | A |
| 4 | 0 | 1 | 0 | 0 |
| 5 | 0 | 1 | 0 | 1 |
| 6 | 0 | 1 | 1 | 0 |
| 7 | 0 | 1 | 1 | 1 |
| 8 | 1 | 0 | 0 | 0 |
| 9 | 1 | 0 | 0 | 1 |
| 权 | 8 | 4 | 2 | 1 |

除 8421BCD 码外，数字电路系统所采用的码制还有 5421 码、格雷码、余 3 码等。

 基本逻辑运算的认识

### 学习目标

1. 掌握几种基本逻辑运算的概念。
2. 能够写出几种基本逻辑运算的逻辑表达式。

三种基本逻辑关系

### 学习过程

数字电路不仅能进行数字运算，还能进行逻辑推理运算，所以数字电路又称数字逻辑电路，简称逻辑电路。逻辑电路的输入信号与输出信号之间存在一定的因果关系，即存在逻辑关系。

### 一、基本逻辑运算

数字电路中最基本的逻辑关系有 3 种，即与逻辑、或逻辑和非逻辑，它们可以由相应的逻辑电路实现。

**1. 与逻辑（逻辑乘）**

只有决定事物结果的所有条件全部具备时，结果才能发生，这种因果关系称为与逻辑关系。

在图 1-2-1（a）所示的电路中，若以 A、B 表示开关状态，并以 1 表示闭合，0 表示断

开；以 Y 表示电灯状态，并以 1 表示灯亮，0 表示灯灭，则可得表 1-2-1，这种将逻辑变量之间的逻辑关系用列表的形式表示出来的表格称为真值表。真值表的左边列出所有输入信号的全部组合（一般以二进制递增的顺序列出），右边列出每种输入组合下的相应输出。

表 1-2-1　与逻辑真值表

| A | B | Y |
|---|---|---|
| 0 | 0 | 0 |
| 0 | 1 | 0 |
| 1 | 0 | 0 |
| 1 | 1 | 1 |

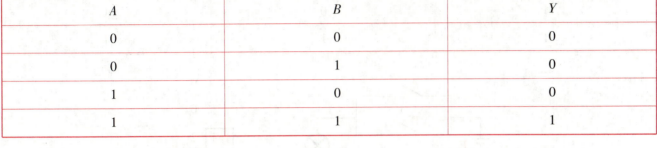

图 1-2-1　与逻辑电路与逻辑符号
（a）与逻辑电路；（b）与逻辑符号

由表 1-2-1 中的数据可得出"与"逻辑关系为"有 0 出 0，全 1 出 1"。

逻辑变量间的与逻辑运算又称逻辑乘，可用以下逻辑表达式表示：

$$Y = A \times B = A \cdot B = AB \tag{1-2-1}$$

式中，"×""·"为与逻辑运算符，也可用"∧""∩""&"表示与运算，读作"A 与 B"。与门的逻辑符号如图 1-2-1（b）所示，其中方框中的"&"为与门定性符。

若与逻辑有 N 个输入，则 $Y = A \cdot B \cdot C \cdots \cdot N$。

### 2. 或逻辑（逻辑加）

只要当决定某事件的条件中有一个或一个以上具备，这一事件就能发生，这种因果关系称为或逻辑。

在图 1-2-2（a）所示的电路中，只要开关 A 或 B 有一个闭合，灯 Y 就亮，只有全部开关断开，灯才不会亮。做出与与逻辑相同的逻辑假设，则可得或逻辑真值表（表 1-2-2）。

或逻辑可以用口诀概括为"有 1 出 1，全 0 出 0"。

逻辑变量间的或运算又称逻辑加，可用以下逻辑表达式表示：

$$Y = A + B \tag{1-2-2}$$

式中，"+"为或逻辑运算符，也可用"∨""∪"表示或运算，读作"A 或 B"。或逻辑符号如图 1-2-2（b）所示。

若或逻辑有 N 个输入，则 $Y = A + B + C + \cdots + N$。

表 1-2-2 或逻辑真值表

| A | B | Y |
| --- | --- | --- |
| 0 | 0 | 0 |
| 0 | 1 | 1 |
| 1 | 0 | 1 |
| 1 | 1 | 1 |

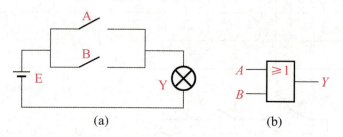

图 1-2-2 或逻辑电路与逻辑符号

（a）或逻辑电路；（b）或逻辑符号

**3. 非逻辑（逻辑非）**

当决定事件的条件只有一个时，条件具备时事件不发生，反之事件发生，这种因果关系称为非逻辑。

非逻辑真值表如表 1-2-3 所示。非门电路如图 1-2-3（a）所示，开关 A 闭合，灯 Y 却不亮；开关 A 断开，灯 Y 才亮。非逻辑符号如图 1-2-3（b）所示。

非逻辑可以用口诀概括为"入 0 出 1，入 1 出 0"。

表 1-2-3 非逻辑真值表

| A | Y |
| --- | --- |
| 0 | 1 |
| 1 | 0 |

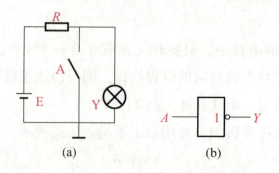

图 1-2-3 非逻辑电路与逻辑符号

（a）非逻辑电路；（b）非逻辑符号

逻辑变量间的非运算又称逻辑非或逻辑反，其逻辑表达式为

$$Y = \overline{A} \tag{1-2-3}$$

式中,"⁻"是非运算符,若 $A$ 称为原变量,则 $\overline{A}$ 为其反变量,读作"$A$ 非"。

## 二、复合逻辑运算

复合逻辑运算由基本逻辑运算组合而成,如与非、或非、与或非、同或、异或等。

### 1. 与非逻辑

与非逻辑运算由一个与逻辑运算和一个非逻辑运算组成,其中与逻辑的输出作为非逻辑的输入,逻辑表达式为

$$Y = \overline{A \cdot B} \tag{1-2-4}$$

可简记为 $Y = \overline{AB}$,读作"$AB$ 非"。

真值表:两输入变量与非逻辑真值表如表 1-2-4 所示。对于与非逻辑,只要输入变量中有一个为 0,输出就为 1。只有输入变量全部为 1 时,输出才为 0。

逻辑符号:与非运算的逻辑符号如图 1-2-4 所示。

表 1-2-4  两输入变量与非逻辑真值表

| $A$ | $B$ | $Y$ |
|---|---|---|
| 0 | 0 | 1 |
| 0 | 1 | 1 |
| 1 | 0 | 1 |
| 1 | 1 | 0 |

### 2. 或非逻辑

或非逻辑运算由一个或逻辑运算和一个非逻辑运算组成,其中或逻辑的输出作为非逻辑的输入,逻辑表达式为

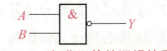

图 1-2-4  与非运算的逻辑符号

$$Y = \overline{A + B} \tag{1-2-5}$$

真值表:或非运算的真值表如表 1-2-5 所示。对于或非逻辑,只要输入变量中有一个为 1,输出就为 0。或者说,只有输入变量全部为 0,输出才为 1。

逻辑符号:或非运算逻辑符号如图 1-2-5 所示。

表 1-2-5  或非运算的真值表

| $A$ | $B$ | $Y$ |
|---|---|---|
| 0 | 0 | 1 |
| 0 | 1 | 0 |
| 1 | 0 | 0 |
| 1 | 1 | 0 |

### 3. 与或非逻辑

与或非逻辑是两个与逻辑运算和或非逻辑运算的复合，逻辑表达式为

图 1-2-5　或非运算逻辑符号

$$Y = \overline{A \cdot B + C \cdot D} \tag{1-2-6}$$

逻辑符号：与或非逻辑电路如图 1-2-6（a）所示，图 1-2-6（b）为与或非运算逻辑符号。

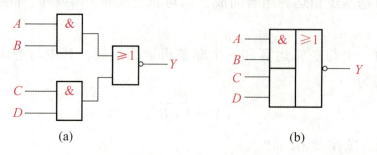

图 1-2-6　与或非运算逻辑

（a）逻辑电路；（b）逻辑符号

## 任务三　逻辑变量与逻辑函数的认识

### 学习目标

1. 掌握逻辑函数的表示方法。
2. 掌握逻辑函数的运算规则。
3. 能够利用公式法化简逻辑函数。
4. 能够利用卡诺图法化简逻辑函数。

### 学习过程

## 一、逻辑代数

### 1. 逻辑函数的表示方法

逻辑函数可用来描述输入变量（条件）和输出变量（结果）之间的关系，用字母 A、B、C 等表示输入变量（自变量），用 Y 或 F 表示输出变量（因变量），可写为

$$Y = f(A, B, C, \cdots)$$

或

$$F = f(A, B, C, \cdots) \tag{1-3-1}$$

$Y$ 或 $F$ 的取值由输入变量 $A$，$B$，$C$，…之间的逻辑关系决定。本书统一用 $Y$ 作为逻辑函数的输出。

逻辑函数的表示方法通常有 4 种，即真值表、逻辑函数表达式、逻辑图、卡诺图。这 4 种方法各有特点，可以相互转换。

（1）真值表

用 0、1 表示输入逻辑变量各种可能取值的组合对应的输出值排列成的表格，称为真值表，如表 1-2-1 所示。

（2）逻辑函数表达式

用与、或、非等逻辑运算符号来表示逻辑函数中各个变量之间逻辑关系的代数式，称为逻辑函数表达式。这种表示方法书写简洁，可以利用公式直接对函数进行化简，按照逻辑函数可以直接画出逻辑电路图。

逻辑函数表达式有多种形式，与真值表相互转换方便。

1）逻辑函数表达式的几种常见形式。对于给定的逻辑函数，其真值表是唯一的，但描述同一个逻辑函数的逻辑表达式有多种形式，并且可以相互转换。常用的逻辑函数表达式主要有 5 种形式，如函数 $Y = AB + \overline{A}C$ 可以表示为如下形式：

$$Y = AB + \overline{A}C \qquad \text{（与或式）}$$

$$Y = \overline{\overline{AB} \cdot \overline{\overline{A}C}} \qquad \text{（与非式）}$$

$$Y = (\overline{A} + B)(A + C) \qquad \text{（或与式）}$$

$$Y = \overline{\overline{(\overline{A} + B)} + \overline{(A + C)}} \qquad \text{（或非式）}$$

$$Y = \overline{A\overline{B} + \overline{A}\,\overline{C}} \qquad \text{（与或非式）}$$

2）由逻辑表达式转换为真值表。由逻辑表达式转换为真值表，只需将输入变量的全部取值组合代入逻辑表达式中，分别计算每种取值组合的逻辑函数值，然后填入真值表中即可。

**例 1-3-1**　列函数 $Y = \overline{A}\,\overline{B}\,\overline{C} + \overline{A}BC + A\overline{B}C + AB\overline{C} + ABC$ 的真值表。

**解：**这是一个三变量逻辑函数，共有 $2^3$ 种取值组合，将每种取值分别代入已知表达式求出 8 个值，填入真值表中，如表 1-3-1 所示。

表 1-3-1　例 1-3-1 真值表

| A | B | C | Y | A | B | C | Y |
|---|---|---|---|---|---|---|---|
| 0 | 0 | 0 | 1 | 0 | 1 | 0 | 0 |
| 0 | 0 | 1 | 0 | 0 | 1 | 1 | 1 |

续表

| A | B | C | Y | A | B | C | Y |
|---|---|---|---|---|---|---|---|
| 1 | 0 | 0 | 0 | 1 | 1 | 0 | 1 |
| 1 | 0 | 1 | 1 | 1 | 1 | 1 | 1 |

3) 由真值表转换为逻辑函数表达式。将真值表中那些使函数值为 1 的项相加，就得到与或逻辑函数表达式。每一行中的各个变量之间是与关系，各行之间是或关系，变量取值为 1 的写原变量，变量取值为 0 的写反变量。

**例 1-3-2** 由表 1-3-2 所示真值表写出逻辑函数表达式。

表 1-3-2 例 1-3-2 真值表

| A | B | C | D | Y | A | B | C | D | Y |
|---|---|---|---|---|---|---|---|---|---|
| 0 | 0 | 0 | 0 | 0 | 1 | 0 | 0 | 0 | 0 |
| 0 | 0 | 0 | 1 | 0 | 1 | 0 | 0 | 1 | 0 |
| 0 | 0 | 1 | 0 | 0 | 1 | 0 | 1 | 0 | 0 |
| 0 | 0 | 1 | 1 | 1 | 1 | 0 | 1 | 1 | 0 |
| 0 | 1 | 0 | 0 | 0 | 1 | 1 | 0 | 0 | 1 |
| 0 | 1 | 0 | 1 | 0 | 1 | 1 | 0 | 1 | 0 |
| 0 | 1 | 1 | 0 | 1 | 1 | 1 | 1 | 0 | 0 |
| 0 | 1 | 1 | 1 | 0 | 1 | 1 | 1 | 1 | 1 |

**解**：根据上述方法，写出逻辑函数表达式为

$$Y = \overline{A}\,\overline{B}CD + \overline{A}BC\overline{D} + AB\overline{C}\,\overline{D} + ABCD$$

（3）逻辑图

逻辑图又称逻辑电路图，用逻辑符号来表示逻辑变量之间的逻辑关系，如图 1-3-1 所示。

（4）卡诺图

卡诺图又称最小项方格图，是由表示逻辑变量的所有可能组合的小方格构成的平面图，它是一种用图形描述逻辑函数的方法，一般画成正方形或矩形。这种方法在逻辑函数的化简中十分有用，在后面逻辑函数化简时再详细介绍。

逻辑函数也可以用波形图表示，这里不做介绍。

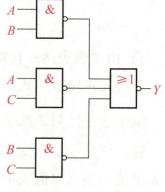

图 1-3-1 逻辑图

**2. 逻辑函数的运算规则**

逻辑函数的运算遵守逻辑代数的运算法则。

逻辑代数基本公式如下。

0-1律：
$$A \cdot 0 = 0, \quad A + 1 = 1$$

自等律：
$$A \cdot 1 = A, \quad A + 0 = A$$

重叠律：
$$A \cdot A = A, \quad A + A = A$$

互补律：
$$A \cdot \bar{A} = 0, \quad A + \bar{A} = 1$$

交换律：
$$A \cdot B = B \cdot A, \quad A + B = B + A$$

结合律：
$$A \cdot (B \cdot C) = (A \cdot B) \cdot C, \quad A + (B + C) = (A + B) + C$$

分配律：
$$A \cdot (B + C) = AB + AC, \quad A + B \cdot C = (A + B)(A + C)$$

吸收律：
$$AB + A\bar{B} = A, \quad A + AB = A$$
$$A \cdot (A + B) = A, \quad A + \bar{A}B = A + B$$
$$A(\bar{A} + B) = AB, \quad AB + \bar{A}C + BC = AB + \bar{A}C$$

反演律：
$$\overline{AB} = \bar{A} + \bar{B}, \quad \overline{A + B} = \bar{A}\bar{B}$$

还原律：
$$\bar{\bar{A}} = A$$

## 二、公式法化简逻辑函数

运用逻辑代数中的基本定理和规则，对函数表达式进行变换，消去多余项和多余变量，以获得最简函数表达式的方法，称为公式法化简，又称代数法化简。最简函数表达式一般是指最简与或表达式。最简与或表达式是指表达式所含的乘积项个数最少，而且每个乘积项中的变量数也最少。

（1）并项法

利用公式 $AB + A\bar{B} = A$ 将两项合并成一项，消去一个变量。

**例 1-3-3** 化简函数 $Y = AB + A\bar{B} + ACD + \bar{A}CD$。

**解**：$Y = AB + A\bar{B} + ACD + \bar{A}CD$

$$= A(B + \bar{B}) + (A + \bar{A})CD$$
$$= A + CD$$

(2) 吸收法

利用吸收律公式 $A + AB = A$ 和公式 $AB + \bar{A}C + BC = AB + \bar{A}C$ 吸收（消去）多余的乘积项或多余的因子。

**例 1-3-4**  化简函数 $Y = AB + AB(C + D)$。

**解**：$Y = AB + AB(C + D)$
$$= AB \cdot (1 + C + D)$$
$$= AB$$

**例 1-3-5**  化简函数 $Y = ABC + \bar{A}D + \bar{C}D + BD$。

**解**：$Y = ABC + \bar{A}D + \bar{C}D + BD$
$$= ABC + (\bar{A} + \bar{C})D + BD$$
$$= ACB + \overline{AC}D + BD$$
$$= ACB + \overline{AC}D$$
$$= ABC + \bar{A}D + \bar{C}D$$

(3) 消去法

利用公式 $A + \bar{A}B = A + B$，消去多余的因子。

**例 1-3-6**  化简函数 $Y = AB + \bar{A}C + \bar{B}C$。

**解**：$Y = AB + \bar{A}C + \bar{B}C$
$$= AB + (\bar{A} + \bar{B})C$$
$$= AB + \overline{AB}C$$
$$= AB + C$$

(4) 配项法

利用重叠律 $A + A = A$、互补律 $A + \bar{A} = 1$ 和吸收律 $AB + \bar{A}C + BC = AB + \bar{A}C$，先配项或增加多余项，以消去其他项。

**例 1-3-7**  化简函数 $Y = A\bar{B} + B\bar{C} + \bar{B}C + \bar{A}B$。

**解**：$Y = A\bar{B} + B\bar{C} + \bar{B}C + \bar{A}B$
$$= A\bar{B} + B\bar{C} + (A + \bar{A})\bar{B}C + \bar{A}B(C + \bar{C})$$
$$= A\bar{B} + B\bar{C} + A\bar{B}C + \bar{A}\bar{B}C + \bar{A}BC + \bar{A}B\bar{C}$$
$$= A\bar{B} + B\bar{C} + \bar{A}C$$

这里需要注意的是，逻辑函数表达式经过化简后，得到的最简表达式可能会不唯一。

**例 1-3-8** 化简函数 $Y = BC + \overline{\overline{B}\,\overline{C}} \cdot \overline{\overline{A}\overline{C}} + \overline{\overline{B}}$。

**解**：$Y = BC + \overline{\overline{B}\,\overline{C}} \cdot \overline{\overline{A}\overline{C}} + \overline{\overline{B}}$

$\quad = \overline{BC + \overline{B}\,\overline{C} + \overline{A}\overline{C} + \overline{B}}$ （反演律）

$\quad = \overline{BC + \overline{A}\overline{C} + \overline{B}}$ （吸收法）

$\quad = \overline{C + \overline{A}\overline{C} + \overline{B}}$ （消去法）

$\quad = \overline{C + \overline{B}}$ （吸收法）

$\quad = B\overline{C}$ （反演律）

一个逻辑函数可能有多种不同的表达式，表达式越简单，与之相对应的逻辑图越简单。

## 三、卡诺图法化简逻辑函数

### 1. 逻辑函数的最小项和最小项表达式

在与或表达式中每一个乘积项都包含全部输入变量，每个输入变量以原变量或反变量的形式在乘积项中出现，且仅出现一次。这种包含全部输入变量的乘积项称为最小项。这样的与或表达式称为最小项表达式。

最小项及最小项表达式

由函数的真值表可直接写出函数的最小项表达式，即将真值表中所有使函数值为 1 的各组变量取值组合以乘积项之和的形式写出来，在乘积项中，变量取值为 1 的写成原变量形式，变量取值为 0 的写成反变量形式，如例 1-3-2 所示。

最小项的编号：一个 $n$ 变量函数共有 $2^n$ 个不同的取值组合，所以有 $2^n$ 个最小项。最小项常以代号的形式记为 $m_i$，$m$ 代表最小项，下标 $i$ 为最小项的编号。$i$ 是 $n$ 变量取值组合排成二进制所对应的十进制数。

例如，$A$、$B$、$C$ 这 3 个逻辑变量可以组成 $2^3 = 8$ 个最小项，如表 1-3-3 所示。

表 1-3-3 三变量逻辑函数的最小项

| $A$ | $B$ | $C$ | 最小项 | 代号 |
| --- | --- | --- | --- | --- |
| 0 | 0 | 0 | $\overline{A}\,\overline{B}\,\overline{C}$ | $m_0$ |
| 0 | 0 | 1 | $\overline{A}\,\overline{B}C$ | $m_1$ |
| 0 | 1 | 0 | $\overline{A}B\overline{C}$ | $m_2$ |
| 0 | 1 | 1 | $\overline{A}BC$ | $m_3$ |
| 1 | 0 | 0 | $A\overline{B}\,\overline{C}$ | $m_4$ |

续表

| A | B | C | 最小项 | 代号 |
|---|---|---|--------|------|
| 1 | 0 | 1 | $A\bar{B}C$ | $m_5$ |
| 1 | 1 | 0 | $AB\bar{C}$ | $m_6$ |
| 1 | 1 | 1 | $ABC$ | $m_7$ |

说明：

1) 对于任意一个最小项，只有一组变量取值使它的值为 1，而变量的其他取值组合都使它为 0。

2) 任一逻辑函数都可表示成唯一的一组最小项之和，把它称为逻辑函数的标准与或式，又称最小项表达式。

**例 1-3-9** 将 $Y = ABC + \bar{A}CD + \bar{C}\bar{D}$ 展开成最小项表达式。

**解：** 这是一个包含 4 个变量的逻辑函数，将各乘积项所缺变量逐步补齐。

$$Y = ABC + \bar{A}CD + \bar{C}\bar{D}$$
$$= ABCD + ABC\bar{D} + \bar{A}BCD + \bar{A}\bar{B}CD + A\bar{C}\bar{D} + \bar{A}\bar{C}\bar{D}$$
$$= ABCD + ABC\bar{D} + \bar{A}BCD + \bar{A}\bar{B}CD + AB\bar{C}\bar{D} + A\bar{B}\bar{C}\bar{D} + \bar{A}B\bar{C}\bar{D} + \bar{A}\bar{B}\bar{C}\bar{D}$$

或写成 $Y(A, B, C, D) = m_{15} + m_{14} + m_7 + m_3 + m_{12} + m_8 + m_4 + m_0$，即

$$Y(A, B, C, D) = \sum m(0, 3, 4, 7, 8, 12, 14, 15)$$

**2. 逻辑函数的卡诺图化简法**

卡诺图是逻辑函数的图形表示方法，它以其发明者——美国贝尔实验室工程师卡诺（Karnaugh）的名字命名。卡诺图实际上是真值表的图形化，是一种平面方格图。$n$ 变量的卡诺图有 $2^n$ 个方格，每个方格对应函数的一个最小项，卡诺图的行变量和列变量按循环码排列。循环码是指相邻两组之间只有一个变量值不同的编码，例如，两变量的 4 种取值组合按 $00 \rightarrow 01 \rightarrow 11 \rightarrow 10$ 排列。必须注意，这里的相邻包含头、尾两组，即 10 和 00 间也是相邻的。图 1-3-2 分别是二变量、三变量和四变量的卡诺图。

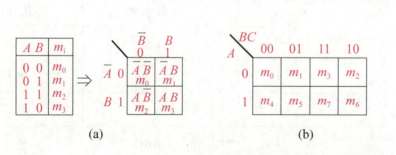

图 1-3-2 逻辑函数的卡诺图

（a）二变量；（b）三变量；（c）四变量

由图1-3-2可以看出，卡诺图具有如下特点：

1）逻辑函数的最小项与卡诺图中的方格一一对应。

2）每个变量的原变量和反变量将卡诺图等分成两部分，原变量、反变量各占一半。

3）卡诺图上每两个相邻的小方格所代表的最小项只有一个变量相异。

4）在卡诺图中的最小项并不一一列出，而是在图形左上角标注变量，在左边和上边标注对应的变量取值。每个方格所代表的最小项的编号就是卡诺图中行和列二进制取值组合对应的十进制数。

逻辑相邻是指除一个变量不同外，其余变量都相同的两个与项。逻辑相邻的最小项在卡诺图中一定是几何相邻的。几何相邻，一是相接，即紧挨着；二是相对，即任意一行或一列的两头；三是相重，即对折起来位置重合。

由于卡诺图中的方格同最小项或真值表中某一行是一一对应的，所以根据逻辑函数最小项表达式画卡诺图时，式中有哪些最小项，就在相应的方格中填1，而其余的方格填0。如果根据函数真值表画卡诺图，凡使 $Y=1$ 的逻辑变量二进制取值组合在相应的方格中填1；对于使 $Y=0$ 的逻辑变量二进制取值组合则在相应的方格中填0。

逻辑函数的卡诺图化简法就是利用卡诺图的相邻性，对相邻最小项进行合并。利用公式 $A+\bar{A}=1$，把相邻两个小方格对应的最小项合并，消去一个取值不同的变量，4个相邻小方格合并，消去两个取值不同的变量，$2^n$ 个相邻小方格合并，消去 $n$ 个取值不同的变量，如图1-3-3所示。

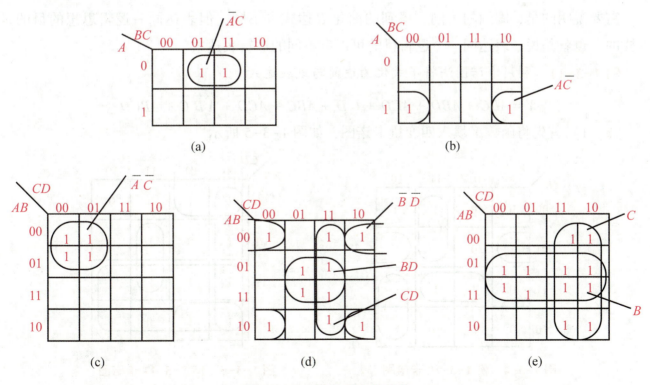

图1-3-3 最小项合并规律

卡诺图化简逻辑函数的步骤如下：

1) 画出逻辑函数的卡诺图。
2) 合并卡诺图中的相邻最小项。

要合并最小项，首先要将相邻的最小项用包围圈圈起来，这里的包围圈称为卡诺圈。画卡诺圈的原则：

① 在同一卡诺圈中只能包含 $2^n$ 个相邻的最小项。

② 卡诺圈的个数要最少，以保证化简后得到的项数最少，但所有的最小项（即填1的小方格）均应被圈过，不能遗漏。

③ 每个卡诺圈要尽量大，以使得每个乘积项中包含的变量个数最少。

④ 最小项可以重复使用，但每个卡诺圈中至少要有一个最小项未被其他卡诺圈圈过。

3) 将各个卡诺圈所得到的乘积项相加，即得到最简的与或表达式。

**例 1-3-10** 利用图形法化简函数 $Y = \sum m(3, 4, 6, 7, 10, 13, 14, 15)$。

**解：** 1) 先把函数 $Y$ 填入四变量卡诺图，如图 1-3-4 所示。该卡诺图中方格右上角的数字为每个最小项的下标，熟练掌握卡诺图应用以后，该数字可以不必标出。

2) 画包围圈。从图中看出，$m(6, 7, 14, 15)$ 不必再圈了，尽管这个包围圈最大，但它不是独立的，这4个最小项已被其他4个方格群全圈过了。

3) 提取每个包围圈中最小项的公因子构成乘积项，然后将这些乘积项相加，得到最简与或表达式为

$$Y = \overline{A}CD + A\overline{B}\overline{D} + ABD + AC\overline{D}$$

需要说明的是，圈画的不同，得到的简化表达式也不同，但表达同一逻辑思想的目的是一样的。也就是说，表达同一个逻辑目的可以有不同的逻辑表达式。

**例 1-3-11** 利用卡诺图法将下式化为最简与或表达式。

$$Y = ABC + ABD + A\overline{C}D + \overline{C}\,\overline{D} + A\overline{B}C + AC\overline{D} + \overline{A}\,\overline{B}\,\overline{C} + \overline{A}BCD$$

**解：** 1) 首先将函数 $Y$ 填入四变量卡诺图，如图 1-3-5 所示。

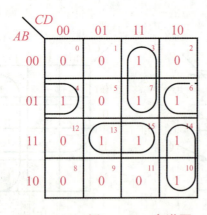

图 1-3-4　例 1-3-10 卡诺图

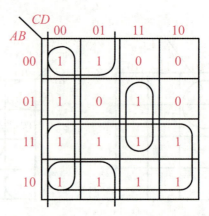

图 1-3-5　例 1-3-11 卡诺图

2) 合并画圈。
3) 整理每个圈中的公因子作为乘积项。

项目一 触摸式延时开关的认识与制作

4）将上一步骤中各乘积项加起来，得到最简与或表达式为

$$Y = \overline{C}\overline{D} + \overline{B}\overline{C} + A + BCD$$

## 任务四 集成逻辑门电路的认识

### 学习目标

1. 掌握 TTL 与非门的电路组成。
2. 了解 TTL 与非门的工作原理。
3. 掌握 OC 门、TSL 门的逻辑符号及应用。
4. 了解 CMOS 反相器的电路组成和工作原理。
5. 了解 CMOS 与非门和 CMOS 传输门电路。
6. 了解 CMOS 电路与 TTL 电路的连接。

### 学习过程

能实现一定逻辑关系的电路称为逻辑门电路。门电路可以用二极管、晶体管等分立元器件组成，称为分立元器件门电路。也可以通过半导体的集成电路制造工艺，将电路中的所有元器件都做在一块硅片上，成为一个不可分割的整体，称为集成门电路。

分立元器件门电路的缺点是体积大、工作速度低、可靠性不高，因此在数字电子设备中广泛采用体积小、质量小、功耗低、速度快、可靠性高的集成门电路。集成门电路因电路结构的不同，可由晶体管组成，也可由绝缘栅型场效应管组成。前者的输入级和输出级均采用晶体管，故称为晶体管-晶体管逻辑电路，简称 TTL 门电路；后者为金属氧化物半导体场效应晶体管逻辑电路，简称 MOS 门电路。

TTL 门电路的特点是运行速度快，电源电压固定（5V），有较强的带负载能力。在 TTL 门电路中，与非门的应用最为普遍，这里仅介绍 TTL 与非门。

### 一、基本 TTL 与非门

#### 1. 电路组成

典型 TTL 与非门电路如图 1-4-1 所示。图中 VT$_1$ 是一个多发射极结构的晶体管，它有一个基极、一个集电极和两个发射极。多发射极晶体管在原理上相当于

TTL 与非门

基极、集电极分别连在一起的两个晶体管。其等效电路如图 1-4-2 所示。

图 1-4-1 为 TTL 与非门的电路图，它由输入级、中间级和输出级 3 个部分组成。输入级由多发射极晶体管 $VT_1$ 和电阻 $R_1$ 构成。多发射极晶体管中的基极和集电极是共用的，发射极是独立的，输入信号通过多发射结实现"与逻辑"，$VD_1$ 和 $VD_2$ 为输入端限幅二极管，限制输入负脉冲的幅度，起到保护多发射极晶体管的作用。中间级由 $VT_2$ 和电阻 $R_2$ 构成，其集电极和发射极同时输出两个相位相反的信号，分别驱动输出级的 $VT_3$ 和 $VT_4$。输出级由 $VT_3$、$VT_4$、$R_4$ 和 $VD_3$ 构成推拉式输出级。

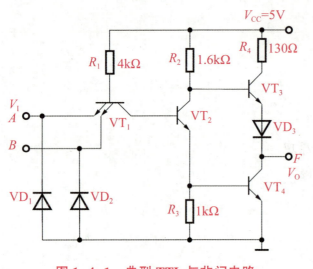

图 1-4-1 典型 TTL 与非门电路

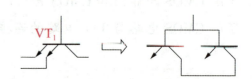

图 1-4-2 多发射极晶体管

### 2. 工作原理

假定输入信号高电平为 3.6V，低电平为 0.3V。晶体管发射结导通时 $V_{BE}=0.7V$，晶体管饱和时 $V_{CE}=0.3V$，二极管导通时电压 $V_D=0.7V$。这里主要分析 TTL 与非门的逻辑关系，并估算电路有关各点的电平。

1) 输入端有一个（或两个）为 0.3V。假定输入端 A 为 0.3V，那么 $VT_1$ 的 A 发射结导通。$VT_1$ 的基极电平 $V_{B1}=V_A+V_{BE1}=0.3V+0.7V=1.0V$，此时，$V_{B1}$ 作用于 $VT_1$ 的集电结和 $VT_2$、$VT_4$ 的发射结上，由于 $V_{B1}$ 过低，不足以使 $VT_2$ 和 $VT_4$ 导通。因为要使 $VT_2$ 和 $VT_4$ 导通，至少需要 $V_{B1}=V_{BC1}+V_{BE2}+V_{BE4}=(0.7×3)V=2.1V$。当 $VT_2$ 和 $VT_4$ 截止时，电源 $V_{CC}$ 通过电阻 $R_2$ 向 $VT_3$ 提供基极电流，使 $VT_3$ 和 $VD_3$ 导通，其电流流入负载。因为电阻 $R_2$ 上的压降很小，可以忽略不计，输出电平 $V_O=V_{CC}-V_{BE3}-V_{D3}=5V-0.7V-0.7V=3.6V$，实现了输入只要有一个低电平时，输出为高电平的逻辑关系。

2) 输入端全为 3.6V。当输入端 A、B 都为高电平 3.6V 时，电源 $V_{CC}$ 通过电阻 $R_1$ 先使 $VT_2$ 和 $VT_4$ 导通，使 $VT_1$ 基极电平 $V_{B1}=V_{BC1}+V_{BE2}+V_{BE4}=(0.7×3)V=2.1V$，多发射极晶体管 $VT_1$ 的两个发射结处于截止状态，而集电结处于正向偏置的导通状态。这时 $VT_1$ 处于倒置工作状态，此时晶体管的电流放大倍数近似为 1。因此，$I_{B1}≈I_{B2}$，只要合理选择 $R_1$、$R_2$ 和 $R_3$，就可以使 $VT_2$ 和 $VT_4$ 处于饱和状态。由此，$VT_2$ 集电极电平 $V_{C2}=V_{CE2}+V_{BE4}=0.3V+0.7V=1.0V$。当

$V_{C2} = 1.0V$ 时，不足以使 $VT_3$ 和 $VD_3$ 导通，故 $VT_3$ 和 $VD_3$ 截止。因 $VT_4$ 处于饱和状态，故 $V_{CE4} = 0.3V$，即 $V_O = 0.3V$，实现了输入全为高电平时，输出为低电平的逻辑关系。

由以上分析可知：TTL 与非门在输入中有低电平时，输出即为高电平；输入全是高电平时，输出才为低电平。电路实现了与非的逻辑关系，即具有与非逻辑功能，$Y = \overline{AB}$。与非门的逻辑符号如图 1-4-3 所示。

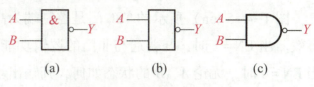

图 1-4-3　与非门逻辑符号

## 二、其他类型 TTL 集成门电路

TTL 集成逻辑门电路除与非门外，在 TTL 门电路的定型产品中还有集电极开路与非门、或非门、三态门、异或门和反相器等。尽管它们功能不同，但输入端和输出端的电路结构均与 TTL 与非门基本相同。

OC 门与三态门

### 1. 集电极开路与非门（OC 门）

将基本 TTL 与非门中的 $VT_3$、$VD_3$ 去掉，使输出级 $VT_4$ 的集电极处于开路状态，就成为 OC 门电路。因输出级处在开路状态，故 OC 门电路在实际使用时需要在输出端 Y 和电源 $V_{CC}$ 之间外接一个上拉电阻 $R_C$，如图 1-4-4 所示。该 OC 门具有与非功能，即 $Y = \overline{AB}$。

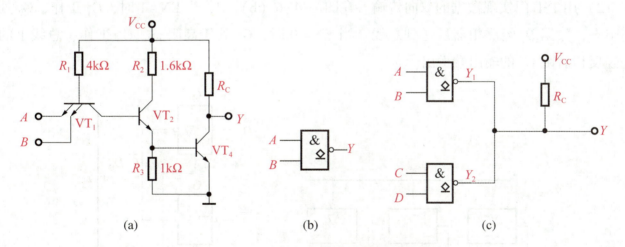

图 1-4-4　OC 门逻辑电路及逻辑符号

（a）OC 门电路；（b）OC 门逻辑符号；（c）线与电路

OC 门电路的主要特点是输出端可直接并联实现逻辑与的功能，称为线与。线与就是将两个以上的门电路的输出端直接并联起来，用以实现几个函数的逻辑乘。

### 2. 三态与非门（TSL 门）

（1）三态门的工作原理

前述 OC 门虽然可以实现线与的功能，但外接电阻 $R_C$ 的选择要受一定的限制而不能取得太小，因而限制了工作速度。为了实现高速线与，人们又开发了一种三态与非门。三态与非门简称为 TSL 门，它是在普通门的基础上，加上使能控制电路和控制信号构成的。三态是指其输出有 3

种状态，即高电平、低电平和高阻态。高阻态又称禁止态，在高阻态时，其输出与外接电路呈断开状态。这里不再介绍 TSL 门的工作原理，图 1-4-5 为 TSL 门的逻辑符号。

图 1-4-5（a）所示的 TSL 门是控制端为高电平有效。当 EN=1 时，与普通与非门的逻辑功能相同；当 EN=0 时，无论 A、B 的状态如何，其输出均为高阻态（与外电路隔断）。

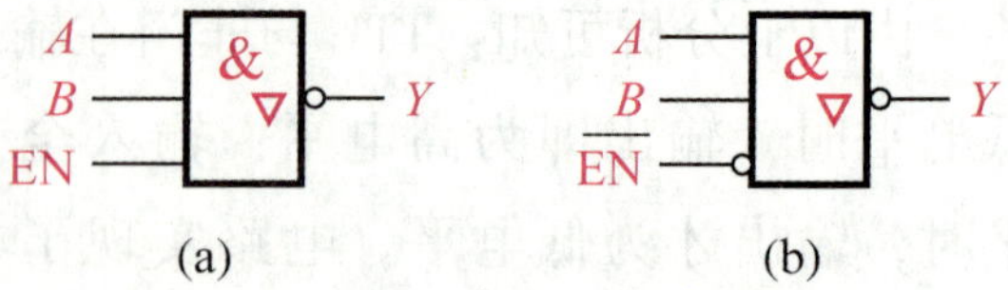

图 1-4-5（b）所示的 TSL 门是控制端为低电平有效。当 $\overline{EN}$=0 时，与普通与非门的逻辑功能相同；当 $\overline{EN}$=1 时，无论 A、B 的状态如何，其输出均为高阻态。

**图 1-4-5　TSL 门的逻辑符号**
（a）高电平有效；（b）低电平有效

（2）TSL 门的应用

用 TSL 门可以构成单向总线和双向总线。

1）用 TSL 门接成单向总线结构。使用 TSL 门可以实现用一条（或一组）总线分时传送多路信号，如图 1-4-6（a）所示。工作时，分时使各门的控制端为 1，即同一时间里只有一个门处于有效状态，其余门处于高阻态。这样，用同一根总线就可以轮流接收各 TSL 门输出的信号，极大地简化了数据传送电路的结构。用总线传送信号的方法，在计算机和数字系统中被广泛采用。

2）用 TSL 门实现数据的双向传输。在图 1-4-6（b）中，当 EN=1 时，$G_1$ 工作，$G_2$ 处于高阻态，数据 $D_I$ 经反相器后送到总线。当 EN=0 时，$G_1$ 处于高阻态，$G_2$ 工作，总线上的数据经反相后由 $G_2$ 的输出端送出。

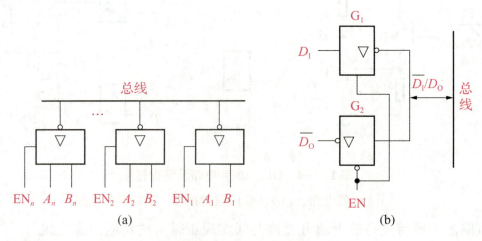

**图 1-4-6　TSL 门应用电路**
（a）TSL 门接成总线结构；（b）TSL 门实现数据的双向传输

## 三、CMOS 门电路

CMOS 集成电路的最基本的逻辑单元是用 P 沟道增强型 MOS 管和 N 沟道增强型 MOS 管按照互补对称形式连接起来构成的，故称为互补型 MOS 集成电路，简称为 CMOS 集成电路。

CMOS 集成电路的突出优点是电压控制、微功耗、抗干扰能力强，工作速度可与 TTL 相比较。绝大多数超大规模存储器件采用 CMOS 工艺制造。下面讨论 CMOS 逻辑门电路的基本单元。

### 1. CMOS 反相器

CMOS 反相器电路如图 1-4-7（a）所示。它由一个增强型 PMOS 管 $VT_1$ 作为负载管和一个增强型 NMOS 管 $VT_2$ 作为驱动管串接而成。两管的栅极连在一起作为输入端，漏极连在一起作为输出端。为了电路能正常工作，要求电源电压 $V_{DD}$ 大于两个管子的开启电压的绝对值之和，即 $V_{DD} > V_{VT2} + |-V_{VT1}|$。

当输入端 $A$ 为低电平时，$VT_1$ 饱和导通，$VT_2$ 截止，输出端 $Y$ 为高电平；当输入端 $A$ 为高电平时，$VT_1$ 截止，$VT_2$ 饱和导通，输出端 $Y$ 为低电平。

由此可知，该电路输出与输入是"非"逻辑关系，其逻辑函数式为 $Y=\overline{A}$。

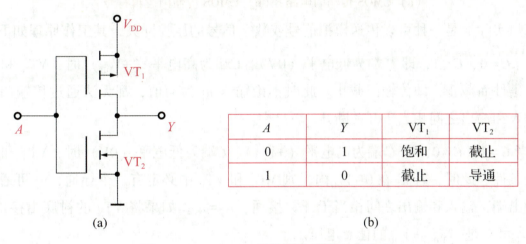

图 1-4-7　CMOS 反相器电路及工作状态

（a）电路图；（b）工作状态

### 2. CMOS 与非门

图 1-4-8 是两输入端 CMOS 与非门电路，同 CMOS 非门电路相比，其增加了一个 P 沟道 MOS 管与原 P 沟道 MOS 管并接，增加了一个 N 沟道 MOS 管与原 N 沟道 MOS 管串接。每个输入分别控制一对 P、N 沟道 MOS 管。

1）当输入 $A$、$B$ 中至少有一个为低电平时，两个 P 沟道 MOS 管至少有一个导通，两个 N 沟道 MOS 管有一个截止，输出为高电平。

2）当输入 $A$、$B$ 都为高电平时，两个 P 沟道 MOS 管都截止，两个 N 沟道 MOS 管都导通，输出为低电平。所以电路实现与非运算，即 $Y=\overline{AB}$。

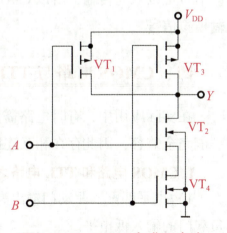

图 1-4-8　CMOS 与非门电路

### 3. CMOS 传输门

图 1-4-9 为 CMOS 传输门电路及其逻辑符号，其中 N 沟道增强型 MOS 管 $VT_N$ 的衬底接

地，P 沟道增强型 MOS 管 $VT_P$ 的衬底接电源 $+V_{DD}$，两管的源极和漏极分别连在一起作为传输门的输入端和输出端，在两管的栅极上加上互补的控制信号 $C$ 和 $\bar{C}$。

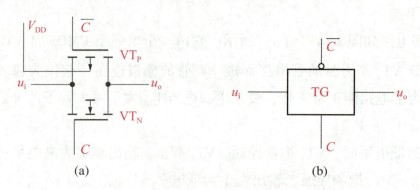

图 1-4-9　CMOS 传输门及逻辑符号

（a）CMOS 传输门电路；（b）CMOS 传输门逻辑符号

传输门实际上是一种可以传送模拟信号或数字信号的压控开关，其工作原理如下：

1）当 $C=0$、$\bar{C}=1$，即 $C$ 端为低电平（0V）、$\bar{C}$ 端为高电平（$+V_{DD}$）时，$VT_N$ 和 $VT_P$ 都不具备开启条件而截止，即传输门截止。此时不论输入 $u_i$ 为何值，都无法通过传输门传输到输出端，输入和输出之间相当于开关断开。

2）当 $C=1$、$\bar{C}=0$，即 $C$ 端为高电平（$+V_{DD}$）、$\bar{C}$ 端为低电平（0V）时，$VT_N$ 和 $VT_P$ 都具备了导通条件。此时，若 $u_i$ 在 $0 \sim V_{DD}$ 内，则 $VT_N$ 和 $VT_P$ 中必定有一个导通，$u_i$ 可通过传输门传输到输出端，输入和输出之间相当于开关接通，$u_o = u_i$。如果将 $VT_N$ 的衬底由接地改为接 $-V_{DD}$，则 $u_i$ 可以是 $-V_{DD} \sim +V_{DD}$ 的任意电压。

由于 MOS 管的结构是对称的，源极和栅极可以互换使用，因此 CMOS 传输门有双向性，即信号可以双向传输，所以 CMOS 传输门又称双向开关，传输门也可以用作模拟开关，用于传输模拟信号。

## 四、CMOS 电路与 TTL 电路的连接

在实际应用中，有时电路需要同时使用 CMOS 电路和 TTL 电路，由于两类电路的电平并不能完全兼容，因此存在相互连接匹配的问题。

### 1. CMOS 电路和 TTL 电路之间的连接条件

1）电平匹配。驱动门输出高电平要大于负载门的输入高电平，驱动门输出低电平要小于负载门的输入低电平。

2）电流匹配。驱动门输出电流要大于负载门的输入电流。

### 2. CMOS 电路驱动 TTL 电路

只要两者的电压参数兼容，一般情况下不用另加接口电路，仅按电流大小计算扇出系数即可。如果两者参数不匹配，那么 CMOS 驱动 TTL 要解决的问题就是增大其驱动电流。为此，可以用专门用于 CMOS 电路驱动 TTL 电路的接口电路或用晶体管衔接，如图 1-4-10 所示。

（1）利用独立电流放大器

用晶体管衔接时，主要利用晶体管的电流放大作用。

（2）利用专用接口电路

利用专用接口电路时，主要利用专用电路，如六反相缓冲器 CC4009、六同相缓冲器 CC4010 等来直接驱动 TTL 负载。

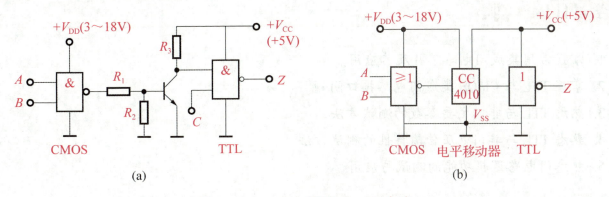

图 1-4-10　TTL 驱动 CMOS 电路

（a）利用独立电流放大器；（b）利用专用接口电路

### 3. TTL 电路驱动 CMOS 电路

因为 TTL 电路的 $V_{OH}$ 小于 CMOS 电路的 $V_{IH}$，所以 TTL 电路一般不能直接驱动 CMOS 电路，可采用如图 1-4-11 所示电路，提高 TTL 电路的输出高电平，其中 $R_L$、$R_P$ 为上拉电阻。如果 CMOS 电路 $V_{DD}$ 高于 5V，则需要电平变换电路。

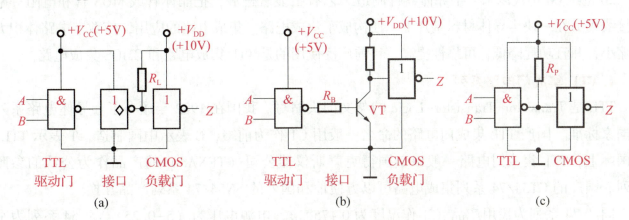

图 1-4-11　TTL 驱动 CMOS 电路

（a）利用 OC 门；（b）利用晶体管；（c）利用上拉电阻

### 4. TTL 和 CMOS 驱动外接负载

标准的 TTL、CMOS 的拉电流、灌电流是比较小的，对于一些对电压和电流要求不大的负载，它可以直接相连。对于一些需要大电压、大电流的负载，如指示灯、继电器、晶闸管等，必须在负载和集成电路之间增加驱动电路。驱动电路采用 OC 门或复合门等形式输出，具有很强的带负载能力。

当这些 TTL 和 CMOS 要驱动高电压大电流显示屏、继电器、步进电动机等时，就必须用大功率接口电路。

# 任务五 集成门电路系列及其逻辑功能测试

## 学习目标

1. 掌握常用集成门电路芯片及其应用。
2. 掌握 TTL 与 CMOS 集成门电路接口问题。
3. 熟悉 TTL 与非门主要参数的测试方法。
4. 熟悉 TTL 与非门电压传输特性的测试方法。
5. 熟悉门电路逻辑功能的测试与应用。

## 学习过程

### 一、常用集成门电路芯片及其应用

20 世纪 60 年代以来，半导体器件制造工艺有了显著进展，把晶体管或 MOS 管和电阻等电路接线集成在一块半导体材料基片上，便构成了集成电路。集成电路的应用，使数字电路体积大大缩小，并且功耗降低，可靠性提高。目前广泛使用的是 TTL 集成电路和 CMOS 集成电路。

#### 1. TTL 集成门电路系列

TTL 是 Transistor-Transistor-Logic 的英文词头缩写。我国在 1982 年颁布了半导体电路系列和国家标准，国产 TTL 集成门电路的命名一般用 CT 作为前缀，C 表示中国制造，T 表示 TTL，在国际上，TTL 集成门电路一般以美国得克萨斯仪器公司（TEXAS）的产品作为公认的参照系列。国产的 CT54/74 系列集成电路可以方便地和国外的 SN54/74 系列产品互换。

国产 74 系列为民用产品（工作温度为 0~75℃），电源电压为（5±0.25）V；54 系列为军用产品（工作温度为 -55~120℃），电源电压为（5±0.5）V。军用产品的可靠性、功耗、体积等都优于民用产品，这两个系列具有完全相同的电路结构和电气性能参数。国产 TTL 集成门电路按功耗和速度可分为七大系列，如表 1-5-1 所示。

表 1-5-1 TTL 集成门电路系列

| 子系列 | 名称 | 国标型号 | $t_{pd}$/ns | 功耗/mW |
| --- | --- | --- | --- | --- |
| TTL | 标准 TTL | CT54/74 | 10 | 10 |
| HTTL | 高速 TTL | CT54H/74H | 6 | 22 |
| LTTL | 低功耗 TTL | CT54L/74L | 33 | 1 |

续表

| 子系列 | 名称 | 国标型号 | $t_{pd}$/ns | 功耗/mW |
|---|---|---|---|---|
| STTL | 超高速肖特基 TTL | CT54S/74S | 3 | 19 |
| LSTTL | 超高速低功耗肖特基 TTL | CT54LS/74LS | 9 | 2 |
| ALSTTL | 先进低功耗肖特基 TTL | CT54ALS/74ALS | 4 | 1 |
| ASTTL | 先进肖特基 TTL | CT54AS/74AS | 1.5 | 20 |

(1) CT74 标准系列

它和 CT1000 系列相对应,是 74 系列最早的产品,现在还在使用,为 TTL 的中速器件。

(2) CT74H 高速系列

它和 CT2000 系列相对应。74H 系列是 74 标准系列的改进型,在电路结构上,输出极采用了复合管结构,并且大幅度地降低了电路中电阻的阻值,从而提高了工作速度和负载能力,但电路的功耗较大,目前已不太使用。

(3) CT74S 肖特基系列

它和 CT3000 系列相对应。由于电路中的晶体管、二极管采用肖特基结构,有效地降低了晶体管的饱和深度,极大地提高了工作速度,所以该系列产品速度很高,但电路的平均功耗较大,约为 19mW。

(4) CT74LS 低功耗肖特基系列

它和 CT4000 系列相对应。该系列是目前 TTL 集成电路中主要应用的产品系列。其品种和生产厂家很多,价格低。在电路中,一方面采用了抗饱和晶体管和肖特基二极管来提高工作速度;另一方面通过加大电路中电阻的阻值来降低电路的功耗,从而使电路既具有高的工作速度,又有较低的平均功耗。

(5) CT74AS 系列

74AS 系列是 74S 系列的后继产品,其速度和功耗均有所改进。

(6) CT74ALS 系列

74ALS 系列是 74LS 系列的后继产品,其速度、功耗都有较大改进,但价格、品种方面还未赶上 74LS 系列。

一般应用中以 74LS 系列最为广泛,它具有速度高、功耗低的特点。

**2. TTL 集成门电路使用注意事项**

1) TTL 集成门电路对电源电压的要求严格,除低电压、低功耗系列外,电源电压一般只允许在 (5±0.25) V 范围,电压过高可能烧毁芯片,电压过低可能导致输出逻辑不正常。

2) TTL 输出端既不允许并联使用(OC 门、TSL 门除外),又不允许直接与电源或地相连。

3) 多余输入端的处理。或门、或非门等 TTL 电路的多余输入端不能悬空,只能接地。与门、与非门等 TTL 电路的多余输入端可以做如下处理:

① 悬空,相当于高电平。

② 与其他输入端并联使用,增加电路可靠性。

③ 直接或通过电阻（100~10kΩ）与电源相接以获得高电平输入。

4）插拔和焊接集成电路要在电路断电情况下进行，严禁带电操作。

### 3. CMOS 集成门电路

CMOS 集成门电路是由 N 沟道增强型 MOS 管和 P 沟道增强型 MOS 构成的一种互补型场效应管集成门电路。国产 CMOS 集成门电路产品系列如表 1-5-2 所示，主要有普通的 CC4000 系列和高速 54HC/74HC 系列。CC4000 系列电源范围宽，为 3~18V；54HC/74HC 因开关速度较快而主要应用在高速数字系统中。

表 1-5-2 国产 CMOS 集成门电路产品系列

| 子系列 | 名称 | 型号 | 电源/V |
|---|---|---|---|
| CMOS | 标准 CMOS 系列 | 4000 系列/4500 系列/14500 系列 | 3~18 |
| HCMOS | 高速 CMOS 系列 | 40H 系列 | 2~6 |
| HC | 新高速型 CMOS 系列 | 74HC/74HC4000/74HC4500 系列 | 4.5~6 |
| AC | 先进 CMOS 系列 | 74AC 系列 | 1.5~5.5 |
| ACT | TTL 兼容 AC 系列（输入电平与 TTL 兼容） | 74ACT 系列 | 4.5~5.5 |
| F | 快速 TTL 系列 | 74F 系列 | 4.5~5.5 |

CMOS 集成门电路突出的优点是静态功耗低，抗干扰能力强、工作稳定性好、开关速度高，是性能较好、发展迅速且应用广泛的一种电路。

国产的 CC4000 系列可与国外的 CD4000 系列和 MC14000 系列互换；高速 54HC/74HC 系列可与国外的 MC54HC/74HC 系列互换。

4000/4500 系列的数字集成电路采用塑封双列直插的形式，引脚的定义与 TTL 集成电路一样，从键孔下端开始，按逆时针方向，由小到大排列。常用的 4000 系列集成门电路由表 1-5-3 列出。

表 1-5-3 常用的 4000 系列集成门电路

| 型号 | 名称 | 型号 | 名称 |
|---|---|---|---|
| 4000B | 两个 3 输入或非门，一个反相器 | 4023B | 三 3 输入与非门 |
| 4001B | 四 2 输入非或门 | 4025B | 三 3 输入或非门 |
| 4002B | 二 4 输入或非门 | 4068B | 8 输入与门（互补输出） |
| 4009B | 六反相器 | 4069B | 六反相器 |
| 4010B | 六缓冲器 | 4070B | 四 2 输入异或门 |
| 4011B | 四 2 输入与非门 | 4078B | 8 输入或门（互补输出） |
| 4012B | 双 4 输入与非门 | 40106B | 六反相器 |

### 4. CMOS 集成门电路使用注意事项

1）防静电：CMOS 电路本身较容易因静电击穿而损坏，因此运输和保存过程应采用防静电包装，不能直接将 CMOS 电路装在口袋中，因为化纤材料容易产生高压静电。CMOS 集成电路在存放和运输时，应放在接触良好的金属容器内。

2）CMOS 电路输出端不允许并联使用，OC 门的输出端可以并联实现线与，还可驱动一定功率的负载。

3）CMOS 电路不用的输入端不允许悬空：与门和与非门的多余输入端可接正电源或高电平，或门和或非门的多余输入端可接地或低电平。

4）输入信号不允许超过电压范围，若不确定输入信号大小，则必须在输入端串联限流电阻，以起到保护作用。

5）严禁带电插拔和焊接集成块，否则容易引起集成电路的损坏。

## 二、验证 TTL 与非门逻辑功能

1）选用 74LS00 芯片，74LS00 为 4 个 2 输入 TTL 与非门，为双列直插 14 脚塑料封装，外部引脚排列如图 1-5-1（a）所示。它共有 4 个独立的两输入端与非门，各个门的构造和逻辑功能相同，其内部电路结构如图 1-5-1（b）所示，其电源电压为 5V。

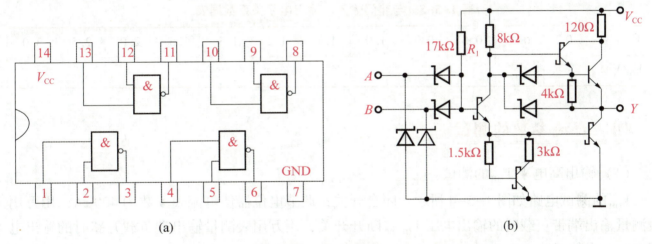

图 1-5-1　74LS00 的引脚排列和内部电路结构图
（a）引脚排列；（b）内部电路结构

2）任意选择 74LS00 芯片中一个与非门进行实验。将与非门的两个输入端分别接到两个电平开关上，输出端接到一个电平指示灯发光二极管（Light Emitting Diode，LED）上（电平指示灯接高电平时点亮），接通电源，操作电平开关，完成真值表，将结果填入表 1-5-4。

3）分析真值表，判断功能是否正确，写出逻辑表达式。

表 1-5-4　与非门真值表

| 输入 | | 输出 |
|---|---|---|
| $A$ | $B$ | $Y$ |
| 0 | 0 | |
| 0 | 1 | |
| 1 | 0 | |
| 1 | 1 | |

## 三、电压传输特性测试

按图 1-5-2 连好线路。调节电位器,使 $V_I$ 在 0~3V 变化,记录相应的输入电压 $V_I$ 和输出电压 $V_O$ 的值填入表 1-5-5,并在图 1-5-3 的坐标系中画出电压传输特性。

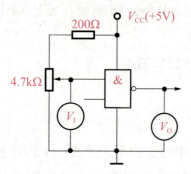

图 1-5-2 电压传输特性测试电路

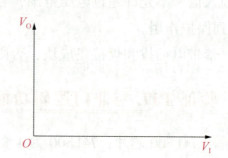

图 1-5-3 电压传输特性

表 1-5-5 与非门输入、输出电平关系数据表

| $V_I$/V | 0 | 0.3 | 0.6 | 0.9 | 1.0 | 1.1 | 1.2 | 1.3 | 1.6 | 2.0 | 2.5 | 3.0 |
|---|---|---|---|---|---|---|---|---|---|---|---|---|
| $V_O$/V | | | | | | | | | | | | |

## 四、直流参数的测试

(1)输出高电平 $V_{OH}$ 的测试

$V_{OH}$ 的测试电路如图 1-5-4 所示。闭合开关,调节电位器使电流表读数为 400μA,用万用表测量输出端带负载时的输出电压 $V_{OH}$;断开开关,用万用表测量输出端负载开路时的输出电压 $V'_{OH}$,将数据填入表 1-5-6。

(2)输出低电平 $V_{OL}$ 的测试

$V_{OL}$ 的测试电路如图 1-5-5 所示,闭合开关,调节电位器使电流表读数为 8mA,用万用表测量输出端带负载时的输出电压 $V_{OL}$;断开开关,用万用表测量输出端负载开路时的输出电压 $V'_{OL}$,将数据填入表 1-5-6。

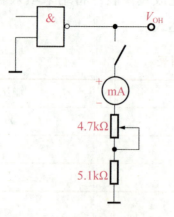

图 1-5-4 $V_{OH}$ 的测试电路

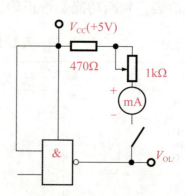

图 1-5-5 $V_{OL}$ 的测试电路

表 1-5-6　$V_{OH}$、$V_{OL}$ 测试结果

| 参数 | $I_{OH}$ | $V_{OH}$ | $V'_{OH}$ | $I_{OL}$ | $V_{OL}$ | $V'_{OL}$ |
|---|---|---|---|---|---|---|
| 实验数据 | 400μA | | | 8mA | | |

（3）高电平输入电流 $I_{IH}$

$I_{IH}$ 的测试电路如图 1-5-6 所示。连接电路，通电后读出电流表的读数即负载门高电平输入电流 $I_{IH}$，并用万用表测量此时负载门输入高电平的电压 $V_{IH}$，将数据填入表 1-5-7。

（4）低电平输入电流 $I_{IL}$

测试电路如图 1-5-7 所示，连接电路，通电后读出电流表的读数即负载门低电平输入电流 $I_{IL}$，并用万用表测量此时负载门输入低电平的电压 $V_{IL}$，将数据填入表 1-5-7。

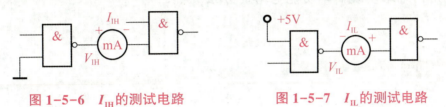

图 1-5-6　$I_{IH}$ 的测试电路　　　　图 1-5-7　$I_{IL}$ 的测试电路

表 1-5-7　$I_{IH}$、$I_{IL}$ 测试结果

| 参数 | $I_{IH}$ | $V_{IH}$ | $I_{IL}$ | $V_{IL}$ |
|---|---|---|---|---|
| 实验数据 | | | | |

## 五、测试并记录

用 74LS00 组成 2 输入异或门，测试其逻辑功能，将结果填入表 1-5-8。

表 1-5-8　异或门逻辑功能测试记录

| 输入 | | 输出 |
|---|---|---|
| A | B | Y |
| 0 | 0 | |
| 0 | 1 | |
| 1 | 0 | |
| 1 | 1 | |

## 任务六 触摸式延时开关的制作与调试

### 学习目标

1. 能够制作触摸式延时开关电路。
2. 能够对触摸式延时开关电路进行调试。
3. 能够排除触摸式延时开关电路的故障。
4. 基本掌握用门电路实现简单功能电路的方法。

### 学习过程

### 一、元器件介绍

**1. CC4011**

CMOS 系列集成 CC4011 为 4 个 2 输入集成与非门，其引脚排列如图 1-6-1 所示，实际应用时可与 CC4011 等与非门集成电路直接代换。对单个 CC4011 的检测电路如图 1-6-2 所示。与非门两个输入端 $A$、$B$ 分别接到两个逻辑电平开关上，输出端 $Y$ 接到逻辑电平显示器上，对给定 $A$、$B$ 的不同逻辑电平，观察逻辑电平显示器上 LED 显示结果，CC4011 正常时应与表 1-6-1 所示的与非逻辑真值表相符，否则说明其逻辑功能失效。

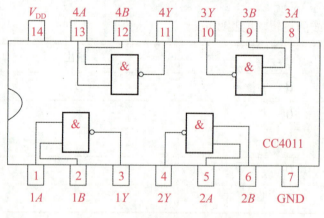

图 1-6-1 CC4011 引脚排列

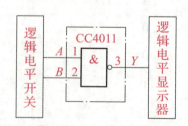

图 1-6-2 对单个 CC4011 的检测电路

CC4011 芯片各引脚的功能如下。

1) $1A \sim 4A$、$1B \sim 4B$：数码输入端。
2) $1Y \sim 4Y$：数码输出端。
3) $V_{DD}$：电源端。

4）GND：接地端。

表 1-6-1　与非门真值表

| 输入 | | 输出 |
|---|---|---|
| A | B | Y |
| 0 | 0 | 1 |
| 0 | 1 | 1 |
| 1 | 0 | 1 |
| 1 | 1 | 0 |

在没有数字逻辑箱时，可用 3V 电源代替逻辑电平开关，输入端接入 3V 时为 1，不接时为 0，用一个 LED 代替逻辑电平显示器（LED 亮表示 $Y=1$，LED 不亮表示 $Y=0$），但应注意 CC4011 接入工作电压，并与 3V 电源同地。

### 2. 9013

9013（图 1-6-3）是一种 NPN 型小功率晶体管。晶体管是半导体基本元器件之一，具有电流放大作用，是电子电路的核心元件。晶体管是在一块半导体基片上制作两个相距很近的 PN 结，两个 PN 结把整块半导体分成 3 部分，中间部分是基区，两侧部分是发射区和集电区。晶体管的排列方式有 PNP 和 NPN 两种。9013 NPN 晶体管的主要用途是作为音频放大、收音机 1W 推挽输出及开关等。

### 3. KA

中间继电器（Intermediate Relay）通常用来传递信号和同时控制多个电路，也可用来直接控制小容量电动机或其他电气执行元件。中间继电器的结构和工作原理与交流接触器基本相同，与交流接触器的主要区别是触点数目多一些，且触点容量小。在选用中间继电器时，主要考虑电压等级和触点数目。小型中间继电器如图 1-6-4 所示。

1. 发射极
2. 基极
3. 集电极

图 1-6-3　9013 引脚图　　　　图 1-6-4　小型中间继电器

## 二、电路分析

触摸式延时开关可用于楼道灯的控制电路或定时报警器电路。触摸式延时开关电路原理图和装配图分别如图 1-6-5 和图 1-6-6 所示。这个电路由与非门 U、晶体管 VT 和继电器 KA 等元器件组成。当人用手触摸用两个铜片做成的开关时（可用单面敷铜板刻一道缝制成），继电器就会吸合，可控制灯泡或报警器。手离开开关后，经过一定时间的延迟，继电器才释放，被控的灯泡熄灭或报警器停止报警。改变 $R_2$ 和 $C_2$ 的值，就可以改变延时的长度。

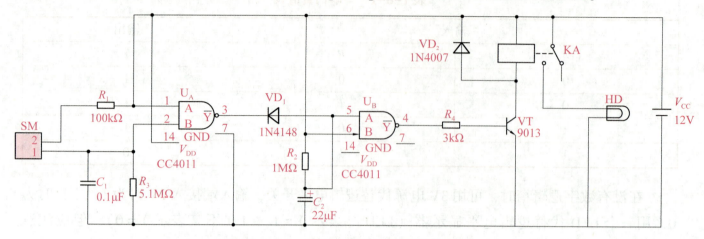

图 1-6-5　触摸式延时开关电路原理图

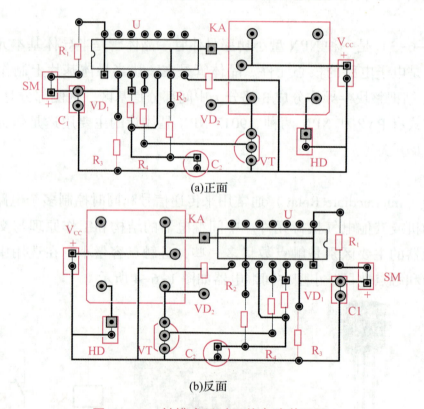

图 1-6-6　触摸式延时开关电路装配图

## 三、电路元器件清单

采用集成门电路的逻辑元器件参数及功能如表 1-6-2 所示。

表 1-6-2　采用集成门电路的逻辑元器件参数及功能表

| 序号 | 元器件代号 | 名称 | 型号及参数 | 功能 |
|---|---|---|---|---|
| 1 | $R_1$ | 电阻器 | RJ-100kΩ-5% | |
| 2 | $R_2$ | 电阻器 | RJ-1MΩ-5% | |

续表

| 序号 | 元器件代号 | 名称 | 型号及参数 | 功能 |
|---|---|---|---|---|
| 3 | $R_3$ | 电阻器 | RJ-5.1MΩ-5% | |
| 4 | $R_4$ | 电阻器 | RJ-3kΩ-5% | |
| 5 | $C_1$ | 电容器 | 0.1μF-16V-20% | 避免电磁干扰信号输入 |
| 6 | $C_2$ | 电容器 | 22μF-16V-20% | 延时 |
| 7 | $VD_1$ | 二极管 | 1N4148 | 单向导通 |
| 8 | $VD_2$ | 二极管 | 1N4007 | 保护晶体管 |
| 9 | VT | 晶体管 | 9013 | |
| 10 | U | 集成门电路 | CC4011 | 与非门 |
| 11 | KA | 继电器 | MY2N-J DC12 | 12V 小型继电器 |

### 四、触摸式延时开关电路装接

将检验合格的元器件参照触摸延时开关电路装配图（图 1-6-6）安装在万能电路板上。

**1. 装接顺序**

根据电子产品装接工艺可按 $R_1$、$R_2$、$R_3$、$R_4$、$VD_1$、$VD_2$、U、VT、$C_1$、$C_2$、KA 顺序安装焊接。

**2. 工艺要求**

电阻、二极管、集成电路、继电器、电解电容器贴板安装，陶瓷电容器、晶体管离板 2.5~3mm 安装；剪引脚后，引脚高度为距板 1.5~2mm。

**3. 注意事项**

电路装配应重点注意以下问题：

1）边线尽量短，整体接地要好。

2）焊接用的烙铁最好不大于 25W，使用中性焊剂，如松香酒精溶液。

3）电路板焊接完毕后，不得浸泡在有机溶液中清洗，只能用酒精擦去外引线上的助焊剂和污垢。

### 五、触摸延时开关电路的故障排除

产生故障的原因有很多，主要有以下几个方面：

1）电路设计错误。

2）布线错误或断路。

3）集成器件使用不当或功能失效。

4）实验插座板不正常或使用不当。

5）所用仪表性能不恰当，有故障或使用不当。

6）干扰信号的影响。

# 项目二
# 数码显示电路的认识与制作

**项目描述**

在数字系统中信号都是以二进制形式表示,并以各种编码的形态传递和保存的。但是人们都习惯把数字系统中的各种数码直观地以十进制数形式显示出来。例如,当按下一个数字按键后,能用数码管显示出相应的数字。其基本思路就是将数字信号进行译码,使译码结果驱动七段数码显示管,显示出与输入相对应的十进制数或字符。

**知识目标**

1. 掌握组合逻辑的分析与设计方法。
2. 进一步掌握公式化简法、卡诺图化简法和真值表。
3. 了解并掌握常用中规模集成电路的性能和特点。
4. 了解并掌握编码器、译码器等常用器件的功能表、引脚图和内部逻辑图。
5. 掌握显示器件的检测方法。

**技能目标**

1. 能分析组合逻辑电路的功能,设计组合逻辑电路图。
2. 能采用编码器、译码器等中规模集成电路设计组合逻辑函数。
3. 能正确识别和检测数码显示器件。
4. 能制作数码显示电路并测试其性能。

项目二 数码显示电路的认识与制作

## 素养目标

1. 通过组合逻辑电路的分析与设计，培养学生发现问题、分析问题、解决问题的能力。
2. 通过译码、编码规则的学习，养成"不以规矩，不成方圆"的纪律意识。

## 工作流程与活动

1. 认识组合逻辑的分析与设计方法。
2. 认识编码器的功能及其应用。
3. 认识译码器的功能及其应用。
4. 进行数码显示电路的制作与调试。

## 任务一 组合逻辑电路的分析与设计

### 学习目标

1. 掌握组合逻辑电路和时序逻辑电路的定义。
2. 掌握组合逻辑电路的分析方法。
3. 掌握组合逻辑电路的设计方法。
4. 进一步掌握公式化简法、卡诺图化简法及根据函数表达式列出真值表的方法。
5. 能综合运用专业知识解决实际问题。

### 学习过程

数字电路根据逻辑功能特点的不同，可以分成两大类，一类是组合逻辑电路（简称组合电路），另一类是时序逻辑电路（简称时序电路）。组合逻辑电路在逻辑功能上的特点是任意时刻的输出仅仅取决于该时刻的输入，与电路原来的状态无关。而时序逻辑电路在逻辑功能上的特点是任意时刻的输出不仅取决于当时的输入信号，还取决于电路原来的状态。

对于一个已知的逻辑电路，要研究它的工作特点和逻辑功能称为分析。对于已经确定要完成的逻辑功能，要给出相应的逻辑电路称为设计。分析和设计互为逆过程。

**1. 组合逻辑电路的分析方法**

分析组合逻辑电路的目的是分析逻辑电路图的逻辑功能。在已经有逻辑电路图的情况下，分析该电路图能实现什么功能，或者检查和评价该电路图设计是否合理、经济等。

分析组合逻辑电路方法的步骤如下：

1）根据逻辑电路图，逐级写出与输入和输出有关的逻辑函数表达式。

2）根据公式法或卡诺图法化简逻辑函数，得到最简逻辑函数表达式。

组合逻辑电路的
分析与设计

3）根据最简逻辑函数表达式写出真值表。

4）根据真值表和最简逻辑函数表达式，分析逻辑电路的功能。

步骤流程：根据电路图写表达式→化简和变换表达式→列真值表→分析功能。

下面举例说明组合逻辑电路的分析方法。

**例 2-1-1** 已知逻辑电路图如图 2-1-1 所示，分析该电路的功能。

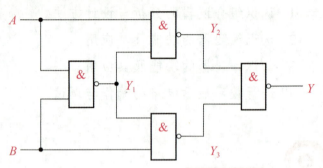

图 2-1-1 例 2-1-1 的逻辑电路图

**解：** 1）从给出的逻辑图，由输入到输出写出各级逻辑门的输出表达式为

$$Y_1 = \overline{AB} \quad Y_2 = \overline{AY_1} = \overline{A\,\overline{AB}} \quad Y_3 = \overline{BY_1} = \overline{B\,\overline{AB}} \quad Y = \overline{\overline{A\,\overline{AB}}\,\overline{B\,\overline{AB}}}$$

2）进行逻辑变化和化简如下：

$$Y = \overline{\overline{A\,\overline{AB}}\,\overline{B\,\overline{AB}}}$$

$$= A\,\overline{AB} + B\,\overline{AB}$$

$$= A(\overline{A} + \overline{B}) + B(\overline{A} + \overline{B})$$

$$= A\overline{B} + \overline{A}B$$

3）列出真值表，如表 2-1-1 所示。

表 2-1-1 例 2-1-1 电路真值表

| A | B | Y |
|---|---|---|
| 0 | 0 | 0 |
| 0 | 1 | 1 |
| 1 | 0 | 1 |
| 1 | 1 | 0 |

由表达式和真值表分析可知，图 2-1-1 所示电路的逻辑功能为异或运算。

**2. 认识组合逻辑电路的设计方法**

组合逻辑电路的设计与分析过程相反，对于实际的逻辑问题，设计出符合这个逻辑问题的逻辑电路。这样的逻辑电路不是唯一的，但是会有一个较优的电路。设计逻辑电路会有一些要求。当电路比较简单时，要求元器件的种类和数目尽可能少，所以要求逻辑函数必须是最简的。有时候又需要一定的变换，以便减少门电路，使电路结构紧凑、工作可靠、经济。

因此，逻辑电路的设计与逻辑电路分析过程相反，却不完全相反，在化简时需要结合所选用的元器件。需要根据实际情况，不仅要满足功能还要满足经济和结构等其他因素，找到较合适的逻辑电路。

组合逻辑电路设计方法如下：

1）根据给出的条件和最终实现的功能，首先确定输入变量和输出变量，并用相应的字母标注；然后用 0 和 1 各表示一种状态，由此找出输入变量和输出变量的关系。

2）根据输入变量和输出变量的关系列出真值表；根据真值表写出逻辑表达式。

3）利用公式法或卡诺图法化简表达式。若已经确定元器件，则在化简时要结合元器件来化简；若没有，则不用结合。

4）根据已化简好的逻辑表达式画出逻辑电路。

实际设计工作还包括集成电路芯片的选择、工艺设计、安装和调试等内容。下面举例来说明组合逻辑电路的分析方法。

**例 2-1-2** 设计一个用与非门实现的火灾报警电路。该电路设有烟感、温感和紫外光感 3 种类型的火灾检测器。为防止误报警，只有当两种或两种以上的检测器发出火灾信号时，才产生火灾报警信号。

**解**：1）确定输入变量和输出变量。假设该电路的输入烟感、温感和紫外光感 3 种类型的火灾检测器为 $A$、$B$ 和 $C$，检测到火灾信号为 1，没有检测到火灾信号为 0。报警电路的输出为 $Y$，有火灾报警为 1，没有火灾报警为 0。

2）列出真值表，如表 2-1-2 所示。为防止误报警，只有当两种或两种以上检测器发出火灾信号时，才产生火灾报警信号。

表 2-1-2 例 2-1-2 电路真值表

| 输入 | | | 输出 |
| --- | --- | --- | --- |
| $A$ | $B$ | $C$ | $Y$ |
| 0 | 0 | 0 | 0 |
| 0 | 0 | 1 | 0 |
| 0 | 1 | 0 | 0 |
| 0 | 1 | 1 | 1 |
| 1 | 0 | 0 | 0 |
| 1 | 0 | 1 | 1 |
| 1 | 1 | 0 | 1 |
| 1 | 1 | 1 | 1 |

3）利用卡诺图化简，如图 2-1-2 所示。

得到 $Y = AB + AC + BC$。因为要求用与非门实现，所以 $Y = \overline{\overline{AB} \cdot \overline{AC} \cdot \overline{BC}}$。

4）画出逻辑电路图，如图 2-1-3 所示。

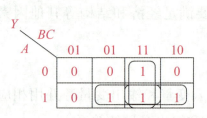

图 2-1-2　例 2-1-2 电路的卡诺图

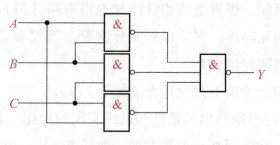

图 2-1-3　例 2-1-2 电路图

## 任务二　编码器的功能及应用

### 学习目标

1. 了解并掌握编码器的功能表、引脚图和内部逻辑。
2. 能理解编码器功能含义并能正确使用编码器。

编码器的功能及其应用

### 学习过程

在数字系统中，把二进制代码按一定规律编排，使每组代码具有特定含义（如代表某个数或者某个控制信号）称为编码，实现编码逻辑功能的电路称为编码器。按照不同输出代码种类，可将编码器分为二进制编码器、二-十进制编码器（BCD 编码器）；按照是否有优先编码权，可将编码器分为普通编码器和优先编码器。

### 一、普通编码器

#### 1. 二进制编码器

用 $n$ 位二进制代码来表示 $N = 2^n$ 个信息的电路称为二进制编码器。二进制编码器有 $N = 2^n$ 个信号输入端和 $n$ 位二进制代码输出端，在某一时刻只有一个输入信号被转化为二进制代码。根据输出代码的位数，二进制编码器可以分为 2 位二进制编码器、3 位二进制编码器、4 位二进制编码器等。

下面以 2 位二进制编码器为例进行说明。2 位二进制编码器有 4 个输入，2 位二进制代码输出，这种编码器通常称为 4 线-2 线编码器，其功能如表 2-2-1 所示。由表 2-2-1 可知，在 4 个输入信号中，当只有一个输入信号为高电平 1（高电平有效），或只有一个输入信号为低电平 0（低电平有效）时，输出与该输入端相对应的代码。由表 2-2-1 可以得到如下逻辑表达式。

表 2-2-1  4 线-2 线编码器功能

| 输入 | | | | 输出 | |
|---|---|---|---|---|---|
| $I_0$ | $I_1$ | $I_2$ | $I_3$ | $Y_1$ | $Y_0$ |
| 1 | 0 | 0 | 0 | 0 | 0 |
| 0 | 1 | 0 | 0 | 0 | 1 |
| 0 | 0 | 1 | 0 | 1 | 0 |
| 0 | 0 | 0 | 1 | 1 | 1 |

$$Y_1 = \overline{I_0}\,\overline{I_1}I_2\overline{I_3} + \overline{I_0}\,\overline{I_1}\,\overline{I_2}I_3$$

$$Y_0 = \overline{I_0}I_1\,\overline{I_2}\,\overline{I_3} + \overline{I_0}\,\overline{I_1}\,\overline{I_2}I_3$$

根据逻辑表达式画出逻辑图，如图 2-2-1 所示。

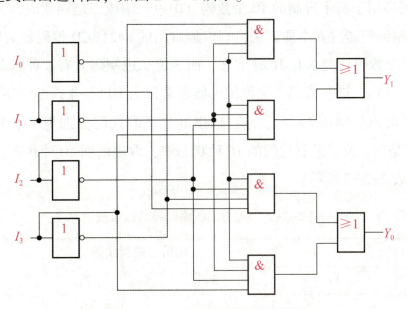

图 2-2-1  4 线-2 线编码器逻辑图

这种电路一般不允许出现两个或两个以上同时有输入的情况。例如，当 $I_1$ 为 1，其余都为 0 时，输出 $Y_1Y_0$ 为 01；当 $I_3$ 为 1，其余都为 0 时，输出 $Y_1Y_0$ 为 11，输出代码按有效输入端下标所对应的二进制数输出，这种情况称为输出高电平有效。值得注意的是，在逻辑图中，当 $I_0$ 为 1，其余都为 0 和 $I_0 \sim I_3$ 均为 0 时，$Y_1Y_0$ 都为 00。前者输出有效，后者输出无效，在实际应用中是必须加以区分的。

改进后的 4 线-2 线编码器逻辑图如图 2-2-2 所示。电路中增加一个输出信号 GS，称为控制使能标志。输入信号中，只要存在有效电平，则 GS=1，代表有信号输入，输出代码为有效；只有 $I_0 \sim I_3$ 均为 0 时，GS=0，代表无信号输入，此时输出代码 00 为无效码。

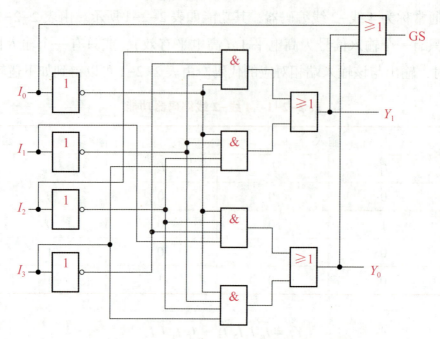

图 2-2-2　改进后的 4 线-2 线编码器逻辑图

### 2. 二-十进制编码器

二-十进制编码器用于将十进制的 10 个数码（0~9）编成二进制代码，又称 BCD 编码器。其工作原理与二进制编码器并无本质区别，现以最常用的 8421BCD 编码器为例进行说明。

因为输入有 10 个数码，要求有 10 种状态，而 3 位二进制码只有 8 种状态，所以输出需用 4 位（$2^n>10$，取 $n=4$）二进制代码。这种编码器通常称为 10 线-4 线编码器。

设输入的 10 个数码分别用 $I_0 \sim I_9$ 表示，输出的二进制代码分别为 $Y_3$、$Y_2$、$Y_1$、$Y_0$，采用 8421 编码方式，就是在 4 位二进制代码的 16 种状态中，取出前面 10 种状态，后面 6 种状态去掉，则其真值表如表 2-2-2 所示。

表 2-2-2　8421BCD 编码器的真值表

| 输入 | 输出二进制代码 | | | |
|---|---|---|---|---|
| | $Y_3$ | $Y_2$ | $Y_1$ | $Y_0$ |
| 0（$I_0$） | 0 | 0 | 0 | 0 |
| 1（$I_1$） | 0 | 0 | 0 | 1 |
| 2（$I_2$） | 0 | 0 | 1 | 0 |
| 3（$I_3$） | 0 | 0 | 1 | 1 |
| 4（$I_4$） | 0 | 1 | 0 | 0 |
| 5（$I_5$） | 0 | 1 | 0 | 1 |
| 6（$I_6$） | 0 | 1 | 1 | 0 |
| 7（$I_7$） | 0 | 1 | 1 | 1 |

续表

| 输入 | 输出二进制代码 | | | |
|---|---|---|---|---|
| | $Y_3$ | $Y_2$ | $Y_1$ | $Y_0$ |
| 8（$I_8$） | 1 | 0 | 0 | 0 |
| 9（$I_9$） | 1 | 0 | 0 | 1 |

由于输入是一组相互排斥的变量，可由真值表直接写出输出的函数的逻辑表达式，即

$$Y_3 = I_8 + I_9 = \overline{\overline{I_8}\,\overline{I_9}}$$

$$Y_2 = I_4 + I_5 + I_6 + I_7 = \overline{\overline{I_4}\,\overline{I_5}\,\overline{I_6}\,\overline{I_7}}$$

$$Y_1 = I_2 + I_3 + I_6 + I_7 = \overline{\overline{I_2}\,\overline{I_3}\,\overline{I_6}\,\overline{I_7}}$$

$$Y_0 = I_1 + I_3 + I_5 + I_7 + I_9 = \overline{\overline{I_1}\,\overline{I_3}\,\overline{I_5}\,\overline{I_7}\,\overline{I_9}}$$

根据逻辑表达式画出逻辑图，如图 2-2-3 所示。当 $I_1 \sim I_9$ 均为 0 时，输出为 0000，表示 $I_0$，即 $I_0$ 是隐含的。

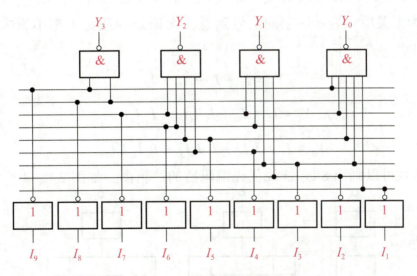

图 2-2-3　8421BCD 编码器的逻辑图

## 二、优先编码器

前面介绍的编码器的共同特点是每次只允许一个输入端有信号，但在实际应用中经常会出现多个输入端同时有信号的情况，若要求输出编码不出现混乱，这就要求电路能够按照输入信号的优先级别进行编码，这种编码器称为优先编码器。至于优先级别的高低，完全是由设计人员根据各输入信号的轻重缓急情况决定的。

### 1. 8 线-3 线优先编码器

编码器的 8 个输入信号为 $I_0 \sim I_7$，设 $I_7$ 的优先级别最高，$I_6$ 次之，以此类推，$I_0$ 最低，输入信号为高电平有效。$Y_2$、$Y_1$、$Y_0$ 为 3 位二进制代码输出，其真值表如表 2-2-3 所示。

表 2-2-3　8 线–3 线优先编码器的真值表

| 输入 | | | | | | | | 输出 | | |
| --- | --- | --- | --- | --- | --- | --- | --- | --- | --- | --- |
| $I_7$ | $I_6$ | $I_5$ | $I_4$ | $I_3$ | $I_2$ | $I_1$ | $I_0$ | $Y_2$ | $Y_1$ | $Y_0$ |
| 1 | × | × | × | × | × | × | × | 1 | 1 | 1 |
| 0 | 1 | × | × | × | × | × | × | 1 | 1 | 0 |
| 0 | 0 | 1 | × | × | × | × | × | 1 | 0 | 1 |
| 0 | 0 | 0 | 1 | × | × | × | × | 1 | 0 | 0 |
| 0 | 0 | 0 | 0 | 1 | × | × | × | 0 | 1 | 1 |
| 0 | 0 | 0 | 0 | 0 | 1 | × | × | 0 | 1 | 0 |
| 0 | 0 | 0 | 0 | 0 | 0 | 1 | × | 0 | 0 | 1 |
| 0 | 0 | 0 | 0 | 0 | 0 | 0 | 1 | 0 | 0 | 0 |

表 2-2-3 中，对于 $I_7$，无论其他输入是否为有效电平输入，只要 $I_7$ 为 1，输出均为 111，优先级别最高。对于 $I_0$，只有当其他输入都为 0，即无效电平输入，且 $I_0$ 为 1 时，输出才为 000。表中 "×" 为无关项，表示该项的信号随意，无论是 0 还是 1 都不影响输出结果。由真值表可以写出逻辑表达式如下：

$$Y_2 = I_7 + I_6 + I_5 + I_4$$

$$Y_1 = I_7 + I_6 + \bar{I}_5 \bar{I}_4 I_3 + \bar{I}_5 \bar{I}_4 I_2$$

$$Y_0 = I_7 + \bar{I}_6 I_5 + \bar{I}_6 \bar{I}_4 I_3 + \bar{I}_6 \bar{I}_4 \bar{I}_2 I_1$$

根据上述表达式可以画出 8 线–3 线优先编码器的逻辑图，如图 2-2-4 所示。

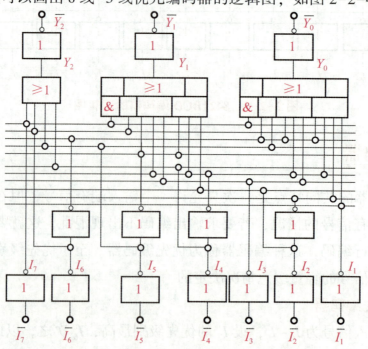

图 2-2-4　8 线–3 线优先编码器的逻辑图

74LS148是集成8线-3线优先编码器,其功能如表2-2-4所示,其芯片引脚如图2-2-5所示。

表 2-2-4　优先编码器 74LS148 的功能表

| 输入 | | | | | | | | | 输出 | | | | |
|---|---|---|---|---|---|---|---|---|---|---|---|---|---|
| EI | $I_0$ | $I_1$ | $I_2$ | $I_3$ | $I_4$ | $I_5$ | $I_6$ | $I_7$ | $A_2$ | $A_1$ | $A_0$ | GS | EO |
| 1 | × | × | × | × | × | × | × | × | 1 | 1 | 1 | 1 | 1 |
| 0 | 1 | 1 | 1 | 1 | 1 | 1 | 1 | 1 | 1 | 1 | 1 | 1 | 0 |
| 0 | × | × | × | × | × | × | × | 0 | 0 | 0 | 0 | 0 | 1 |
| 0 | × | × | × | × | × | × | 0 | 1 | 0 | 0 | 1 | 0 | 1 |
| 0 | × | × | × | × | × | 0 | 1 | 1 | 0 | 1 | 0 | 0 | 1 |
| 0 | × | × | × | × | 0 | 1 | 1 | 1 | 0 | 1 | 1 | 0 | 1 |
| 0 | × | × | × | 0 | 1 | 1 | 1 | 1 | 1 | 0 | 0 | 0 | 1 |
| 0 | × | × | 0 | 1 | 1 | 1 | 1 | 1 | 1 | 0 | 1 | 0 | 1 |
| 0 | × | 0 | 1 | 1 | 1 | 1 | 1 | 1 | 1 | 1 | 0 | 0 | 1 |
| 0 | 0 | 1 | 1 | 1 | 1 | 1 | 1 | 1 | 1 | 1 | 1 | 0 | 1 |

由表2-2-4可知,74LS148优先编码器有8个输入端,优先级别由高到低分别是$I_7 \sim I_0$,3个二进制码输出端。此外,芯片还设置了输入使能端EI、输出使能端EO和优先编码工作状态标志GS,以便于级联扩展。

当EI=0时,编码器工作;而当EI=1时,无论8个输入状态为何状态,3个输出端均为高电平,且优先编码器的标志端和输出使能端均为高电平,编码器处于非工作状态。这种情况称为使能端EI输入低电平有效。

当EI=0,且至少有一个输入端有编码请求信号(逻辑0)时,优先编码工作状态标志GS为0,表明编码器处于工作状态,否则GS=1,编码器不工作。由此看出,输入使能端EI、输入信号端$I_7 \sim I_0$,和工作状态标志GS均为低电平有效。输出也是低电平有效,反码编码,当输入$I_7$为0时,对应的输出代码为000;当输入$I_0$单独为0时,对应的输出代码为111。

输出代码按有效输入端下标所对应的二进制反码输出。

74LS148优先编码器的逻辑符号如图2-2-6所示,图中信号端有圆圈表示该信号是低电平有效,无圆圈表示该信号是高电平有效。

在8个输入端均无低电平输入信号和只有输入端$I_0$有低电平信号输入时,输出端$A_2A_1A_0$均为111,出现了输入条件不同而输出代码相同的情况,这时由GS的状态加以区别。当GS=1时,表示8个输入均无低电平输入信号,此时输出代码无效;当GS=0时,表示输出为有效编码。

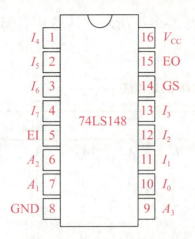

图 2-2-5　74LS148 的引脚图

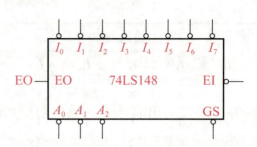

图 2-2-6　74LS148 的逻辑符号图

**例 2-2-1**　请用两块 8 线-3 线优先编码器 74LS148 来实现 16 线-4 线优先编码器。

**解：** EO 只有在 EI 为 0 且所有输入端都为 1 时输出为 0，否则输出为 1。据此原理，将两块 8 线-3 线优先编码器 74LS148 通过功能扩展端连接起来，再辅以门电路，即可实现 16 线-4 线优先编码器，如图 2-2-7 所示。

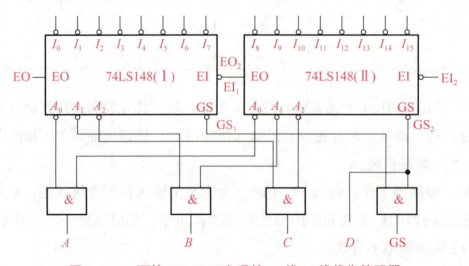

图 2-2-7　两块 74LS148 实现的 16 线-4 线优先编码器

### 2. 8421BCD 优先编码器

设编码的优先顺序为 $I_9 \sim I_0$ 递降，则 8421BCD 优先编码器的真值表如表 2-2-5 所示。

表 2-2-5　8421BCD 优先编码器的真值表

| $I_9$ | $I_8$ | $I_7$ | $I_6$ | $I_5$ | $I_4$ | $I_3$ | $I_2$ | $I_1$ | $I_0$ | $Y_3$ | $Y_2$ | $Y_1$ | $Y_0$ |
|---|---|---|---|---|---|---|---|---|---|---|---|---|---|
| 1 | × | × | × | × | × | × | × | × | × | 1 | 0 | 0 | 1 |
| 0 | 1 | × | × | × | × | × | × | × | × | 1 | 0 | 0 | 0 |
| 0 | 0 | 1 | × | × | × | × | × | × | × | 0 | 1 | 1 | 1 |
| 0 | 0 | 0 | 1 | × | × | × | × | × | × | 0 | 1 | 1 | 0 |
| 0 | 0 | 0 | 0 | 1 | × | × | × | × | × | 0 | 1 | 0 | 1 |
| 0 | 0 | 0 | 0 | 0 | 1 | × | × | × | × | 0 | 1 | 0 | 0 |

续表

| $I_9$ | $I_8$ | $I_7$ | $I_6$ | $I_5$ | $I_4$ | $I_3$ | $I_2$ | $I_1$ | $I_0$ | $Y_3$ | $Y_2$ | $Y_1$ | $Y_0$ |
| --- | --- | --- | --- | --- | --- | --- | --- | --- | --- | --- | --- | --- | --- |
| 0 | 0 | 0 | 0 | 0 | 0 | 1 | × | × | × | 0 | 0 | 1 | 1 |
| 0 | 0 | 0 | 0 | 0 | 0 | 0 | 1 | × | × | 0 | 0 | 1 | 0 |
| 0 | 0 | 0 | 0 | 0 | 0 | 0 | 0 | 1 | × | 0 | 0 | 0 | 1 |
| 0 | 0 | 0 | 0 | 0 | 0 | 0 | 0 | 0 | 1 | 0 | 0 | 0 | 0 |

根据表 2-2-5 可以写出表达式，画出对应的逻辑图，在此不再详述。

74LS147 是集成 8421BCD 优先编码器，又称 10 线-4 线优先编码器，其功能如表 2-2-6 所示，逻辑符号如图 2-2-8 所示。

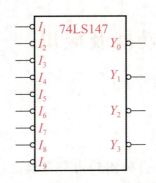

图 2-2-8　74LS147 的逻辑符号

表 2-2-6　8421BCD 优先编码器 74LS147 的功能表

| 输入 | | | | | | | | | 输出 | | | |
| --- | --- | --- | --- | --- | --- | --- | --- | --- | --- | --- | --- | --- |
| $I_1$ | $I_2$ | $I_3$ | $I_4$ | $I_5$ | $I_6$ | $I_7$ | $I_8$ | $I_9$ | $Y_3$ | $Y_2$ | $Y_1$ | $Y_0$ |
| 1 | 1 | 1 | 1 | 1 | 1 | 1 | 1 | 1 | 1 | 1 | 1 | 1 |
| × | × | × | × | × | × | × | × | 0 | 0 | 1 | 1 | 0 |
| × | × | × | × | × | × | × | 0 | 1 | 0 | 1 | 1 | 1 |
| × | × | × | × | × | × | 0 | 1 | 1 | 1 | 0 | 0 | 0 |
| × | × | × | × | × | 0 | 1 | 1 | 1 | 1 | 0 | 0 | 1 |
| × | × | × | × | 0 | 1 | 1 | 1 | 1 | 1 | 0 | 1 | 0 |
| × | × | × | 0 | 1 | 1 | 1 | 1 | 1 | 1 | 0 | 1 | 1 |
| × | × | 0 | 1 | 1 | 1 | 1 | 1 | 1 | 1 | 1 | 0 | 0 |
| × | 0 | 1 | 1 | 1 | 1 | 1 | 1 | 1 | 1 | 1 | 0 | 1 |
| 0 | 1 | 1 | 1 | 1 | 1 | 1 | 1 | 1 | 1 | 1 | 1 | 0 |

由表 2-2-6 可以看出，编码器有 9 个输入信号端和 4 个输出信号端，均为低电平有效，即当某个输入端为低电平 0 时，4 个输出端就输出其对应的 8421BCD 码的反码。输入信号的优先级次序是 $I_9 \sim I_1$，当 $I_9 = 0$ 时，无论其他输入端是 0 还是 1，输出端只对 $I_9$ 编码，输出为 0110（原码为 1001）。电路中没有 $I_0$ 输入端，当所有的输入端都为高电平 1 时，相当于 $I_0$ 端有效，

这时输出端输出为 1111。74LS147 的引脚图如图 2-2-9 所示，其中 15 脚 NC 为空脚。

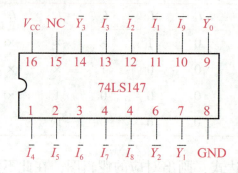

图 2-2-9　74LS147 的引脚图

 **任务三　译码器的功能及应用**

 **学习目标**

1. 了解并掌握译码器的功能表、引脚图和内部逻辑。
2. 能理解译码器功能含义并能正确使用。
3. 了解常用数码显示器件的基本结构和工作原理。

译码器的功能及其应用

 **学习过程**

译码是编码的逆过程，其功能是将具有特定含义的二进制代码转换为相应的输出控制信号或者另一种形式的代码。实现译码功能的逻辑电路称为译码器，它输入的是二进制代码，输出的是与输入代码对应的特定信息。译码器可分为两种形式，一种是将一系列代码转换成与之一一对应的有效信号，这种译码器称为唯一地址译码器，它常用于计算机中对存储器单元地址译码，即将每一个地址代码转换成一个有效信号，从而选中对应的单元；另一种是将代码转换成另一种代码，所以又称代码转换器。常用的译码器有二进制译码器、二-十进制译码器和显示译码器等。

### 一、二进制译码器

把具有特定含义的二进制代码"翻译"成对应的输出信号的组合逻辑电路，称为二进制译码器。二进制译码器有 $n$ 个输入端，$2^n$ 个输出端，且对应于输入代码的每一种状态。对应每一组输入代码，只有其中一个输出端为有效电平，其余输出端则为无效电平。有效电平可以是高电平（称为输出高电平有效），也可以是低电平（称为输出低电平有效）。因为二进制译码器可以译出输入变量的全部状态，故又称变量译码器。其逻辑框图如图 2-3-1 所示。

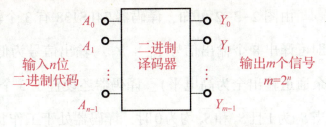

图 2-3-1 二进制译码器的逻辑框图

**1. 3 位二进制译码器**

因为 $n=3$，即输入的是 3 位二进制代码 $A_2$、$A_1$、$A_0$，而 3 位二进制代码可表示 8 种不同的状态，所以输出的必须是 8 个译码信号。

**2. 集成 3 线-8 线译码器**

常用的中规模集成二进制译码器有 2 线-4 线译码器、3 线-8 线译码器、4 线-16 线译码器等。图 2-3-2（a）为常用的集成 3 线-8 线译码器 74LS138 的逻辑符号，其引脚如图 2-3-2（b）所示，它的功能如表 2-3-1 所示。

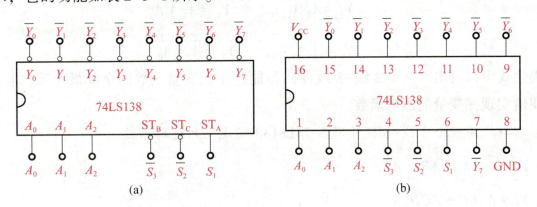

图 2-3-2 74LS138 的逻辑符号及引脚图

（a）逻辑符号；（b）引脚图

表 2-3-1 74LS138 的功能表

| 输入 | | | | | | 输出 | | | | | | | |
|---|---|---|---|---|---|---|---|---|---|---|---|---|---|
| $S_1$ | $\overline{S_2}$ | $\overline{S_3}$ | $A_2$ | $A_1$ | $A_0$ | $\overline{Y_0}$ | $\overline{Y_1}$ | $\overline{Y_2}$ | $\overline{Y_3}$ | $\overline{Y_4}$ | $\overline{Y_5}$ | $\overline{Y_6}$ | $\overline{Y_7}$ |
| × | 1 | × | × | × | × | 1 | 1 | 1 | 1 | 1 | 1 | 1 | 1 |
| × | × | 1 | × | × | × | 1 | 1 | 1 | 1 | 1 | 1 | 1 | 1 |
| 0 | × | × | × | × | × | 1 | 1 | 1 | 1 | 1 | 1 | 1 | 1 |
| 1 | 0 | 0 | 0 | 0 | 0 | 0 | 1 | 1 | 1 | 1 | 1 | 1 | 1 |
| 1 | 0 | 0 | 0 | 0 | 1 | 1 | 0 | 1 | 1 | 1 | 1 | 1 | 1 |
| 1 | 0 | 0 | 0 | 1 | 0 | 1 | 1 | 0 | 1 | 1 | 1 | 1 | 1 |
| 1 | 0 | 0 | 0 | 1 | 1 | 1 | 1 | 1 | 0 | 1 | 1 | 1 | 1 |
| 1 | 0 | 0 | 1 | 0 | 0 | 1 | 1 | 1 | 1 | 0 | 1 | 1 | 1 |
| 1 | 0 | 0 | 1 | 0 | 1 | 1 | 1 | 1 | 1 | 1 | 0 | 1 | 1 |
| 1 | 0 | 0 | 1 | 1 | 0 | 1 | 1 | 1 | 1 | 1 | 1 | 0 | 1 |
| 1 | 0 | 0 | 1 | 1 | 1 | 1 | 1 | 1 | 1 | 1 | 1 | 1 | 0 |

由图 2-3-2 可知，译码器 74LS138 有 3 个输入端 $A_2$、$A_1$、$A_0$，它们共有 8 种状态的组合，即可译出 8 个输出信号 $\overline{Y_0} \sim \overline{Y_7}$，输出信号为低电平有效（即只有一个通道输出为低电平，其余通道输出全为高电平）。译码器还设置了 3 个使能端 $S_1$、$\overline{S_2}$ 和 $\overline{S_3}$，由功能表 2-3-1 可知，当 $S_1$ 为 1 且 $\overline{S_2}$ 和 $\overline{S_3}$ 均为 0 时，译码器处于工作状态，否则，译码器被禁止，所有输出端被封锁在高电平。输入信号为原码，高低排列为 $A_2$、$A_1$、$A_0$ 的顺序，译码过程中，根据输入信号取值组合，$\overline{Y_0} \sim \overline{Y_7}$ 中某一个为低电平，且 $\overline{Y_i} = \overline{m_i}$ ($i$ = 0，1，2，…，7)，$m_i$ 为最小项。其输出表达式为

$$\overline{Y_0} = \overline{\overline{A_2}\,\overline{A_1}\,\overline{A_0}}, \quad \overline{Y_1} = \overline{\overline{A_2}\,\overline{A_1}\,A_0}$$

$$\overline{Y_2} = \overline{\overline{A_2}\,A_1\,\overline{A_0}}, \quad \overline{Y_3} = \overline{\overline{A_2}\,A_1\,A_0}$$

$$\overline{Y_4} = \overline{A_2\,\overline{A_1}\,\overline{A_0}}, \quad \overline{Y_5} = \overline{A_2\,\overline{A_1}\,A_0}$$

$$\overline{Y_6} = \overline{A_2\,A_1\,\overline{A_0}}, \quad \overline{Y_7} = \overline{A_2\,A_1\,A_0}$$

从表达式可以看出，一个 3 线-8 线译码器能产生三变量函数的全部最小项，利用这一点能够方便地实现三变量的逻辑函数。

**例 2-3-1** 用一个 3 线-8 线译码器 74LS138 实现下列逻辑函数。

(1) $Y_1 = \overline{A}\,\overline{B}\,\overline{C} + AB + AC$。

(2) $Y_2 = A\,\overline{B}\,\overline{C} + AC\overline{D}$。

**解**：1) 将逻辑式用最小项表示。

$$Y_1 = \overline{A}\,\overline{B}\,\overline{C} + AB + AC = \overline{A}\,\overline{B}\,\overline{C} + AB(C+\overline{C}) + AC(B+\overline{B})$$

$$= \overline{A}\,\overline{B}\,\overline{C} + ABC + AB\overline{C} + ABC + A\overline{B}C$$

$$= \overline{A}\,\overline{B}\,\overline{C} + ABC + AB\overline{C} + A\overline{B}C$$

将输入变量 $A$、$B$、$C$ 分别对应地接到 3 线-8 线译码器的地址输入端 $A_2$、$A_1$、$A_0$，使能端有效的情况下，3 线-8 线译码器的输出端为

$$\overline{Y_0} = \overline{\overline{A}\,\overline{B}\,\overline{C}}, \quad \overline{Y_5} = \overline{A\overline{B}C}, \quad \overline{Y_6} = \overline{AB\overline{C}}, \quad \overline{Y_7} = \overline{ABC}$$

因此可得出 $Y_1 = Y_0 + Y_5 + Y_6 + Y_7 = \overline{\overline{Y_0}\,\overline{Y_5}\,\overline{Y_6}\,\overline{Y_7}}$。

在 3 线-8 线译码器上，令使能端有效，然后按上式选用与非门实现输出即可，逻辑图如图 2-3-3（a）所示。

2) 该逻辑函数有 4 个输入变量，而 74LS138 只有 3 个地址输入端，因此选 3 个变量 $B$、$C$、$D$ 从地址端输入，1 个变量 $A$ 从使能端 $S_1$ 输入。把逻辑函数变换为 BCD 最小项的形式：

$$Y_2 = A\,\overline{B}\,\overline{C} + AC\overline{D} = A\overline{B}\,\overline{C}(\overline{D} + D) + A(\overline{B} + B)C\overline{D}$$

$$= A\overline{B}\,\overline{C}\,\overline{D} + A\overline{B}\,\overline{C}D + A\overline{B}CD + ABC\overline{D}$$

$$= A(\overline{B}\,\overline{C}\,\overline{D} + \overline{B}\,\overline{C}D + \overline{B}CD + BC\overline{D})$$

$$= A(m_0 + m_1 + m_2 + m_6) = \overline{\overline{Am_0}\,\overline{Am_1}\,\overline{Am_2}\,\overline{Am_6}}$$

按表达式连接电路，如图 2-3-3（b）所示。

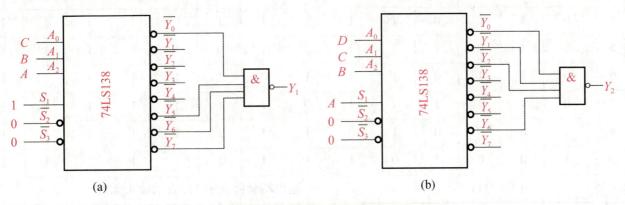

图 2-3-3　例 2-3-1 的逻辑图

## 二、二-十进制译码器

将输入的 4 位 8421BCD 码 0000~1001 翻译成 10 个对应的高、低电平输出信号（用来表示 0~9 十进制代码）的逻辑电路称为二-十进制译码器。这种译码器有 4 个输入端，10 个输出端，故又称 4 线-10 线译码器。它是将一种码制的代码转换为另一种码制的代码。常用的集成 4 线-10 线译码器是 74LS42，其引脚图和逻辑符号如图 2-3-4 所示，它的功能表如表 2-3-2 所示。

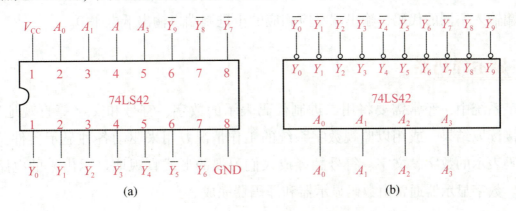

图 2-3-4　74LS42 的引脚图和逻辑符号

（a）引脚图；（b）逻辑符号

表 2-3-2　74LS42 的功能表

| 十进制数 | BCD 输入 | | | | 输出 | | | | | | | | | |
|---|---|---|---|---|---|---|---|---|---|---|---|---|---|---|
| | $A_3$ | $A_2$ | $A_1$ | $A_0$ | $\overline{Y_9}$ | $\overline{Y_8}$ | $\overline{Y_7}$ | $\overline{Y_6}$ | $\overline{Y_5}$ | $\overline{Y_4}$ | $\overline{Y_3}$ | $\overline{Y_2}$ | $\overline{Y_1}$ | $\overline{Y_0}$ |
| 0 | 0 | 0 | 0 | 0 | 1 | 1 | 1 | 1 | 1 | 1 | 1 | 1 | 1 | 0 |
| 1 | 0 | 0 | 0 | 1 | 1 | 1 | 1 | 1 | 1 | 1 | 1 | 1 | 0 | 1 |

续表

| 十进制数 | BCD 输入 | | | | 输出 | | | | | | | | | |
|---|---|---|---|---|---|---|---|---|---|---|---|---|---|---|
| | $A_3$ | $A_2$ | $A_1$ | $A_0$ | $\overline{Y_9}$ | $\overline{Y_8}$ | $\overline{Y_7}$ | $\overline{Y_6}$ | $\overline{Y_5}$ | $\overline{Y_4}$ | $\overline{Y_3}$ | $\overline{Y_2}$ | $\overline{Y_1}$ | $\overline{Y_0}$ |
| 2 | 0 | 0 | 1 | 0 | 1 | 1 | 1 | 1 | 1 | 1 | 1 | 0 | 1 | 1 |
| 3 | 0 | 0 | 1 | 1 | 1 | 1 | 1 | 1 | 1 | 1 | 0 | 1 | 1 | 1 |
| 4 | 0 | 1 | 0 | 0 | 1 | 1 | 1 | 1 | 1 | 0 | 1 | 1 | 1 | 1 |
| 5 | 0 | 1 | 0 | 1 | 1 | 1 | 1 | 1 | 0 | 1 | 1 | 1 | 1 | 1 |
| 6 | 0 | 1 | 1 | 0 | 1 | 1 | 1 | 0 | 1 | 1 | 1 | 1 | 1 | 1 |
| 7 | 0 | 1 | 1 | 1 | 1 | 1 | 0 | 1 | 1 | 1 | 1 | 1 | 1 | 1 |
| 8 | 1 | 0 | 0 | 0 | 1 | 0 | 1 | 1 | 1 | 1 | 1 | 1 | 1 | 1 |
| 9 | 1 | 0 | 0 | 1 | 0 | 1 | 1 | 1 | 1 | 1 | 1 | 1 | 1 | 1 |
| 10~15 | 1010~1111 | | | | 输出端全部显示 1，表示输入无效 | | | | | | | | | |

从表 2-3-2 可以看出，该电路输入端 $A_3$、$A_2$、$A_1$、$A_0$ 输入的是 8421BCD 码，输出端有译码输出时为 0，没有译码输出时为 1，即输出低电平有效。输入只用了 0000~1001 这 10 个 BCD 码，对于 BCD 码中不允许出现的 6 个无效代码（1010~1111），输出端 $\overline{Y_9}$ ~ $\overline{Y_0}$ 均为高电平，译码器拒绝译码。

当 $A_3A_2A_1A_0 = 0000$ 时，输出 $\overline{Y_0} = 0$，它对应于十进制数 0，其余输出端口输出高电平 1；当 $A_3A_2A_1A_0 = 1001$ 时，输出 $\overline{Y_9} = 0$，它对应于十进制数 9，其余输出端口输出高电平 1。以此类推，输入端输入不同的代码，输出端对应相应的十进制端口输出低电平 0。

### 三、显示译码器

在数字系统中，经常需要将用二进制代码表示的数字、符号和文字等直观地显示出来，供人们直接读取结果，或用以监视数字系统的工作情况。用来驱动各种显示器件，从而将用二进制代码表示的数字、文字、符号翻译成人们习惯的形式直观地显示出来的电路，称为显示译码器。数字显示器通常由数码显示器和译码器完成。

**1. 数码显示器**

数码显示器按显示方式分为分段式、点阵式和重叠式；按发光材料分为半导体显示器、荧光显示器、液晶显示器和气体放电显示器。目前，工程上应用较多是分段式半导体显示器，通常称为七段 LED 显示器，以及液晶显示器（Liquid Crystal Display，LCD）。LED 主要用于显示数字和字母，LCD 可以显示数字、字母、文字和图形等。

七段 LED 显示器是由 7 个发光二极管按照一定的顺序排列而成的，由 a、b、c、d、e、f 和 g 七段组成一个"日"字，如图 2-3-5 所示。

项目二 数码显示电路的认识与制作

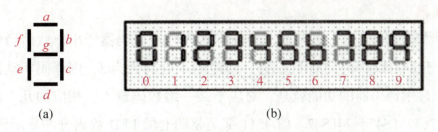

**图 2-3-5 七段 LED 显示器字形显示情况示意图**

七段 LED 显示器中的发光二极管根据连接方式的不同，分为共阴极与共阳极两种连接方式，如图 2-3-6 所示。

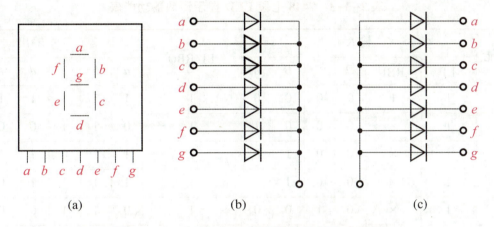

**图 2-3-6 七段 LED 显示器的符号和电路图**
(a) 符号；(b) 共阴极 BS201A；(c) 共阳极 BS201B

共阴极接法是将七段 LED 显示器中 7 个发光二极管的阴极连接并接地，如图 2-3-6（b）所示。若要使某段发光，该段相应的发光二极管阳极必须经过限流电阻 $R$ 接高电平，如图 2-3-7 所示。

共阳极接法是将七段 LED 显示器中 7 个发光二极管的阳极相连，接到电源高电位端+5V，如图 2-3-6（c）所示。若要使某段发光，该段相应的发光二极管阴极必须经过限流电阻 $R$ 接低电平，如图 2-3-8 所示。

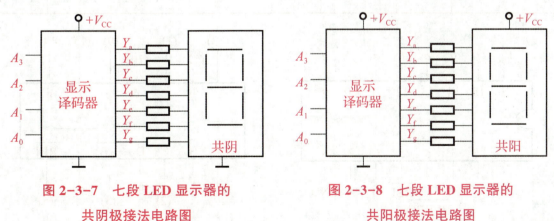

**图 2-3-7 七段 LED 显示器的共阴极接法电路图**　　**图 2-3-8 七段 LED 显示器的共阳极接法电路图**

七段发光二极管显示器的特点是清晰悦目，工作电压低（1.5～3V）、体积小、寿命长（大于 1 000h）、响应速度快（1～100ns）、颜色丰富（有红、绿、黄等色）、工作可靠。

## 2. 显示译码器

为了使七段数码管能显示十进制数，必须将其代码经译码器译出，然后经驱动器点亮对应的段。例如，对于8421BCD码的0011状态，对应的十进制数为3，则译码驱动器应使 $a$、$b$、$c$、$d$、$g$ 各段点亮。显示译码器的功能就是，对应于某一组数码输入，相应的几个输出端有有效信号输出。74LS247、74LS47、74LS42、CD4511都是驱动七段LED数码管的显示译码器。表2-3-3给出了常用的7448七段LED显示译码器功能表，其引脚如图2-3-9（a）所示，它的逻辑符号如图2-3-9（b）所示。图2-3-10为7448驱动共阴极七段数码管的连接方法。

表 2-3-3　7448 七段 LED 显示译码器功能表

| 十进制或功能 | 输入 | | | | | | $\overline{BI}/\overline{RBO}$ | 输出 | | | | | | |
|---|---|---|---|---|---|---|---|---|---|---|---|---|---|---|
| | $\overline{LT}$ | $\overline{RBI}$ | D | C | B | A | | a | b | c | d | e | f | g |
| 0 | 1 | 1 | 0 | 0 | 0 | 0 | 1 | 1 | 1 | 1 | 1 | 1 | 1 | 0 |
| 1 | 1 | × | 0 | 0 | 0 | 1 | 1 | 0 | 1 | 1 | 0 | 0 | 0 | 0 |
| 2 | 1 | × | 0 | 0 | 1 | 0 | 1 | 1 | 1 | 0 | 1 | 1 | 0 | 1 |
| 3 | 1 | × | 0 | 0 | 1 | 1 | 1 | 1 | 1 | 1 | 1 | 0 | 0 | 1 |
| 4 | 1 | × | 0 | 1 | 0 | 0 | 1 | 0 | 1 | 1 | 0 | 0 | 1 | 1 |
| 5 | 1 | × | 0 | 1 | 0 | 1 | 1 | 1 | 0 | 1 | 1 | 0 | 1 | 1 |
| 6 | 1 | × | 0 | 1 | 1 | 0 | 1 | 0 | 0 | 1 | 1 | 1 | 1 | 1 |
| 7 | 1 | × | 0 | 1 | 1 | 1 | 1 | 1 | 1 | 1 | 0 | 0 | 0 | 0 |
| 8 | 1 | × | 1 | 0 | 0 | 0 | 1 | 1 | 1 | 1 | 1 | 1 | 1 | 1 |
| 9 | 1 | × | 1 | 0 | 0 | 1 | 1 | 1 | 1 | 1 | 0 | 0 | 1 | 1 |
| 灭灯 | × | × | × | × | × | × | 0 | 0 | 0 | 0 | 0 | 0 | 0 | 0 |
| 动态灭零 | 1 | 0 | 0 | 0 | 0 | 0 | 0 | 0 | 0 | 0 | 0 | 0 | 0 | 0 |
| 试灯 | 0 | × | × | × | × | × | 1 | 1 | 1 | 1 | 1 | 1 | 1 | 1 |

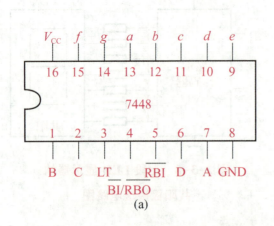
(a)

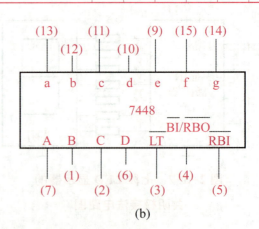
(b)

图 2-3-9　七段 LED 显示译码器的引脚图和逻辑符号

(a) 引脚图；(b) 逻辑符号

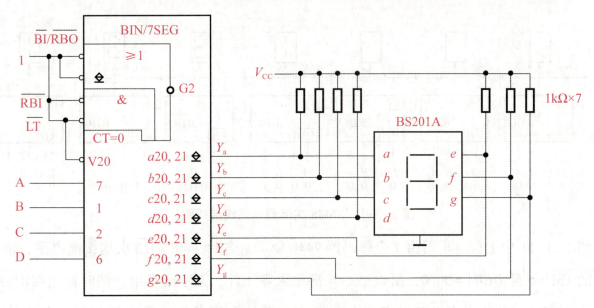

图 2-3-10 7448 驱动共阴极七段数码管的连接方法

7448 七段显示译码器输出高电平有效,用以驱动共阴极显示器。它的输入端 $D$、$C$、$B$、$A$ 为 8421BCD 码,输出端 $a$、$b$、$c$、$d$、$e$、$f$、$g$ 七段译码输出,某段输出为高电平时,该段点亮,用以驱动高电平有效的共阴极七段 LED 数码管。从功能表可以看出,对输入代码 0000 的译码条件是 $\overline{LT}$ 和 $\overline{RBI}$ 同时等于 1,而对其他输入代码则仅要求 $\overline{LT}=1$,此时,译码器各段 $a\sim g$ 输出的电平是由输入的 BCD 码决定的,并且满足显示字形的要求。

7448 显示译码器还设有多个辅助控制端,以增强器件的功能。现分别介绍如下:

(1) 灭灯输入 $\overline{BI}/\overline{RBO}$

$\overline{BI}/\overline{RBO}$ 是特殊控制端,有时作为输入,有时作为输出。当它作为输入使用且为 0 时,无论其他输入端电平状态如何,各段输出 $a\sim g$ 均为 0,显示管熄灭。因此,灭灯输入 $\overline{BI}/\overline{RBO}$ 可用作是否显示控制。

(2) 试灯输入 $\overline{LT}$

当 $\overline{LT}=0$,$\overline{BI}/\overline{RBO}$ 作为输出端且为 1 时,此时无论其他输入端状态如何,各段输出 $a\sim g$ 均为 1,则它接的显示器各段笔划全亮,显示字形 8。因此,可用于检验数码管和 7448 本身的好坏。

(3) 动态灭零输入 $\overline{RBI}$

当 $\overline{LT}=1$,$\overline{RBI}=0$ 时,如果输入代码 DCBA 为 0000 时,各段输出 $a\sim g$ 均为 0,各段熄灭,与输入代码相对应的字形 "0" 熄灭,所以称为 "灭零"。此时,$\overline{RBO}$ 为输出端且 $\overline{RBO}=0$。而 DCBA 为非 0000 信号时,则照常可显示。利用 $\overline{LT}=1$,$\overline{RBI}=0$ 可以实现某一位的消隐。

(4) 动态灭零输出 $\overline{RBO}$

当输入满足 "灭零" 条件时,$\overline{BI}/\overline{RBO}$ 作为输出使用时为 0;否则为 1。该端主要用于显示多位数字时,可以多个译码器之间的连接,消去高位的零,如图 2-3-11 所示情况。

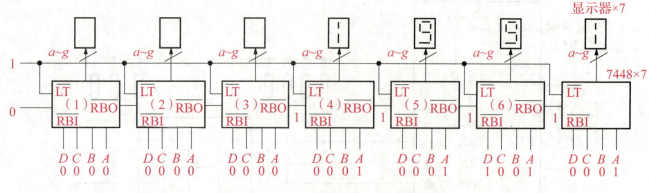

图 2-3-11 7448 实际显示系统接线图

图 2-3-11 中七位显示器由 7 个译码器 7448 驱动。各片 7448 的 $\overline{LT}$ 次均接高电平，由于第一片的 $\overline{RBI}=0$ 且 $DCBA=0000$，所以第一片满足灭零条件，无字形显示，同时输出端 $\overline{RBO}=0$；第一片的 $\overline{RBO}$ 与第二片的 $\overline{RBI}$ 相连，使第二片也满足灭零条件，无字形显示，并且输出端 $\overline{RBO}=0$；同理，第三片的零也熄灭。由于第四、五、六、七片译码器的输入信号 $DCBA \neq 0000$，所以它们都能正常译码，按输入 BCD 码显示数字。若第一片 7448 的输入代码不是 0000，而是任何其他 BCD 码，则该片将正常译码并驱动显示，同时使 $\overline{RBO}=1$。这样，第二片、第三片就丧失了灭零条件，所以电路只对最高位灭零，最高位非零的数字仍然正常显示。

## 任务四　数码显示电路的制作与调试

### 学习目标

1. 能制作数码显示电路。
2. 能对数码显示电路进行调试。
3. 能排除数码显示电路的故障。
4. 掌握中规模电路设计的思路和方法。

### 学习过程

#### 一、元器件介绍

**1. 按键**

看似简单的按键，其实很不简单，市场上有形形色色的按键，形状有圆形、正方形或长方形等，颜色有红色、黄色、绿色、黑色、橘黄色等，结构上可分为带指示灯和不带指示灯按键、滚珠开关，功能上可分为复位和自锁按键、选择开关、钥匙开关、按停旋转开关、复位急停按钮、按键开关、自锁开关、微型开关、滑动开关、拨动开关、轻触开关、微动开关、叶片开关、直键开关、推动开关、限位开关、辅助开关、拨码开关、门锁开关、贴片开关等，如图2-4-1所示。按键/按钮广泛用于各种家电、电子玩具、防盗器材等电器。

图2-4-1　各种各样的按键

在小型弱电电路中，调控各种功能常用常开式微型按键，常见的有长柄式、短柄式、两脚型及四脚型。

本任务中如果采用输入端低电平有效的编码器，如74LS147，那么在设计时，应该使按键部分按下时送出一个"0"，弹起时送出一个"1"，按键参考电路设计如图2-4-2所示。

### 2. 74LS04

74LS04是带有6个非门的芯片，是六输入反相器，也就是有6个反相器，它的输出信号与输入信号相位相反。6个反相器共用电源端和接地端，其他都是独立的。输出信号手动负载的能力也有一定程度的放大。反相器是能够将输入信号的相位反转

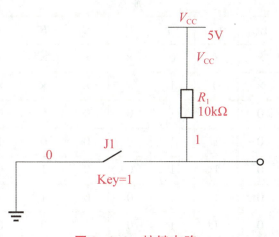

图2-4-2　按键电路

180°，这种电路应用在模拟电路，如音频扩大、时钟振荡器等。在电子线路设计中，常常要用到反相器，如图2-4-3所示，其引脚排列如图2-4-4所示，它的功能如表2-4-1所示。

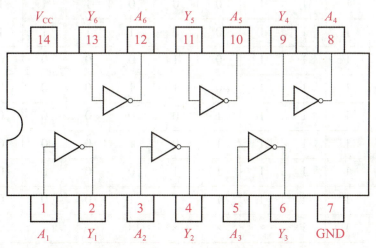

图2-4-3　74LS04芯片　　　　　　　图2-4-4　74LS04芯片引脚图

表 2-4-1　非门真值表

| 输入 | 输出 |
|---|---|
| A | Y |
| 0 | 1 |
| 1 | 0 |

### 3. CD4511

显示译码器 CD4511 的功能表如表 2-4-2 所示，其引脚图如图 2-4-5 所示，逻辑符号如图 2-4-6 所示。显示译码器 CD4511 集成块是驱动共阴极数码管的器件，它的驱动能力强，使用时最好在显示译码器的输出端和 LED 数码管之间串联 300Ω 左右的电阻进行限流。

表 2-4-2　显示译码器 CD4511 的功能表

| 输入 | | | | | | | 输出 | | | | | | | |
|---|---|---|---|---|---|---|---|---|---|---|---|---|---|---|
| LE | $\overline{BI}$ | $\overline{LT}$ | D | C | B | A | a | b | c | d | e | f | g | 显示 |
| × | × | 0 | × | × | × | × | 1 | 1 | 1 | 1 | 1 | 1 | 1 | 8 |
| × | 0 | 1 | × | × | × | × | 0 | 0 | 0 | 0 | 0 | 0 | 0 | 消隐 |
| 0 | 1 | 1 | 0 | 0 | 0 | 0 | 1 | 1 | 1 | 1 | 1 | 1 | 0 | 0 |
| 0 | 1 | 1 | 0 | 0 | 0 | 1 | 0 | 1 | 1 | 0 | 0 | 0 | 0 | 1 |
| 0 | 1 | 1 | 0 | 0 | 1 | 0 | 1 | 1 | 0 | 1 | 1 | 0 | 1 | 2 |
| 0 | 1 | 1 | 0 | 0 | 1 | 1 | 1 | 1 | 1 | 1 | 0 | 0 | 1 | 3 |
| 0 | 1 | 1 | 0 | 1 | 0 | 0 | 0 | 1 | 1 | 0 | 0 | 1 | 1 | 4 |
| 0 | 1 | 1 | 0 | 1 | 0 | 1 | 1 | 0 | 1 | 1 | 0 | 1 | 1 | 5 |
| 0 | 1 | 1 | 0 | 1 | 1 | 0 | 0 | 0 | 1 | 1 | 1 | 1 | 1 | 6 |
| 0 | 1 | 1 | 0 | 1 | 1 | 1 | 1 | 1 | 1 | 0 | 0 | 0 | 0 | 7 |
| 0 | 1 | 1 | 1 | 0 | 0 | 0 | 1 | 1 | 1 | 1 | 1 | 1 | 1 | 8 |
| 0 | 1 | 1 | 1 | 0 | 0 | 1 | 1 | 1 | 1 | 0 | 0 | 1 | 1 | 9 |
| 0 | 1 | 1 | 1 | 0 | 1 | 0 | 0 | 0 | 0 | 0 | 0 | 0 | 0 | 消隐 |
| 0 | 1 | 1 | 1 | 0 | 1 | 1 | 0 | 0 | 0 | 0 | 0 | 0 | 0 | 消隐 |
| 0 | 1 | 1 | 1 | 1 | 0 | 0 | 0 | 0 | 0 | 0 | 0 | 0 | 0 | 消隐 |
| 0 | 1 | 1 | 1 | 1 | 0 | 1 | 0 | 0 | 0 | 0 | 0 | 0 | 0 | 消隐 |
| 0 | 1 | 1 | 1 | 1 | 1 | 0 | 0 | 0 | 0 | 0 | 0 | 0 | 0 | 消隐 |
| 0 | 1 | 1 | 1 | 1 | 1 | 1 | 0 | 0 | 0 | 0 | 0 | 0 | 0 | 消隐 |
| 1 | 1 | 1 | × | × | × | × | 锁存 | | | | | | | 锁存 |

项目二 数码显示电路的认识与制作　63

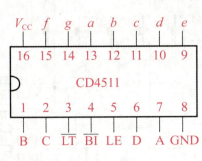

图 2-4-5　CD4511 芯片引脚图

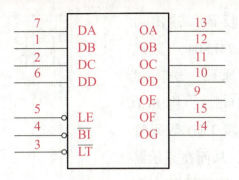

图 2-4-6　CD4511 芯片的逻辑符号

CD4511 引脚功能介绍如下。

$\overline{BI}$：4 脚是消隐输入控制端，当 $\overline{BI}=0$ 时，无论其他输入端状态是怎么样的，七段数码管都会处于消隐也就是不显示的状态。

LE：锁定控制端，当 LE＝0 时，允许译码输出。当 LE＝1 时译码器是锁定保持状态，译码器输出被保持在 LE＝0 时的数值。

$\overline{LT}$：3 脚是测试信号的输入端，当 $\overline{BI}=1$、$\overline{LT}=0$ 时，译码输出全为 1，不管输入 DCBA 状态如何，七段均发亮，显示"8"。它主要用来检测七段数码管是否有物理损坏。

A、B、C、D：8421BCD 码输入端。

a、b、c、d、e、f、g：译码输出端，输出为高电平 1 有效。

## 二、原理分析

在数字系统中信号都是以二进制形式表示，并以各种编码的形态传递或保存的。但是，人们习惯十进制数，那么怎样才能把数字系统中的各种数码直观地以十进制数形式显示出来呢？这个任务可以由数码显示电路来完成。

数码显示电路的实现有多种途径，最基本思路是将数字信号进行译码，使译码结果驱动七段数码管，显示与输入相对应的十进制数或字符。

### 1. 电路设计框图

数码显示电路设计框图如图 2-4-7 所示。

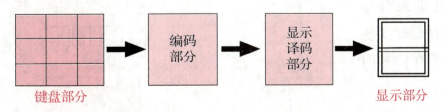

图 2-4-7　数码显示电路的设计框图

### 2. 电路设计原理图

数码显示电路设计原理图如图 2-4-8 所示，数码显示电路装配图如图 2-4-9 所示。图 2-4-8 中 74LS147 是集成 8421BCD 优先编码器，将键盘 1~9 键按键信息进行编码，形成

8421BCD 的反码，输出后经反相器 74LS04，变成 8421BCD 的原码，送入显示译码器 CD4511，将 BCD 码转换成七段 LED 数码管的驱动信号，从而在显示器上显示出按下的键值。在 CD4511 和 LED 数码管之间串联了 330Ω 的电阻进行限流。

这个电路的原理比较清楚，但存在一些问题，如图 2-4-8 中未考虑信号锁存的问题，如按键使用弹起式按键，不能长时间显示最后一次按下的键值，如图 2-4-8 中所示如果 5 键弹起，就不再显示 5，而是显示 0 了；第二个问题是所有键都不按下时，显示 0，按下 0 键也显示 0，无法区分是否按下 0 键。因此，请读者思考使用 LE 端的功能，实现信号的锁存，当 5 键弹起而未按其他键时，数码管继续显示 5。读者可以考虑使用与门实现对按键动作的组合运算，在需要显示按键时实现 LE=0，在需要锁存信号时 LE=1。

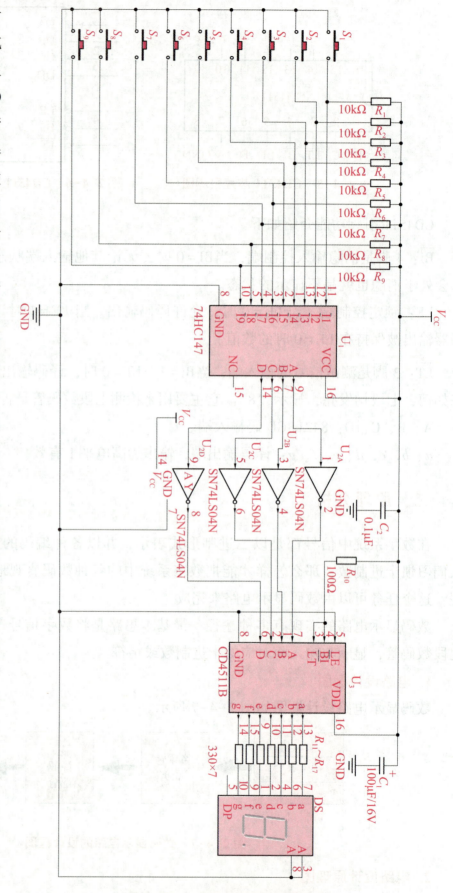

**图 2-4-8　数码显示电路原理图**

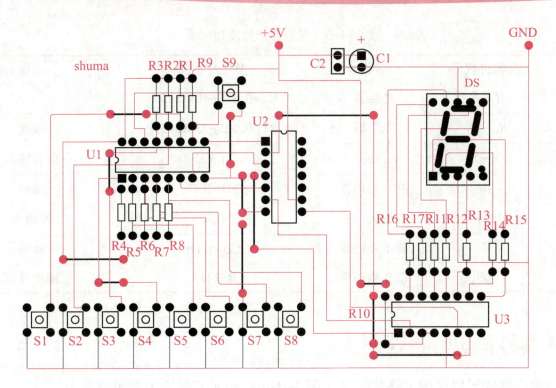

(a)正面

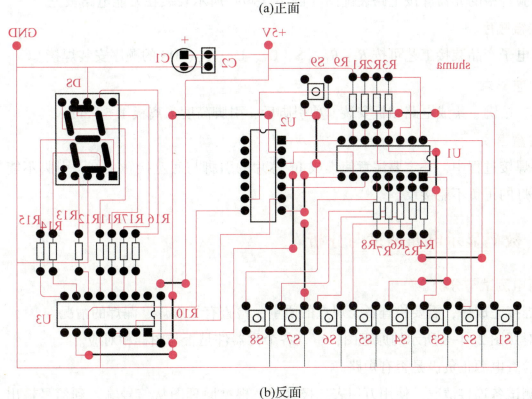

(b)反面

图 2-4-9 数码显示电路装配图

## 三、电路元器件参数

元器件参数及功能表如表 2-4-3 所示。

表 2-4-3　元器件参数及功能表

| 序号 | 元器件代号 | 名称 | 型号及参数 | 功能 |
|---|---|---|---|---|
| 1 | $R_1 \sim R_9$ | 电阻器 | RT-0.125-10kΩ±5% |  |
| 2 | $R_{11} \sim R_{17}$ | 电阻器 | RT-0.125-330Ω±5% | 限流 |
| 3 | $S_1 \sim S_9$ | 按键 | LA2 | 信号输入 |
| 4 | $U_1$ | BCD 编码器 | 74HC147 | 编码 |
| 5 | $U_2$ | 逻辑门 | 74LS04 | 逻辑非 |
| 6 | $U_3$ | 显示译码器 | CD4511B | 译码 |
| 7 | DS | LED 数码管 | BS201A | 输出显示 |

## 四、数码显示电路组装调试

将检验合格的元器件按电路装配图（图 2-4-9）所示安装在万能电路板上。

**1. 装接顺序**

根据电子产品装接工艺可按 $R_1 \sim R_{17}$、S、$U_3$、$U_2$、$U_1$、DS 的顺序安装焊接。

**2. 工艺要求**

电阻、按键、集成电路贴板安装，剪引脚后，引脚高度为离板 1.5~2mm。

**3. 注意事项**

电路焊接过程中，一定要注意使集成 IC 芯片的引脚与底座接触良好，引脚不能弯曲或折断。指示灯的正负不能接反。

## 五、数码显示电路测试与分析

**1. 断电测试与分析**

1）焊接完成后，需要检查各个焊点的质量，检查有无虚焊、漏焊的情况。

2）对照图 2-4-8 所示的原理图，审查各个元器件是否与图样相对应。

3）检查电源正负极是否有短路。

4）测试各连接情况。使用万用表二极管挡，根据原理图从信号输入到信号输出，检查各个焊点是否导通（焊点是否完成、有无虚焊现象）。

5）检查元器件有无倾斜的情况。

**2. 上电测试与分析**

上电之前用万用表测试输出端的电压是否正确，上电后注意观察各元器件是否有发热、冒烟等情况（如有应及时断电再仔细检查），若一切正常，则可测试各个集成芯片之间的逻辑关系和数码管的显示情况。

(1) 电路逻辑关系检测

1) 当输入信号为低电平时,用示波器测试 74HC147 的 4 个输出信号的电平。

2) 用同样的方法测试显示译码器 CD4511B 的 7 个输出端 $a \sim g$ 的电平。观察数码管 7 个输出端 $a \sim g$ 电平的高低与数码管相应各段的亮、灭关系。

(2) 数码管的显示情况

若 $\overline{I_1}$ 先接通低电平,则数码管显示数字"1";若 $\overline{I_2}$ 先接通低电平,则数码管显示数字"2";以此类推,若 $\overline{I_9}$ 先接通低电平,则数码管显示数字"9",说明数码显示电路制作成功。

# 项目三

# 单脉冲计数电路的认识与制作

 **项目描述**

汽车的车速表由车速传感器、微机处理系统和显示器组成，由安装在车轮变速箱涡轮组件蜗杆上的车速传感器传来的光电脉冲或磁电脉冲信号，经仪器内部的微机处理后，可在显示屏显示车速。

本工作任务是设计与制作简化版的汽车车速表——单脉冲计数电路，由基本 RS 触发器构成的去抖动单脉冲发生器，由同步十进制加/减计数器组成计数电路，而数字显示电路由数码管及相应译码驱动电路组成。

 **知识目标**

1. 掌握基本和同步 RS 触发器的电路组成、电路符号、逻辑功能。
2. 掌握 JK 触发器、D 触发器的电路符号、逻辑功能和触发方式。
3. 了解 T 触发器和 T′触发器的电路符号和逻辑功能。
4. 了解计数器的种类。
5. 掌握二进制计数器、十进制计数器的工作原理。
6. 掌握寄存器的含义及存取方式。
7. 掌握基本寄存器和移位寄存器的工作方式。
8. 了解 $N$ 进制计数器和典型集成移位寄存器的应用。

 **技能目标**

1. 会查资料了解数字集成电路的相关知识。
2. 掌握 RS 触发器、JK 触发器和 D 触发器的逻辑功能测试。
3. 能辨认计数器的引脚功能及逻辑功能。

4. 会正确使用计数器。
5. 能正确安装并调试触发器、计数器电路，实现所要求的逻辑功能。
6. 掌握移位寄存器功能测试。
7. 能够对单脉冲计数电路进行安装与调试。

## 素养目标

1. 通过对触发器、计数器、寄存器数字记忆功能的学习与运用，建立科技改变世界的观念。
2. 通过对触发器、寄存器及计数器进行升级扩展，养成精益求精的科学态度。

## 工作流程与活动

1. 认识触发器。
2. 认识计数器。
3. 认识寄存器。
4. 单脉冲计数电路的安装与调试。

时序逻辑电路包含各种触发器、移位寄存器和计数器等。时序逻辑电路一般由逻辑电路和存储电路两部分组成，如下图所示，存储电路的核心单元是触发器，它将电路的输出状态存储下来并反馈到电路的输入端，因此时序逻辑电路具有记忆功能。时序逻辑电路的特点是任一时刻输出信号的状态不仅与当时的输入信号的状态有关，还与原来的电路状态有关，即与前一时刻的输入信号的状态有关。分析时序逻辑电路一定要抓住与时间有关这个关键。

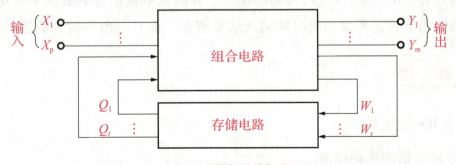

时序逻辑电路的框图

# 任务一 触发器的认识

## 学习目标

1. 掌握基本和同步 RS 触发器的电路组成、电路符号、逻辑功能。
2. 掌握 JK 触发器、D 触发器的电路符号、逻辑功能和触发方式。
3. 掌握 T 触发器和 T′ 触发器的电路符号和逻辑功能。

## 学习过程

### 一、触发器概述

数字电路中，有时需要使用具有记忆功能的基本逻辑单元。能够存储一位"0"或"1"的基本单元电路统称为触发器。触发器是构成时序逻辑电路的基本电路，它具有存储信息的功能，用它可以组成计数器、分频器、寄存器等电路，所以在自动控制和数字电路中得到了广泛的应用。在数字电路中，除大量使用门电路外，用得最多的就是触发器。触发器是时序电路的基本单元，在数字信号的产生、变换、存储、控制等方面应用广泛。

触发器具有以下特点：

1）触发器具有记忆功能，能够存储前一刻的输出状态。
2）触发器具有"0"和"1"两种输出状态，并能在触发信号的触发下相互转换。
3）触发器的输出状态不仅与当时的输入信号有关，而且与前一时刻的输出状态有关。

### 二、RS 触发器

#### （一）基本 RS 触发器

**1. 基本 RS 触发器的电路组成**

从结构上分，RS 触发器可分为基本 RS 触发器、同步 RS 触发器和主从 RS 触发器。不同结构的触发器状态变化的时间不一样。基本 RS 触发器的输出直接由 $R$、$S$ 状态决定，$Q^n$ 为触发器的原状态（现态），即触发信号输入前的状态；$Q^{n+1}$ 为触发器的新状态（次态），即触发信号输入后的状态。

基本 RS 触发器是最简单的基本触发器，也是构成其他复杂结构触发器的组成部分之一。

它由两个与非门首尾相接构成，如图 3-1-1（a）所示，图 3-1-1（b）为其逻辑符号。

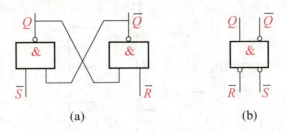

图 3-1-1　基本 RS 触发器
（a）逻辑图；（b）逻辑符号

两个与非门 $G_1$、$G_2$，两个输入端 $\bar{R}$、$\bar{S}$，非号表示低电平有效（即低电平为有效输入信号），或者说输入信号为低电平时，触发器的状态发生变化，输入高电平时会保持原状态不变，在逻辑图上用两个小圈表示。两个输出端 $Q$、$\bar{Q}$，在正常情况下，两个输出端是逻辑互补的。

**2. 逻辑功能分析**

当 $\bar{R}=0$、$\bar{S}=1$ 时，不管触发器原先处于什么状态，其 $Q=0$（$\bar{Q}=1$），触发器处于复位状态。

当 $\bar{R}=1$、$\bar{S}=0$ 时，不管触发器原先处于什么状态，其 $Q=1$（$\bar{Q}=0$），触发器处于置位状态。

当 $\bar{R}=1$、$\bar{S}=1$ 时，触发器状态不变，处于维持状态，即 $Q$ 不变。

当 $\bar{R}=0$、$\bar{S}=0$ 时，$Q$ 不定，破坏了触发器的正常工作，使触发器失效。

**3. 状态特性表**

将逻辑功能分析结果进行归纳，基本 RS 触发器工作时各输入、输出信号的关系如表 3-1-1 所示。

表 3-1-1　基本 RS 触发器工作时各输入、输出信号的关系

| $\bar{R}$ | $\bar{S}$ | $Q$ |
| --- | --- | --- |
| 0 | 1 | 0 |
| 1 | 0 | 1 |
| 1 | 1 | 保持 |
| 0 | 0 | 不定（禁用） |

注：$\bar{S}$ 为置 0 端。

**4. 基本 RS 触发器的应用**

利用基本 RS 触发器的记忆功能可消除机械开关振动引起的干扰脉冲。普通机械开关与无抖动开关的对比如图 3-1-2 所示。

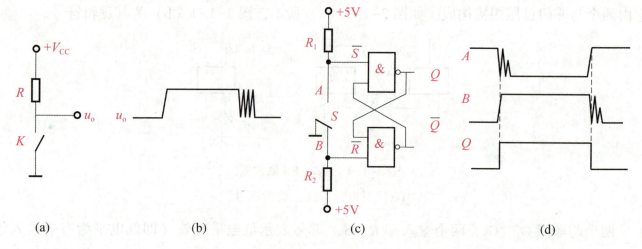

图 3-1-2　普通机械开关与无抖动开关的对比

（a）机械开关电路；（b）输出电压波形；（c）防抖动开关电路；（d）去抖电压波形

**5. 主要特点**

优点：电路简单，可以存储一位二进制代码，它是构成各种性能更完善的触发器的基础，此外还可以作为数码寄存器使用。

缺点：输入端信号直接控制输出状态，无同步控制端；$R$、$S$ 不能同时为 0，即 $R$、$S$ 间存在约束。

### （二）同步 RS 触发器

**1. 同步 RS 触发器的电路组成**

在实际的数字系统中，一个电路不仅有一个触发器，往往还要求整个电路一起动作，即在同一个指挥信号的统一指挥下，统一更新状态。这样就要求在触发器的输入端增加一个控制端，使触发器加上输入信号以后并不立刻输出新的状态，而是在控制信号到来以后，再根据输入信号统一更新状态，这个控制信号是一系列的矩形脉冲信号，称为时钟脉冲（clock pulse），也称为同步信号，简称时钟，用 CP 表示。

RS 触发器

有时钟控制端的触发器称为同步触发器，或称为时钟控制触发器。

由图 3-1-3（a）可知，同步 RS 触发器是在基本 RS 触发器的基础上增加了两个由时钟脉冲 CP 控制的门 $G_3$ 和 $G_4$ 组成。图 3-1-3（b）是同步 RS 触发器的逻辑符号。图 3-1-3 中 CP 为时钟脉冲输入端，简称钟控端或 CP 端。

**2. 逻辑功能分析**

1）当 CP = 0 时，$G_3$、$G_4$ 输出高电平，

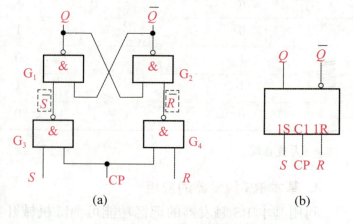

图 3-1-3　同步 RS 触发器

（a）逻辑图；（b）逻辑符号

无论输入信号怎样变化都不能影响基本 RS 触发器的输入，称为 $G_3$、$G_4$ 被 CP = 0 的信号封锁。

此时，相当于基本 RS 触发器的 $\bar{R}=1$，$\bar{S}=1$，所以触发器保持原状态不变。

2）当 CP = 1 时，$G_3$、$G_4$ 的输入完全取决于输入信号 $R$、$S$，称为 $G_3$、$G_4$ 被 CP = 1 的信号打开，接收 $R$、$S$ 的信号，并根据 $R$、$S$ 的状态更新触发器的状态，可分为以下 4 种情况。

① $R=0$、$S=1$：触发器"置 1"。

② $R=1$、$S=0$：触发器"置 0"。

③ $R=0$、$S=0$：触发器状态"保持"。

④ $R=1$、$S=1$：触发器状态"不确定"。

由以上分析可以看出，同步 RS 触发器的输入仍有约束，即 $R$、$S$ 不能同时为"1"，可以表示为 RS = 0。总结以上 4 种情况，可以得到同步 RS 触发器的状态真值表。

### 3. 状态特性表

将逻辑功能分析结果进行归纳，同步 RS 触发器工作时各输入、输出信号的关系如表 3-1-2 所示。

**表 3-1-2　同步 RS 触发器工作时各输入、输出信号的关系**

| $R$ | $S$ | $Q^{n+1}$ | 功能 |
| --- | --- | --- | --- |
| 0 | 0 | $Q^n$ | 保持 |
| 0 | 1 | 1 | 置 1 |
| 1 | 0 | 0 | 置 0 |
| 1 | 1 | 1* | 不定 |

当 CP = 1 时，触发器工作，其逻辑功能分析与基本 RS 触发器相同，其触发方式为电平触发。电平触发是指触发器的状态翻转发生在 CP = 1 的整个时间内，而不是某一时刻。

同步 RS 触发器的逻辑功能可用特征方程表示为

$$\begin{cases} Q^{n-1} = S + \bar{R}Q \\ RS = 0 \end{cases}$$

为了避免触发器的不确定状态，触发器的约束条件是 $S$、$R$ 不能同时为 1。

### 4. 与基本 RS 触发器的比较

同步 RS 触发器与基本 RS 触发器相比较，其性能有所改善，但由于这种触发器的触发方式为电平触发，而不是将触发翻转控制在时钟脉冲的上升边沿或下降边沿，因此在实际应用中存在空翻现象，即在 CP = 1 期间，触发器的状态有可能发生翻转。另外，这种触发器的输入信号不能同时为"1"。

主从 JK 触发器能克服上述不足。

## 三、主从 JK 触发器

为了提高触发器工作的可靠性，希望在每个 CP 周期中输出端的状态只改变一次。为此，在同步触发器的基础上又设计出了主从结构的触发器。

主从触发器的结构特点如下：

1）前后由主、从两级触发器级联组成。

2）主、从两级触发器的时钟相位相反。

JK 触发器

### 1. 主从 JK 触发器的电路组成

主从 JK 触发器电路图和逻辑符号如图 3-1-4 所示。

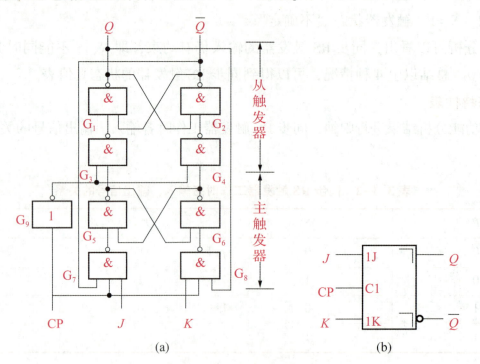

**图 3-1-4 主从 JK 触发器电路图和逻辑符号**

（a）电路图；（b）逻辑符号

### 2. 逻辑功能分析

1）$J=0$，$K=0$。由于门 $G_7$、$G_8$ 输出均为 1，所以触发器电路保持原有状态不变。

2）$J=0$，$K=1$。在 CP＝1 期间，主触发器置 0，CP 脉冲信号发生负跳变后，从触发器接收主触发器状态，也被置 0。

3）$J=1$，$K=0$。在 CP＝1 期间，主触发器置 1，CP 脉冲信号发生负跳变后，从触发器接收主触发器状态，也被置 1。

4）$J=1$，$K=1$。

若 $Q^n=0$，则当 CP＝1 时，主触发器置 1。CP 脉冲信号发生负跳变后，从触发器接收主触发器状态，置 1。

若 $Q^n=1$，则当 CP＝1 时，主触发器置 0。CP 脉冲信号发生负跳变后，从触发器接收主触发器状态，置 0。

### 3. 状态特性表

将逻辑功能分析结果进行归纳，在 CP＝1 时，主触发器工作，R 和 S 的逻辑表达式为

$$R = KQ^n$$
$$S = J\overline{Q^n}$$

将上述式子代入 RS 触发器特征方程中,得主触发器的特性方程为

$$Q_M^{n+1} = S + \overline{R}Q_M^n = J\overline{Q^n} + \overline{KQ^n}Q^n$$
$$= J\overline{Q^n} + \overline{K}Q^n$$

当 CP 由 1 变为 0 时,主触发器保持原状态不变,从触发器工作并跟随主触发器状态变化,故从触发器的特性方程为

$$Q^{n+1} = J\overline{Q^n} + \overline{K}Q^n$$

主从 JK 触发器工作时各输入、输出信号的关系如表 3-1-3 所示。主从 JK 触发器的波形图如图 3-1-5 所示。

表 3-1-3　主从 JK 触发器工作时各输入、输出信号的关系

| CP | $J$ | $K$ | $Q^n$ | $Q^{n+1}$ | 说明 |
| --- | --- | --- | --- | --- | --- |
| ↓ | 0 | 0 | 0 | 0 | 保持 |
| ↓ | 0 | 0 | 1 | 1 | |
| ↓ | 0 | 1 | 0 | 0 | 置0 |
| ↓ | 0 | 1 | 1 | 0 | |
| ↓ | 1 | 0 | 0 | 1 | 置1 |
| ↓ | 1 | 0 | 1 | 1 | |
| ↓ | 1 | 1 | 0 | 1 | 取反 |
| ↓ | 1 | 1 | 1 | 0 | |

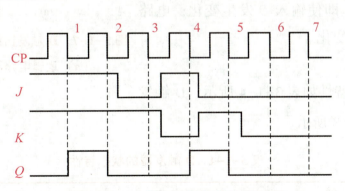

图 3-1-5　主从 JK 触发器的波形图

**4. 主从 JK 触发器的状态转换图**

主从 JK 触发器的状态转换图如图 3-1-6 所示。

在 CP=1 期间,主触发器只能翻转 1 次,不论 JK 状态如何改变,都不可能再翻转。主从 JK 触发器存在"一次变化现象"抗干扰能力较差。

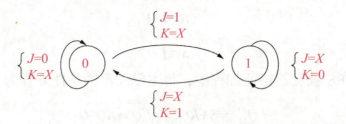

图 3-1-6 主从 JK 触发器的状态转换图

**5. 与 RS 触发器性能比较**

JK 触发器的性能比 RS 触发器更完善更优良，它不仅消除了空翻现象，还解决了 RS 触发器状态不定的问题，应用广泛。

## 四、D 触发器

在各类触发器中，JK 触发器的逻辑功能最完善，它在实际运用中具有很强的通用性，D 触发器可以由 JK 触发器转换而成。

D 触发器

**1. 符号及电路组成**

D 触发器的逻辑电路图及逻辑符号如图 3-1-7 所示。

**2. 逻辑功能分析**

1）当 CP=0 时，电路状态保持原态。

若 $D=1$，则为 $G_3$ 门开启，触发器置 1 做准备。

若 $D=0$，则为 $G_4$ 门开启，触发器置 0 做准备。

2）当 CP 由 0 跳变为 1 时，触发器接收数据。

若 $D=1$，则触发器置 1；若 $D=0$，则触发器置 0。

3）CP=1 期间，即使输入 D 发生变化，电路状态也不再随之发生变化。

**3. 状态特性表**

D 触发器的状态特性如表 3-1-4 所示。D 触发器的波形图如图 3-1-8 所示。

图 3-1-7 D 触发器的逻辑电路图及逻辑符号

（a）逻辑电路图；（b）逻辑符号

表 3-1-4 D 触发器的状态特性

| CP | D | $Q^{n+1}$ |
| --- | --- | --- |
| 0 | × | $Q^n$ |
| ↑ | 0 | 0 |
| ↑ | 1 | 1 |
| 1 | × | $Q^n$ |

D 触发器的特征方程为：$Q^{n+1}=D$。

图 3-1-9 为 D 触发器的状态转换图。

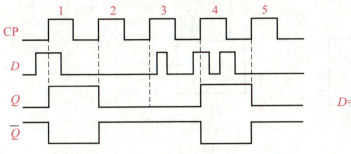

图 3-1-8 D 触发器的波形图

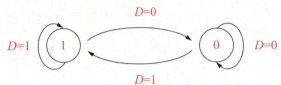

图 3-1-9 D 触发器的状态转换图

### 4. 主要特点分析

1）D 触发器是用时钟脉冲 CP 上升沿触发的，也就是说，只有 CP 到达时，电路才会接受 D 端的输入信号而改变状态，而在 CP 为其他值时，不管 D 端输入 0 还是 1，触发器的状态都不会改变。

2）在一个时钟脉冲 CP 作用时间内，只有一个上升沿，电路状态最多只能改变一次，因此，它没有空翻现象。

## 五、T 触发器和 T′触发器

如果将 JK 触发器的 J、K 端连接在一起，并将输入端命名为 T，就得到 T 触发器，如图 3-1-10 所示。

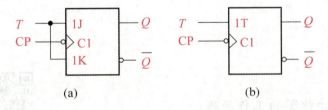

(a)　　　　　　(b)

图 3-1-10 T 触发器符号及电路组成

(a) 逻辑电路图；(b) 逻辑符号

T 触发器

T 触发器的逻辑功能：当 T = 1 时，每来一个 CP 信号其状态就翻转一次；而当 T = 0 时，CP 信号到达后其状态保持不变。T 触发器的特性表与波形图如图 3-1-11 所示。

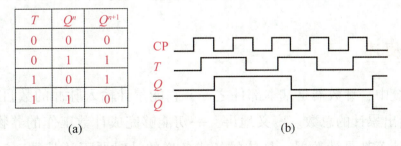

(a)　　　　　　(b)

图 3-1-11 T 触发器的特性表与波形图

(a) T 触发器的特性表；(b) T 触发器波形图

T′触发器是 T 触发器在输入 T=1 时的特例，如图 3-1-12 所示。T′触发器的特性表如表 3-1-5 所示。

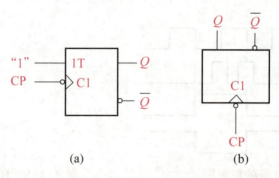

图 3-1-12　T′触发器的逻辑电路图及逻辑符号
（a）逻辑电路图；（b）逻辑符号

表 3-1-5　T′触发器的特性表

| $T$ | $Q^n$ | $Q^{n+1}$ |
| --- | --- | --- |
| 1 | 0 | 1 |
| 1 | 1 | 0 |

## 任务二　计数器的认识

### 学习目标

1. 了解计数器的种类。
2. 掌握二进制计数器、十进制计数器的工作原理。
3. 了解 N 进制计数器的应用。

计数器

### 学习过程

#### 一、计数器概述

在数字逻辑系统中，计数器是基本部件之一，它能累计输入脉冲的数目，就像数数一样，1、2、3…，最后给出累计的总数。广义地讲，一切能够完成计数工作的器物都是计数器，如算盘、钟表、温度计等都是计数器，具体的各式各样的计时器不计其数。计数器可以进行加法计数，也可以进行减法计数，或者可以进行两者兼有的可逆计数。

在数字电路中，把记忆输入 CP 脉冲个数的电路称为计数器，能实现计数操作的电子电路称为计数器。

## 二、计数器的分类

### （一）按数的进制分

**1. 二进制计时器**

当输入计数脉冲到来时，按二进制数规律进行计数的电路称为二进制计数器。

**2. 十进制计数器**

按十进制数规律进行计数的电路称为十进制计数器。

**3. $N$ 进制计数器**

除二进制和十进制计数器外的其他进制的计数器统称为 $N$ 进制计数器，如 $N=12$ 时的十二进制计数器、$N=60$ 时的六十进制计数器等。

### （二）按计数时是递增还是递减分

**1. 加法计数器**

当输入计数脉冲到来时，按递增规律进行计数的电路称为加法计数器。

**2. 减法计数器**

当输入计数脉冲到来时，进行递减计数的电路称为减法计数器。

**3. 可逆计数器**

在加减信号的控制下，既可进行递增计数，又可进行递减计数的电路称为可逆计数器。

### （三）按计数器中触发器翻转是否同步分

**1. 同步计数器**

当输入计数脉冲到来时，要更新状态的触发器都是同时翻转的计数器，称为同步计数器。从电路结构上看，计数器中各个时钟触发器的时钟信号都是输入计数脉冲。

**2. 异步计数器**

当输入计数脉冲到来时，要更新状态的触发器，有的先翻转有的后翻转，是异步进行的，这种计数器称为异步计数器。从电路结构上看，计数器中各个时钟触发器，有的触发器的时钟信号是输入计数脉冲，有的触发器的时钟信号却是其他触发器的输出。

总之，计数器不仅应用十分广泛，分类方法还不少，而且规格品种很多。但是，就其工作特点、基本分析及设计方法而言，各种计数器的差别不大。

## 三、二进制加法计数器

二进制加法，就是"逢二进一"，即 $0+1=1$、$1+1=10$。也就是每当本位是 1，再加 1 时，本位变为 0，而向高位进位，使高位加 1。

因为双稳态触发器有"1"和"0"两个状态，所以一个触发器可以表示一位二进制数。

如果要表示 $n$ 位二进制数，就要用 $n$ 个触发器。根据上述内容，可以列出四位二进制加法计数器的状态表（表 3-2-1），表中还列出了对应的十进制数。

表 3-2-1 四位二进制加法计数器的状态表

| 计数脉冲数 | 二进制数 | | | | 十进制数 |
| --- | --- | --- | --- | --- | --- |
| | $Q_3$ | $Q_2$ | $Q_1$ | $Q_0$ | |
| 0 | 0 | 0 | 0 | 0 | 0 |
| 1 | 0 | 0 | 0 | 1 | 1 |
| 2 | 0 | 0 | 1 | 0 | 2 |
| 3 | 0 | 0 | 1 | 1 | 3 |
| 4 | 0 | 1 | 0 | 0 | 4 |
| 5 | 0 | 1 | 0 | 1 | 5 |
| 6 | 0 | 1 | 1 | 0 | 6 |
| 7 | 0 | 1 | 1 | 1 | 7 |
| 8 | 1 | 0 | 0 | 0 | 8 |
| 9 | 1 | 0 | 0 | 1 | 9 |
| 10 | 1 | 0 | 1 | 0 | 10 |
| 11 | 1 | 0 | 1 | 1 | 11 |
| 12 | 1 | 1 | 0 | 0 | 12 |
| 13 | 1 | 1 | 0 | 1 | 13 |
| 14 | 1 | 1 | 1 | 0 | 14 |
| 15 | 1 | 1 | 1 | 1 | 15 |
| 16 | 0 | 0 | 0 | 0 | 0 |

要实现表 3-2-1 所列的四位二进制加法计数，必须用 4 个双稳态触发器，它们具有计数功能。采用不同的触发器可有不同的逻辑电路。

**1. 异步二进制加法计数器**

由表 3-2-1 可见，每来一个计数脉冲，最低位触发器翻转一次；而高位触发器在相邻的低位触发器从"1"变为"0"进位时翻转。因此，可用 4 个主从 JK 触发器组成四位异步二进制加法计数器，如图 3-2-1 所示。

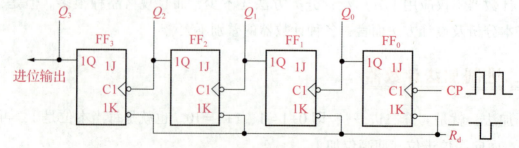

图 3-2-1 JK 触发器组成的四位异步二进制加法计数器

每个触发器的 J、K 端悬空，相当于"1"，故具有计数功能。触发器的进位脉冲 Q 端输出送到相邻高位触发器的 C 端，这符合主从型触发器在输入正脉冲的后沿触发的特点。

计数器在工作之前，一般通过各触发器的置零端 $\overline{R_d}$ 加入负脉冲，使计数器清 0。当计数脉冲 CP 输入后，计数器就从 $Q_3Q_2Q_1Q_0$ = 0000 状态开始计数。

当第 1 个 CP 脉冲下降沿到达时，$FF_0$ 由 0 态变为 1 态，$Q_0$ 由 0 变 1，$Q_1$、$Q_2$、$Q_3$ 因没有触发脉冲输入，均保持 0 态；当第 2 个 CP 脉冲下降沿到达时，$FF_0$ 由 1 态变为 0 态，即 $Q_0$ 由 1 变 0，所产生的脉冲负跳变使 $FF_1$ 随之翻转，$Q_1$ 由 0 变 1。但 $Q_1$ 端由 0 变为 1 的正跳变无法使 $FF_2$ 翻转，故 $Q_2$、$Q_3$ 均保持 0

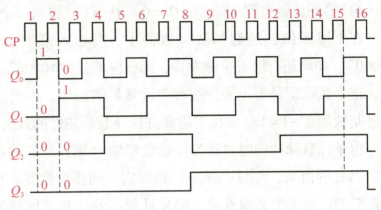

图 3-2-2　工作波形图

态。依次类推，每输入 1 个计数脉冲，$FF_0$ 翻转一次；每输入 2 个计数脉冲，$FF_1$ 翻转一次；每输入 15 个计数脉冲后，计数器的状态为"1111"。第 16 个脉冲作用后，4 个触发器均复位到 0 态。从第 17 个 CP 脉冲开始，计数器又进入新的计数周期。图 3-2-2 为工作波形图。

由图示 3-2-2 波形可以看出，每个触发器状态波形的频率为其相邻低位触发器状态波形频率的 1/2，即对输入脉冲进行二分频。所以，相对于计数输入脉冲，$FF_0$、$FF_1$、$FF_2$、$FF_3$ 的输出脉冲分别是二分频、四分频、八分频、十六分频，由此可见，N 位二进制计数器具有 $2^N$ 分频功能，可作分频器使用。

由于计数脉冲不是同时加到各位触发器的 C 端的，而只加到最低位触发器，其他各位触发器则由相邻低位触发器输出的进位脉冲来触发，因此它们状态的变换有先后之分，所以称为"异步"加法计数器。

### 2. 同步二进制加法计数器

如果计数器还是用 4 个主从 JK 触发器组成，各触发器受同一计数脉冲 CP 的控制，其状态翻转与 CP 脉冲同步，如图 3-2-3 所示。

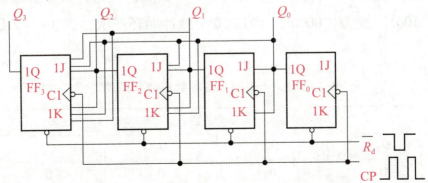

图 3-2-3　JK 触发器组成的四位同步二进制加法计数器

根据表 3-2-1 可得出各位触发器 $J$、$K$ 端的逻辑关系式：

1) 第一位触发器 $FF_0$，每来一个计数脉冲就翻转一次，故 $J_0 = K_0 = 1$。
2) 第二位触发器 $FF_1$，在 $Q_0 = 1$ 时再来一个脉冲才翻转一次，故 $J_1 = K_1 = Q_0$。
3) 第三位触发器 $FF_2$，在 $Q_1 = Q_0 = 1$ 时再来一个脉冲才翻转一次，故 $J_2 = K_2 = Q_1 Q_0$。
4) 第四位触发器 $FF_3$，在 $Q_2 = Q_1 = Q_0 = 1$ 时再来一个脉冲才翻转，故 $J_3 = K_3 = Q_2 Q_1 Q_0$。

在上述四位二进制加法计数器中，当输入第十六个计数脉冲时，又将返回起始状态"0000"。如果还有第五位触发器，那么应该是"10000"，即十进制数为 16。但是现在只有四位，这个数就记录不下来，这称为计数器的溢出。因此，四位二进制加法计数器能计的最大十进制数为 $2^4 - 1 = 15$。$n$ 位二进制加法计数器能计的最大十进制数为 $2^n - 1$。

由于计数脉冲同时加到各位触发器的 $C$ 端，它们的状态变换和计数脉冲同步，这是"同步"名称的由来，并与"异步"相区别。同步计数器在计数过程中，应该翻转的触发器是同时翻转的，不需要逐级推移。同步计数器的计数速度较异步计数器快。计数脉冲要同时加到各级触发器的 CP 输入端就要求给出计数脉冲的电路具有较大的驱动能力，而且一般电路比同功能异步计数器复杂。

### 3. 同步二进制减法计数器

利用二进制减法计数规则，可得到构成同步二进制减法计数器的方法。实现减法计数要求最低位触发器每输入一个计数脉冲翻转一次，其他各触发器都是在其所有低位触发器输出端 $Q$ 全为 0 时，在下一计数脉冲触发沿到来时翻转的。因此，只要将二进制加法计数器的输出由 $Q$ 端改为 $\overline{Q}$ 端，便构成了同步四位二进制减法计数器。

## 四、十进制计数器

二进制计数器结构简单，但是读数不习惯，所以在有些场合采用十进制计数器较为方便。十进制计数器是在二进制计时器的基础上得出的，用四位二进制数来代表十进制的每一位数，所以又称二-十进制计数器。

常用的 8421 编码方式，是取四位二进制前面的"0000"～"1001"来表示十进制的 0~9 共 10 个数码，而去掉后面的"1010"～"1111" 6 个数。也就是计数器到第九个脉冲时再来一个脉冲，即由"1001"变为"0000"。经过 10 个脉冲循环一次，表 3-2-2 是十进制加法计数器的状态表。

表 3-2-2 十进制加法计数器的状态表

| 计数脉冲数 | 二进制数 | | | | 十进制数 |
|---|---|---|---|---|---|
| | $Q_3$ | $Q_2$ | $Q_1$ | $Q_0$ | |
| 0 | 0 | 0 | 0 | 0 | 0 |
| 1 | 0 | 0 | 0 | 1 | 1 |

续表

| 计数脉冲数 | 二进制数 | | | | 十进制数 |
|---|---|---|---|---|---|
| | $Q_3$ | $Q_2$ | $Q_1$ | $Q_0$ | |
| 2 | 0 | 0 | 1 | 0 | 2 |
| 3 | 0 | 0 | 1 | 1 | 3 |
| 4 | 0 | 1 | 0 | 0 | 4 |
| 5 | 0 | 1 | 0 | 1 | 5 |
| 6 | 0 | 1 | 1 | 0 | 6 |
| 7 | 0 | 1 | 1 | 1 | 7 |
| 8 | 1 | 0 | 0 | 0 | 8 |
| 9 | 1 | 0 | 0 | 1 | 9 |
| 10 | 0 | 0 | 0 | 0 | 进位 |

与二进制加法计数器比较，第十个脉冲不是由"1001"变为"1010"，而是恢复"0000"，即要求第二个触发器 $FF_1$ 不得翻转，保持 0 态，第四位触发器 $FF_3$ 应翻转为 0。十进制加法计数器仍由 4 个主从 JK 触发器组成，如图 3-2-4 所示。

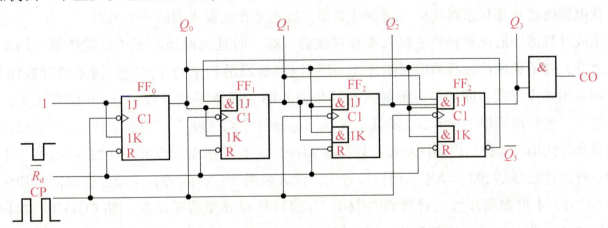

图 3-2-4 主从 JK 触发器组成的四位同步十进制加法计数器

J、K 端的逻辑关系式应该如下：

1) 第一位触发器 $FF_0$，每来一个计数脉冲就翻转一次，故 $J_0=1$，$K_0=1$。

2) 第二位触发器 $FF_1$，在 $Q_0=1$ 时再来一个脉冲翻转，而在 $Q_3=1$ 时不得翻转，故 $J_1=Q_0\overline{Q_3}$，$K_1=Q_0$。

3) 第三位触发器 $FF_2$，在 $Q_1=Q_0=1$ 时再来一个脉冲翻转，故 $J_2=Q_1Q_0$，$K_2=Q_1Q_0$。

4) 第四位触发器 $FF_3$，在 $Q_2=Q_1=Q_0=1$ 时再来一个脉冲才翻转，并来第十个脉冲时应由 1 翻转为 0，故 $J_3=Q_2Q_1Q_0$，$K_3=Q_0$。

图 3-2-5 是十进制加法计数器的工作波形图，结合表 3-2-2 和图 3-2-4 自行分析。

4 个主从 JK 触发器组成十进制加法计数器，各触发器共用同一个计数脉冲，是同步时序逻辑电路。

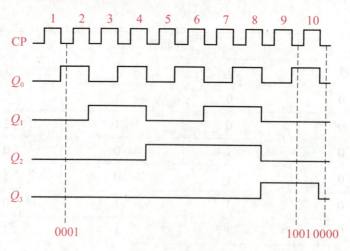

图 3-2-5　十进制加法计数器的工作波形图

### 五、N 进制计数器

获得 N 进制计数器常用的方法有两种：一是用时钟触发器和门电路进行设计；二是用集成计数器构成。由于集成计数器是厂家生产的定型产品，其函数关系已被固化在芯片中，状态分配即编码是不可能更改的，而且多为纯自然态序编码，因此仅是利用清零端或置数控制端，让电路跳过某些状态而获得 N 进制计数器，这也是在此要说明的主要内容。

集成计数器一般设置有清零输入端和置数输入端，而且无论是清零还是置数都有同步和异步之分，有的集成计数器采用同步方式，即当 CP 触发沿到来时才能完成清零或置数任务；有的则采用异步方式，即通过时钟触发器异步输入端实现清零或置数，与 CP 信号无关。例如，清零、置数均采用同步方式的有集成 4 位二进制（十六进制）同步加法计数器 74163；均采用异步方式的有 4 位二进制同步可逆计数器 74193、4 位二进制异步加法计数器 74197、十进制同步可逆计数器 74192；清零采用异步方式、置数采用同步方式的有 4 位二进制同步加法计数器 74161、十进制同步加法计数器 74160；有的只具有异步清零功能，如 CC4520、74190、74191、74290 则具有异步清零和置"9"功能。

## 任务三　寄存器的认识

### 学习目标

1. 掌握寄存器的含义及存取方式。
2. 掌握基本寄存器和移位寄存器的工作方式。
3. 了解典型集成移位寄存器的应用。

寄存器

## 一、寄存器概述

寄存器是数字系统中用来存放数码或指令的时序逻辑部件，它由触发器和一些逻辑门电路组成。因此，具有存放数码功能的逻辑电路称为寄存器。

寄存器用来暂时存放参与运算的数据和运算结果。它由触发器和一些门电路组成。触发器用来存放数码，一个触发器有0、1两种状态，只能寄存一位二进制数，要存多位数时，就得用多个触发器。常用的有四位、八位、十六位等寄存器。

寄存器存取数码的方式有并行和串行两种。并行方式是指在一个时钟脉冲作用下，$N$位数码可同时全部存入和取出，称为并行输入或并行输出。串行方式是指在一个时钟脉冲作用下，只存入或取出一位数码，$N$位数码需经$N$个时钟脉冲作用才能全部存入或取出，称为串行输入或串行输出。

寄存器常分为数码寄存器和移位寄存器两种，其区别在于有无移位的功能。数码寄存器又称基本寄存器，只能并行送入数据，需要时也只能并行输入数据。移位寄存器中的数据可以在移位脉冲作用下依次逐位右移或者左移，数据既可以并行输入、并行输出，又可以串行输入、串行输出，还可以并行输入、串行输出，串行输入、并行输出。

## 二、数码寄存器（基本寄存器）

### 1. 单拍工作方式基本寄存器

由4个D触发器构成的单拍工作方式基本寄存器如图3-3-1所示。接收数码时所有数码都是同时读入的，称此种输入、输出方式为并行输入、并行输出方式。由电路可知，无论寄存器中原来的内容是什么，只要送数控制时钟脉冲CP上升沿到来，加在并行数据输入端的数据$D_0 \sim D_3$就立即被送入寄存器中，即有

$$Q_3^{n+1} Q_2^{n+1} Q_1^{n+1} Q_0^{n+1} = D_3 D_2 D_1 D_0$$

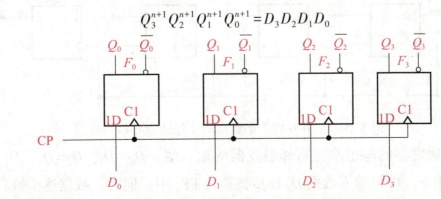

图3-3-1　由4个D触发器构成的单拍工作方式基本寄存器

## 2. 双拍工作方式基本寄存器

由 4 个 D 触发器构成的双拍工作方式基本寄存器如图 3-3-2 所示,其工作过程如下:

1) 清零。当 $\overline{CR} = 0$ 时,异步清零,即有

$$Q_3^n Q_2^n Q_1^n Q_0^n = 0000$$

2) 送数。当 $\overline{CR} = 1$,CP = 1 时,CP 上升沿送数,即有

$$Q_3^{n+1} Q_2^{n+1} Q_1^{n+1} Q_0^{n+1} = D_3 D_2 D_1 D_0$$

3) 保持。在 $\overline{CR} = 1$,CP 上升沿以外时间,寄存器内容保持不变。

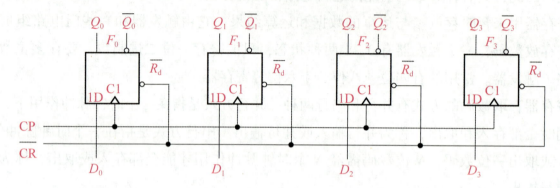

图 3-3-2　由 4 个 D 触发器构成的双拍工作方式基本寄存器

## 三、移位寄存器

移位寄存器除具有存放数码的功能外,还具有移位的功能,即寄存器里的数码可以在移动脉冲(CP)的作用下依次移动。移位寄存器分为单向移位寄存器和双向移位寄存器两种。输入、输出方式也可以分为串行输入、并行输入、串行输出、并行输出 4 种。

### 1. 单向移位寄存器

单向移位寄存器又可分为右移寄存器、左移寄存器两种。

（1）右移寄存器

图 3-3-3 是由 D 触发器组成的 4 位同步右移寄存器,数码由 $FF_0$ 的 $D_I$ 端串行输入。

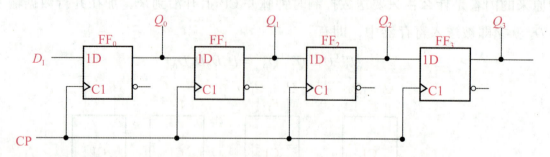

图 3-3-3　由 D 触发器组成的 4 位同步右移寄存器

该电路左边触发器的输出端接右邻触发器的输入端。$D_0 = D_I$,$D_1 = Q_0$,$D_2 = Q_1$,$D_3 = Q_2$。在 CP 上升沿作用下,串行输入数据 $D_I$ 逐步被移入 $FF_0$ 中;同时,数据逐步被右移。

设移位寄存器的初始状态为 0000,串行输入数码 $D_I = 1101$,从高位到低位依次输入。在 4

个移位脉冲作用下,串行输入的 4 位数码 1101 全部存入寄存器,并由 $Q_3$、$Q_2$、$Q_1$、$Q_0$ 并行输出,其状态如表 3-3-1 所示,时序图如图 3-3-4 所示。

表 3-3-1 右移寄存器状态表

| 移动脉冲 CP | 输入数码 $D_1$ | 输出 $Q_0$ | $Q_1$ | $Q_2$ | $Q_3$ |
|---|---|---|---|---|---|
| 0 |   | 0 | 0 | 0 | 0 |
| 1 | 1 | 1 | 0 | 0 | 0 |
| 2 | 1 | 1 | 1 | 0 | 0 |
| 3 | 0 | 0 | 1 | 1 | 0 |
| 4 | 1 | 1 | 0 | 1 | 1 |

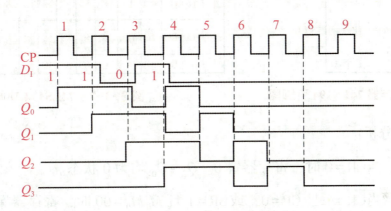

图 3-3-4 右移寄存器的时序图

在 4 个移位脉冲作用下,输入的 4 位串行数码 1101 全部存入了寄存器中。这种输入方式称为串行输入方式。可见,移位寄存器除能寄存数码外,还能实现数据串并行转换。

(2) 左移寄存器

左移寄存器的电路结构如图 3-3-5 所示。该电路右边触发器的输出端接左邻触发器的输入端,其状态分析与右移寄存器相似。

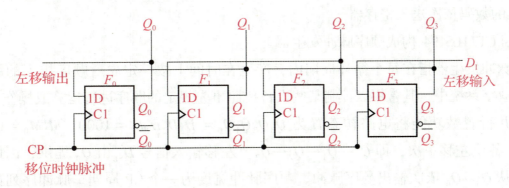

图 3-3-5 左移寄存器的电路结构

## 2. 双向移位寄存器

将左移寄存器和右移寄存器组合起来,并增加一些控制端,就构成既可以左移又可以右移的双向移位寄存器。4位通用移位寄存器74LS194引脚图如图3-3-6所示，其功能表3-3-7所示。$\overline{CR}$为清除端，CP为时钟输入端，$D_{SL}$为左移串行数据输入端，$D_0 \sim D_3$为并行数码输入端，$Q_0 \sim Q_3$为并行数码输出端，$D_{SR}$为右移串行数据输入端，$M_0$、$M_1$为工作方式控制端。

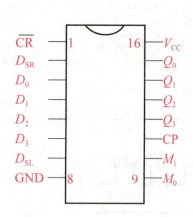

图3-3-6　寄存器74LS194引脚图

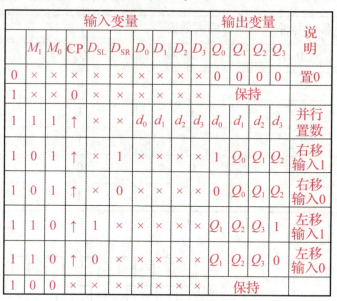

图3-3-7　74LS194功能表

| 输入变量 | | | | | | | | | 输出变量 | | | | 说明 |
|---|---|---|---|---|---|---|---|---|---|---|---|---|---|
| $M_1$ | $M_0$ | CP | $D_{SL}$ | $D_{SR}$ | $D_0$ | $D_1$ | $D_2$ | $D_3$ | $Q_0$ | $Q_1$ | $Q_2$ | $Q_3$ | |
| 0 | × | × | × | × | × | × | × | × | 0 | 0 | 0 | 0 | 置0 |
| 1 | × | 0 | × | × | × | × | × | × | 保持 | | | | 保持 |
| 1 | 1 | ↑ | × | × | $d_0$ | $d_1$ | $d_2$ | $d_3$ | $d_0$ | $d_1$ | $d_2$ | $d_3$ | 并行置数 |
| 1 | 0 | ↑ | × | 1 | × | × | × | × | 1 | $Q_0$ | $Q_1$ | $Q_2$ | 右移输入1 |
| 1 | 0 | ↑ | × | 0 | × | × | × | × | 0 | $Q_0$ | $Q_1$ | $Q_2$ | 右移输入0 |
| 1 | 1 | ↑ | 1 | × | × | × | × | × | $Q_1$ | $Q_2$ | $Q_3$ | 1 | 左移输入1 |
| 1 | 1 | ↑ | 0 | × | × | × | × | × | $Q_1$ | $Q_2$ | $Q_3$ | 0 | 左移输入0 |
| 1 | 0 | × | × | × | × | × | × | × | 保持 | | | | 保持 |

74LS194功能分析：

1）置0功能。当$\overline{CR}=0$时，寄存器置0。$Q_3 \sim Q_0$均为0状态。

2）保持功能。当$\overline{CR}=1$且CP=0，或$\overline{CR}=1$且$M_1M_0=00$时，寄存器保持原态不变。

3）并行置数功能。当$\overline{CR}=1$且$M_1M_0=11$时，在CP上升沿作用下，$D_3 \sim D_0$端输入的数码$d_3 \sim d_0$并行送入寄存器，是同步并行置数。

4）右移串行送数功能。当$\overline{CR}=1$且$M_1M_0=01$时，在CP上升沿作用下，执行右移功能，$D_{SR}$端输入的数码依次送入寄存器。

5）左移串行送数功能。当$\overline{CR}=1$且$M_1M_0=10$时，在CP上升沿作用下，执行左移功能，$D_{SL}$端输入的数码依次送入寄存器。

例如，CT74LS194构成顺序脉冲发生器。

顺序脉冲发生器指在每个循环周期内，产生在时间上按一定先后顺序排列的脉冲信号的电路。在数字系统中，其常用以控制某些设备按照事先规定的顺序进行运算或操作。

利用并行置数功能将电路初态置为$Q_3Q_2Q_1Q_0 = D_3D_2D_1D_0 = 1000$，$M_1M_0 = 10$，来一个CP脉冲，各位左移一次，即$Q_0 \leftarrow Q_1 \leftarrow Q_2 \leftarrow Q_3$。左移输入信号$D_{SL}$由$Q_0$提供，因此能实现循环左移，从$Q_3 \sim Q_0$依次输出顺序脉冲。顺序脉冲宽度为一个CP周期。脉冲序列如图3-3-8所示。

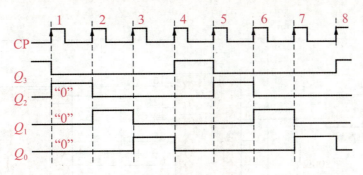

图 3-3-8 由双向移位寄存器 74LS194 构成的顺序脉冲

##  单脉冲计数电路的制作

###

1. 熟悉共阴极七段 LED 数码管的引脚和功能。
2. 熟悉十进制加/减计数器 74LS190 的功能和应用。
3. 熟悉译码/驱动器 74L548 的功能和应用。
4. 能正确选择元器件，灵活使用常用仪器仪表。
5. 掌握由基本的触发器组成，能够防抖动单脉冲发生器的工作原理和使用方法。

### 学习过程

### 一、工作任务描述

这个电路单脉冲由基本的触发器组成能够防抖动单脉冲发生器，计数电路由同步十进制加/减计数器组成，而数字的显示电路由 BCD-七段显示译码/驱动器和数码管两部分组成。

图 3-4-1 为用同步十进制加/减计数器 74LS190 和 BCD-七段显示译码/驱动器 74LS48，驱动共阴极七段 LED 显示器 LTS547R 构成的十进制计数、译码和显示电路。单脉冲计数电路装配图如图 3-4-2 所示。计数输入可采用由 RS 触发器构成的单脉冲产生电路。该电路又称防抖动开关，机械开关 $S_1$ 每在 R、S 间转换一次（如 R—S—R），电路输出一个脉冲。图 3-4-1 中 LED 作监视用。74LS190 为十进制同步加/减计数器，计入单脉冲发生器产生的单脉冲，且转变成二进制数。送入 BCD-七段显示译码/驱动器 74LS48 输入端，再驱动共阴极七段 LED 显示器 LTS547R 显示脉冲的数目。

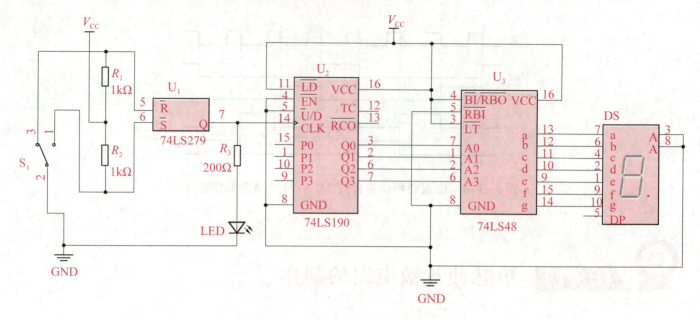

图 3-4-1 单脉冲计数电路原理图

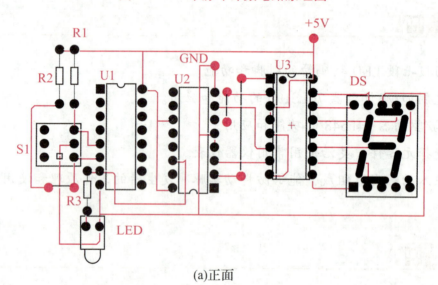

(a)正面

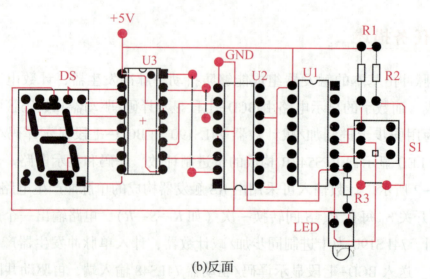

(b)反面

图 3-4-2 单脉冲计数电路装配图

## 二、工具、仪器及材料

工具：电烙铁、小电钻、水砂纸、镊子、剪刀、剥线钳等。

仪器：万用表、双踪示波器、信号发生器、0~30V 双路直流稳压电源。

材料：松香、焊锡、导线若干等。

电路元器件的参数及功能如表 3-4-1 所示。

表 3-4-1 电路元器件的参数及功能

| 序号 | 元器件代号 | 名称 | 型号及参数 | 功能 |
|---|---|---|---|---|
| 1 | $U_1$ | 集成基本 RS 触发器 | 74LS279 | 锁存 |
| 2 | $U_2$ | 同步十进制加/减计数器 | 74LS190 | 加法计数 |
| 3 | $U_3$ | BCD-七段显示译码器/驱动器 | 74LS48 | 显示译码/驱动器 |
| 4 | DS | 数码管 | LTS547R | 显示数字 |
| 5 | S | 单刀双掷开关 | 小型 | 控制 |
| 6 | $R_3$ | 碳膜电阻 | 200Ω | 限流 |
| 7 | LED | 发光二极管 | RJ11-0.25W-5.1kΩ 红 | 显示 |
| 8 | $R_1$、$R_2$ | 碳膜电阻 | 1kΩ | 限流 |

## 三、操作步骤

### 1. 元器件的识别

（1）同步十进制加/减计数器 74LS190 的识别

1）引脚识别。同步十进制加/减计数器 74LS190 逻辑图如图 3-4-3 所示。

2）特性表。74LS190 特性表如表 3-4-2 所示。

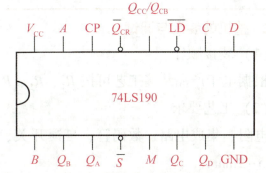

图 3-4-3 同步十进制加/减计数器 74LS190 逻辑图

表 3-4-2 74LS190 特性表

| $\overline{LD}$ | $\overline{S}$ | M | CP | A | B | C | D | $Q_A$ | $Q_B$ | $Q_C$ | $Q_D$ |
|---|---|---|---|---|---|---|---|---|---|---|---|
| 0 | × | × | × | a | b | c | d | a | b | c | d |
| 1 | 0 | 0 | ↑ | × | × | × | × | 加法计数 | | | |
| 1 | 0 | 1 | ↑ | × | × | × | × | 减法计数 | | | |
| 1 | 1 | × | × | × | × | × | × | 保持 | | | |

其中，LD为预置控制端，低电平有效；$\overline{S}$为计数/保持控制端，$\overline{S}=0$时计数，$\overline{S}=1$时保持；M为加/减计数控制端，低电平为加法计数，高电平为减法计数；CP为时钟脉冲输入端，上升沿有效；A、B、C、D为预置数并行输入端，当$\overline{LD}=0$时，A~D端的数码并行置入计数器；$Q_A$、$Q_B$、$Q_C$、$Q_D$为计数器输出端，$Q_{CC}/Q_{CB}$为加法进位和减法借位输出控制端；$\overline{Q}_{CR}$为逐位串行计数使能端，当$\overline{S}=0$、$Q_{CC}/Q_{CB}=1$时，输出进位或借位脉冲。

（2）集成基本RS触发器74LS279的识别

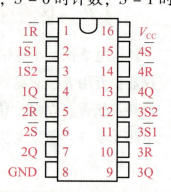

图3-4-4 集成基本RS触发器74LS279引脚

集成基本RS触发器74LS279引脚图如图3-4-4所示。74LS279是4个基本RS触发器的集成电路，第一个基本RS触发器特性表如表3-4-3所示。

表3-4-3 基本RS触发器特性表

| $\overline{R}_D$ | $\overline{S}_D$ | Q |
| --- | --- | --- |
| 0 | 1 | 0 |
| 1 | 0 | 1 |
| 1 | 1 | 保持 |
| 0 | 0 | 不定（禁用）|

**2. 整机的装配与调试**

（1）装接顺序

根据电子产品装接工艺可按$R_1$、$R_2$、$R_3$、$U_1$、$U_2$、$U_3$、DS、LED、S的顺序安装焊接。

（2）工艺要求

电阻、集成电路、数码管、自锁开关、发光二极管贴板安装，剪引脚后，引脚高度为离板1.5~2mm。

1）整机的装配。用与非门74LS279和单刀双掷开关（可用导线代替）构成单脉冲源。拨动单刀双掷开关S，观察LED的显示。按图3-4-1连接十进制计数、译码、显示电路。需要注意的是，该电路对电源要求较严格，一般为5V±0.5V，切不可接入过高的电压，以免损坏元器件。

2）电路测试与调整。使74LS190呈加法计数状态，74LS48呈译码/驱动状态，从CP端输入单脉冲，观察七段LED显示器的显示结果。按照表3-4-2验证同步十进制加/减计数器74LS190的置数功能和计数/保持功能。

# 项目四

# 汽车前照灯关闭自动延时控制电路的认识与制作

## 项目描述

汽车已驶入千家万户，当汽车夜间泊车后，驾驶员希望下车后汽车能继续提供一段时间的外部照明，车内人员可以借此光线看清回家时的路况。前照灯关闭自动延时控制装置可以实现此"伴我回家"的功能。

汽车前照灯关闭自动延时控制电路由555定时器及少量的外部元器件构成，结构简单。555定时器配以外部元器件，可以构成多种实际应用电路，广泛应用于产生多种波形的脉冲振荡器、检测电路、自动控制电路、家用电器及通信产品等电子设备中。

本任务通过555汽车前照灯关闭自动延时控制电路的认识与制作来掌握555芯片的特点与应用。

## 知识目标

1. 了解555电路的逻辑功能。
2. 掌握555电路的特点。
3. 掌握555电路的类型。
4. 掌握555电路的封装和引脚功能。
5. 了解单稳态触发器、多谐振荡器、施密特触发器的工作原理。
6. 了解555简单应用电路的分析。

## 技能目标

1. 会查阅资料了解数字集成电路的相关知识。

2. 掌握555电路的功能测试与应用方法。
3. 掌握555定时器的逻辑功能测试。
4. 掌握555定时器构成的单稳态触发器功能测试。
5. 掌握555定时器构成的多谐振荡器功能测试。
6. 掌握555定时器构成的施密特触发器功能测试。
7. 掌握汽车前照灯关闭自动延时控制电路的安装与调试。

### 素养目标

1. 体验555功能的强大，培养学生主动探索的创新精神。
2. 通过对555实用电路的观察，开拓学生的思维。

### 工作流程与活动

1. 555定时器概述。
2. 555定时器内部结构与工作原理。
3. 由555定时器构成单稳态触发器及典型应用。
4. 由555定时器构成多谐振荡器及典型应用。
5. 由555定时器构成施密特触发器。
6. LM555定时器构成的汽车前照灯关闭自动延时控制电路。

## 任务一　555电路逻辑功能的认识

### 学习目标

1. 了解555电路的逻辑功能。
2. 掌握555电路的特点、类型、封装和引脚功能。
3. 了解单稳态触发器、多谐振荡器、施密特触发器的工作原理。

555定时电路

## 学习过程

### 一、555 定时器概述

555 定时器是一种多用途的数字-模拟混合集成电路,具有结构简单、使用电压范围宽、工作速度快、定时精度高、驱动能力强等优点。555 定时器的外形及引脚说明如图 4-1-1 所示。555 定时器配以外部元器件,可以构成单稳态触发器、多谐振荡器和施密特触发器等多种实际应用电路,所以 555 定时器在波形的产生与变换、测量与控制、家用电器、电子玩具等许多领域中得到了应用。

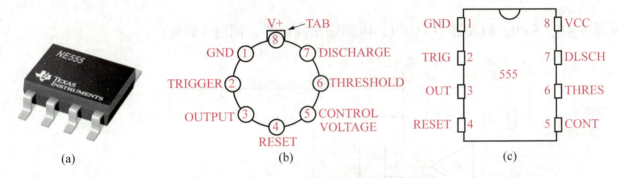

图 4-1-1　555 定时器的外形及引脚说明

(a) 外形;(b) 圆形封装;(c) 双列直插封装

555 定时器产品型号繁多,有双极型(TTL)和互补金属氧化物半导体型(CMOS)两种类型,其中 TTL 为×××555,CMOS 为 7555。555 为单时基电路,556 为双时基电路,它的内部含有与 555 完全相同的两个独立系统,仅共用电源和地线。一般双极型定时器具有较大的驱动能力,而 CMOS 定时电路具有低功耗、输入阻抗高等优点。TTL 定时器电源电压范围为 4.5~16V,最大负载电流可达 200mA;CMOS 定时器电源电压范围为 2~18V,最大负载电流可达 100mA。555 单时基集成电路的封装有 8 脚圆形和 8 脚双列直插型两种,双时基集成电路封装多采用双列 14 脚直插式封装方式,四时基集成电路封装多采用双列 16 脚封装方式。

### 二、555 定时器内部结构与工作原理

555 定时器内部结构的组成方框图和电路符号如图 4-1-2 所示。它由 3 个阻值为 5kΩ 的电阻组成的分压器、两个电压比较器 $C_1$ 和 $C_2$、基本 RS 触发器、放电管 VT 及缓冲器 G 组成。TTL 的 555 电路组成方框图如图 4-1-2(a) 所示,电路符号如图 4-1-2(b) 所示。

定时器的主要功能取决于比较器,比较器的输出控制 RS 触发器和放电管 VT 的状态。图 4-1-2(b) 中 $R_D$ 为复位输入端,当 $R_D$ 为低电平时,不管其他输入端的状态如何,输出 $u_O$ 为低电平。因此在正常工作时,应将其接高电平。

当 5 脚悬空时,比较器 $C_1$ 和 $C_2$ 比较电压分别为 $\frac{2}{3}V_{CC}$ 和 $\frac{1}{3}V_{CC}$。

1) 当 $u_{i1} > \frac{2}{3}V_{CC}$，$u_{i2} > \frac{1}{3}V_{CC}$ 时，比较器 $C_1$ 输出低电平，比较器 $C_2$ 输出高电平，基本 RS 触发器置 0，放电管 VT 导通，输出端 $v_O$ 为低电平。

2) 当 $u_{i1} < \frac{2}{3}V_{CC}$，$u_{i2} < \frac{1}{3}V_{CC}$ 时，比较器 $C_1$ 输出高电平，比较器 $C_2$ 输出低电平，基本 RS 触发器置 1，放电管 VT 截止，输出端 $v_O$ 为高电平。

3) 当 $u_{i1} < \frac{2}{3}V_{CC}$，$u_{i2} > \frac{1}{3}V_{CC}$ 时，比较器 $C_1$ 输出高电平，比较器 $C_2$ 输出高电平，基本 RS 触发器 $R=1$，$S=1$，触发器状态不变，电路也保持原状态不变。

4) 当 $u_{i1} > \frac{2}{3}V_{CC}$，$u_{i2} < \frac{1}{3}V_{CC}$ 时，比较器 $C_1$ 输出低电平，比较器 $C_2$ 输出低电平，基本 RS 触发器 $R=0$，$S=0$，触发器 $Q=\overline{Q}=1$，电路输出高电平，同时 VT 截止。

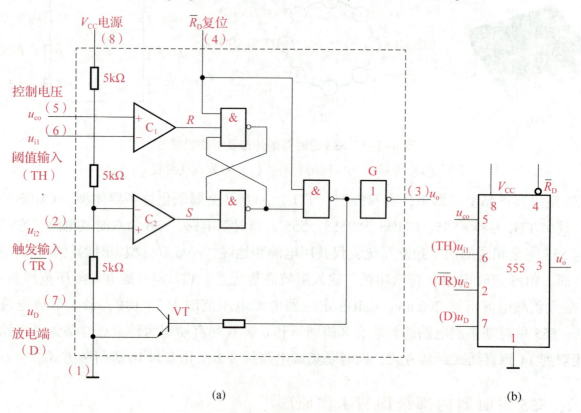

**图 4-1-2 555 定时器内部结构的组成方框图和电路符号**
(a) 原理图；(b) 电路符号

由于阈值输入端（$u_{i1}$）为高电平 $\left(>\frac{2}{3}V_{CC}\right)$ 时，定时器输出低电平，因此也将该输入端称为高触发端（TH）。

由于阈值输入端（$u_{i2}$）为低电平 $\left(<\frac{1}{3}V_{CC}\right)$ 时，定时器输出高电平，因此也将该输入端称为低触发端（$\overline{\text{TR}}$）。

如果在电压控制器（5 脚）施加一个外加电压（其值在 $0 \sim V_{CC}$），比较器的参考电压将发生变化，电路相应的阈值、触发值、触发电平也将随之变化，进而影响电路的工作状态。

综合上述分析，可得 555 定时器功能表，如表 4-1-1 所示。

表 4-1-1  555 定时器功能表

| 输入 | | | 输出 | |
|---|---|---|---|---|
| 高触发端（TH） | 低触发端（$\overline{TR}$） | 复位（$\overline{R}_D$） | 输出 | 放电管 |
| × | × | 0 | 0 | 导通 |
| $>\frac{2}{3}V_{CC}$ | $>\frac{1}{3}V_{CC}$ | 1 | 0 | 导通 |
| $<\frac{2}{3}V_{CC}$ | $<\frac{1}{3}V_{CC}$ | 1 | 1 | 截止 |
| $>\frac{2}{3}V_{CC}$ | $<\frac{1}{3}V_{CC}$ | 1 | 1 | 截止 |
| $<\frac{2}{3}V_{CC}$ | $>\frac{1}{3}V_{CC}$ | 1 | 不变 | 不变 |

555 定时器主要与电阻、电容构成充放电电路，并由两个比较器来检测电容器上的电压，以确定输出电平的高低和放电管的通断，这就很方便地构成从微秒到数十分钟的延时电路，可方便地构成单稳态触发器、多谐振荡器、施密特触发器等脉冲产生或波形变换电路。

从驱动电流这一参数来看，555 定时器的驱动能力较强，可直接驱动微电机、小型继电器及低阻抗的扬声器。而 7555 定时器的驱动能力较弱，只能驱动 LED、压电陶瓷蜂鸣器等负载。

需要说明的是，在一些 CMOS 型 555 定时器电路中，为电压比较器提供基准电压的 3 个分压电阻不是 5kΩ。例如，TI 公司生产的 LMC555 中，这 3 个电阻的阻值都为 100kΩ。

### 三、由 555 定时器构成单稳态触发器

单稳态电路好像一扇弹簧门，平时该门总是保持着关闭状态，只有在外力的作用下该门才会打开；在全开一段时间以后它又会自动关闭。通常将关闭状态称为"稳态"，而将从推开门到恢复到关闭这一段时间的状态称为"暂稳态"。

#### 1. 单稳态电路的特点

1）它有一个稳定状态和一个暂稳状态（或称为准稳态）。

2）在无外来脉冲作用时，电路处于稳定状态不变。

3）在外来脉冲的作用下，电路可由稳定状态翻转为暂稳状态，经过一段时间以后，又自动返回稳定状态，而暂稳态时间的长短，与触发脉冲无关，仅取决于电路本身的参数。

单稳态触发电路一般用于电路的定时（产生一定宽度的方波）、整形（把不规则的波形转换成宽度、幅度都相等的脉冲）及延时（将输入信号延迟一定的时间之后输出）等。

## 2. 电路组成及工作原理

555 单稳态电路主要由 555 定时电路本身与一个 $RC$ 定时时间常数设定元件两大部分组成。其典型特征是 555 定时电路的输入端是连接在定时电路的定时电容器 $C$ 上，典型的 555 单稳态电路如图 4-1-3（a）所示。

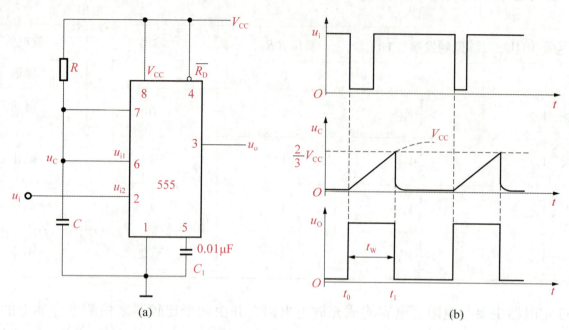

图 4-1-3　用 555 定时器构成的单稳态触发器及工作原理
（a）单稳态触发器；（b）工作波形

（1）稳态

当电源接通以后，因为电容 $C$ 上的电压不会突变，相当于 $u_{i1}=0$，而触发端 $u_{i2}$ 是接高电平的，即 $u_{i2}=1$，所以输出端被置为零，即 $u_O=0$。555 内部放电管 VT 饱和导通，使 DIS 端（7 脚）接地，故定时电容 $C$ 上的电压一直为 0，$u_C=0$，其输出端保持低电平，即 $u_O=0$，这就是脉冲单稳态电路的稳态。

（2）暂稳态

当从触发端 $u_{i2}$（2 脚）输入一个负脉冲时，假定该负脉冲的幅度低于 $\frac{1}{3}V_{CC}$。根据 555 定时电路的特性，当触发器的输入 $u_{i2}=0$ 时，其输出由低电平翻转变为高电平，即 $u_O=1$，此时 555 内部放电管 VT 截止，电源 $V_{CC}$ 便通过电阻 $R$ 对电容 $C$ 进行充电，暂稳态开始。

经过时间常数 $\tau_1=RC$ 之后，电容电压 $u_C$ 由 0V 开始增大，在电容电压 $u_C$ 上升到阈值电压 $\frac{2}{3}V_{CC}$ 之前，电路将保持暂稳态不变。当电容电压 $u_C$ 上升到 $\frac{2}{3}V_{CC}$，使其输入端 $u_{i1}=1$ 时，触发 555 定时器电路翻转恢复到其原来的稳态，即 $u_O=0$。这时内部放电管 VT 又重新导通，使电容 $C$ 上的电荷通过 VT 迅速放掉，为下一次定时控制做好准备。

## 3. 主要参数估算

（1）输出脉冲宽度 $t_W$

输出脉冲宽度就是暂稳态维持时间，也就是定时电容的充电时间。

$$t_W \approx 1.1RC$$

上式说明，单稳态触发器输出脉冲宽度 $t_W$ 仅决定于定时元件 $R$、$C$ 的取值，与输入触发信号和电源电压无关，调节 $R$、$C$ 的取值，即可方便地调节 $t_W$。

（2）恢复时间 $t_{re}$

一般取 $t_{re} = (3\sim 5)R_{CES}C$（$R_{CES}$ 是 VT 的饱和导通电阻，其阻值非常小），即认为经过 3~5 倍时间常数电容就放电完毕。

（3）最高工作频率 $f_{max}$

若输入触发信号 $u_i$ 是周期为 $T$ 的连续脉冲，则为保证单稳态触发器能够正常工作，应满足下列条件：

$$T > t_W + t_{re}$$

即 $u_i$ 周期的最小值 $T_{min}$ 应为 $t_W + t_{re}$，即

$$T_{min} = t_W + t_{re}$$

因此，单稳态触发器的最高工作频率应为

$$f_{max} = \frac{1}{T_{min}} = \frac{1}{t_W + t_{re}}$$

需要指出的是，在图 4-1-3 所示电路中，输入触发信号 $u_i$ 的脉冲宽度（低电平的保持时间）必须小于电路输出 $u_o$ 的脉冲宽度（暂稳态维持时间 $t_W$，否则电路将不能正常工作）。因为单稳态触发器被触发翻转到暂稳态后如果 $u_i$ 端的低电平一直保持不变，那么 555 定时器的输出端将一直保持高电平不变。

**4. 典型应用**

（1）脉冲定时

图 4-1-4 所示是楼道触摸开关电路原理图。555 定时器与外围元件接成单稳态电路。触摸片 P 端常态时无感应电压，电容 $C$ 通过 555 定时器 7 脚放电完毕，3 脚输出为低电平，灯泡 HL 不亮。

当需要开灯时，手触碰 P，这时人体感应的杂波信号电压相当于在触发输入端 2 脚加入一个负脉冲，使 555 定时器的输出变成高电平，灯泡 HL 点亮。同时，555 定时器 7 脚内部截止，电源便通过 $R$ 给 $C$ 充电，开始定时。

当电容 $C$ 上的电压上升至电源电压的 $\frac{2}{3}$ 时，555 定时器 7 脚导通使 $C$ 放电，使 3 脚输出由高电平变回低电平，灯泡熄灭，定时结束。

定时长短由 $R$、$C$ 决定，$t = 1.1RC$。按图 4-1-4 中所标数值，定时时间约为 10s，定时时间可根据 $R$、$C$ 参数调节。

（2）脉冲延时

实际电路有时需要延迟脉冲的触发时间，可利用如图 4-1-5 所示的 555 定时器组成的单稳态电路。延时电路和定时电路的主要区别是电阻和电容的连接位置不同。

开关 SA 闭合，555 定时器开始工作，一开始因电容两端电压不能突变，电容上电压为零，所以电阻上电压接近电源电压，$u_{TH} = u_{TR}$ 接近电源电压，555 定时器输出 "0"，继电器保持断开

状态。同时电源向电容充电,电容两端不断上升,而电阻上的电压不断下降。当电容上升至电源电压的 2/3,即电阻上电压下降至电源电压的 1/3 时,555 定时器输出"1",灯泡发光。

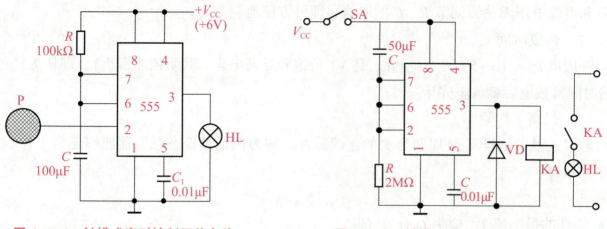

图 4-1-4　触摸式定时控制开关电路　　　图 4-1-5　触摸式延时控制开关电路

从开关按下到继电器吸合的阶段即延迟时间。延迟时间长短同定时器电路一样,由 $R$、$C$ 决定。

## 四、由 555 定时器构成多谐振荡器

多谐振荡器是一种自激振荡器,功能是产生一定频率和一定幅度的矩形波形信号。由于矩形波中含有丰富的高次谐波分量,所以习惯上将矩形波振荡器称为多谐振荡器。多谐振荡器一旦振荡起来,电路没有稳态,只有两个暂稳态"0"和"1"。这两种暂稳态交替变化输出矩形脉冲信号,因此又称为无稳态电路。多谐振荡器常用作脉冲信号源。

### 1. 用 555 定时器构成的多谐振荡器

(1) 电路组成

用 555 定时器构成的多谐振荡器如图 4-1-6 所示。

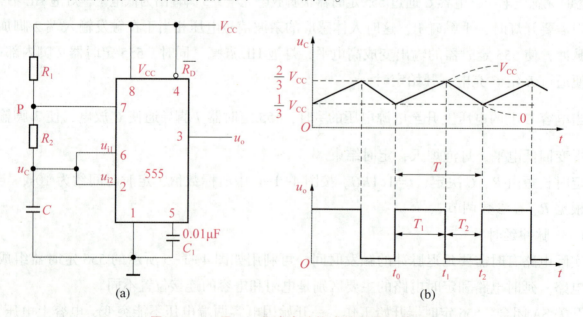

(a)　　　　　　　　　　　　(b)

图 4-1-6　用 555 集成电路构成的多谐振荡器

（2）工作原理

假设接通电源前，电容器上电压 $u_C=0$，接通电源后，因为电容器两端电压不能突变，所以有 $u_{i1}=u_{i2}=u_C=0<\frac{1}{3}V_{CC}$，电路输出高电平 $u_o=1$，放电管截止，电源向电容器充电。充电回路是 $V_{CC}\rightarrow R_1\rightarrow R_2\rightarrow C\rightarrow$ 地，电容器上电压按指数规律上升。当电容器上电压上升到电源电压的 $\frac{2}{3}$ 时，$u_{i1}=u_{i2}=u_C>\frac{2}{3}V_{CC}$，电路输出转为低电平 0。完成从暂稳态"1"向暂稳态"0"的转变。

输出低电平时，放电管导通，电容器放电，放电回路 $C\rightarrow R_2\rightarrow$ 放电管 $\rightarrow$ 地，电容器上电压按指数规律下降。当电容器上电压下降到电源电压的 $\frac{1}{3}$ 时，$u_{i1}=u_{i2}=u_C<\frac{1}{3}V_{CC}$，电路输出高电平 1，完成从暂稳态"0"向暂稳态"1"的转变。同时放电管截止，电容器再次充电，如此周而复始，产生振荡，输出相应矩形波。

电路输出高电平的时间（充电时间）为 $T_1\approx 0.7(R_1+R_2)C$。

电路输出低电平的时间（放电时间）为 $T_2\approx 0.7R_2C$。

振荡周期 $T=T_1+T_2\approx 0.7(R_1+2R_2)C$。

振荡频率 $f=\frac{1}{T}=\frac{1}{0.7(R_1+2R_2)C}$。

占空比 $q=\frac{脉宽}{周期}$，其中脉宽指的是一个周期内高电平所占的比例，因此有 $0<q<1$，图 4-1-6 所示电路输出的矩形波的占空比为 $q=\frac{T_1}{T}=\frac{R_1+R_2}{R_1+2R_2}$。

**2. 占空比可调的多谐振荡器电路**

在图 4-1-6 所示电路中，电容 $C$ 的充电时间常数 $\tau_1=(R_1+R_2)C$，放电时间常数 $\tau_2=R_2C$，所以 $T_1$ 总是大于 $T_2$，$u_o$ 的波形不仅不可能对称，而且占空比 $q$ 不易调节。利用半导体二极管的单向导电特性，把电容 $C$ 充电和放电回路隔离开来，再加上一个电位器，便可构成占空比可调的多谐振荡器，如图 4-1-7 所示。

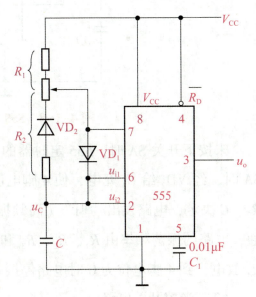

图 4-1-7 占空比可调的多谐振荡器

由于二极管的引导作用，电容 $C$ 的充电时间常数 $\tau_1=R_1C$，放电时间常数 $\tau_2=R_2C$。通过与上面相同的分析计算过程可得

$$T_1=0.7R_1C$$
$$T_2=0.7R_2C$$

占空比 $q=\frac{T_1}{T}=\frac{T_1}{T_1+T_2}=\frac{0.7R_1C}{0.7R_1C+0.7R_2C}=\frac{R_1}{R_1+R_2}$，只要改变电位器滑动端的位置，就

可以方便地调节占空比 $q$，当 $R_1=R_2$ 时，$q=0.5$，$v_O$ 就是输出对称的矩形波。

另外，在对振荡器频率稳定度要求很高的场合，如数字钟表，需要采取稳频措施，其中最常用的一种方法就是利用石英谐振器（简称石英晶体或晶体），构成石英晶体多谐振荡器，包括串联式振荡器和并联式振荡器。

### 3. 典型应用

（1）"叮咚"双音门铃

555 定时器构成多谐振荡器时，适当调节振荡频率，可构成各种声响电路。如图 4-1-8 所示为 555 定时器构成的"叮咚"双音门铃电路。

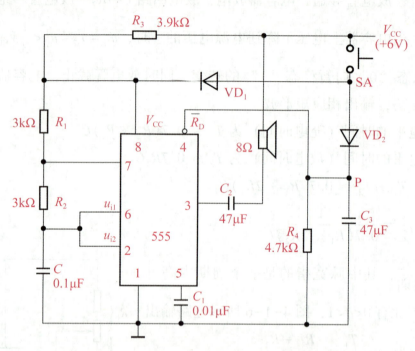

图 4-1-8　555 定时器构成的"叮咚"双音门铃电路

未按下开关 SA 时，555 定时器的 4 脚电位为 0，3 脚输出低电平，门铃不响；当按下开关 SA 时，经 $VD_2$ 给 $C_3$ 充电，使 4 脚电位为 1，电路起振，此时因 $VD_1$ 导通，其振荡频率由 $R_1$、$R_2$、$C$ 决定，电路发出"叮"（高频振荡）音响；断开开关 SA 时，此时因 $VD_1$、$VD_2$ 均不导通，电路的振荡频率由 $R_1$、$R_2$、$R_3$ 和 $C$ 决定，发出"咚"（低频振荡）的音响。同时 $C_3$ 经 $R_4$ 放电，到 4 脚电位为 0 时电路停振。

（2）光控开关电路

555 定时器构成的光控开关电路如图 4-1-9 所示。当无光照时，光敏电阻 $R$ 的阻值远大于 $R_3$、$R_4$，由于 $R_3$、$R_4$ 阻值相等，此时 555 定时器 2、6 脚的电平为 $\dfrac{V_{CC}}{2}$，输出端 3 脚输出低电平，继电器 KA 不工作，其常开触点 KA 将被控制电路置于断开状态。当有光线照射到光敏电阻 $R_G$ 上时，其阻值迅速变得小于 $R_3$、$R_4$，并通过 $C_1$ 并联到 555 定时器的 2 脚与地之间。由于无光照时输出低电平，放电管导通，电容 $C_1$ 两端的电压为 0V，因而在 $R_G$ 阻值变小的瞬间，会使定时器的 2 脚电位迅速下降到 $\dfrac{V_{CC}}{3}$ 以下，使 555 定时器的输出转为高电平，继电器吸合，其触点 KA 闭合，使被控电路置于连通状态。当光照消失后，$R$ 的阻值迅速变大，使 555 定时器的 2 脚电平又变为 $\dfrac{V_{CC}}{2}$，输出仍保持在高电平状态，此时 555 定时器的 7 脚为截止状态，电源电压 $V_{CC}$ 经 $R_1$、$R_2$ 给电容 $C_1$ 充电。若再有光线照射光敏电阻 $R$，则 $C_1$ 上的电压经阻值变小的 $R$ 加到 555 定时器的 2 脚和 6 脚，使 2 脚和 6 脚的电位大于 $\dfrac{2V_{CC}}{3}$，导致 555 定时器输出端由高电平变为低电平，继电器 KA 被释放，被控电路又回到了断开状态。由此可见，光敏电阻 $R$ 每受到光照射一次，电路的开关状态就转换一次，起到了光控开关的作用。

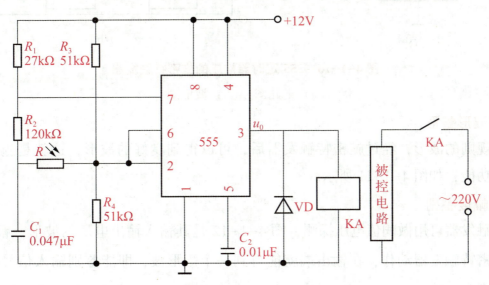

图 4-1-9　555 定时器构成的光控开关电路

### 五、由 555 定时器构成施密特触发器

施密特触发器的用途十分广泛，由于具有滞回特性，抗干扰能力也很强，主要用于波形变换、脉冲波形的整形及脉冲幅度的鉴别等。

#### 1. 波形变换

施密特触发器可以将变化缓慢的非矩形波变换为矩形波。555 定时器构成的施密特触发器如图 4-1-10 所示。

1）当 $u_i = 0V$ 时，$u_{o1}$ 输出高电平。

2）当 $u_i$ 上升到 $\dfrac{2}{3}V_{CC}$ 时，$u_{o1}$ 输出低电平。$u_i$ 由 $\dfrac{2}{3}V_{CC}$ 继续上升，$u_{o1}$ 保持不变。

3）当 $u_i$ 下降到 $\dfrac{1}{3}V_{CC}$ 时，电路输出跳变为高电平。而且在 $u_i$ 继续下降到 $0V$ 时，电路的这种状态不变。

4）图 4-1-10 中，$R$、$V_{CC2}$ 构成另一输出端 $u_{o2}$，其高电平可以通过改变 $V_{CC2}$ 进行调节。

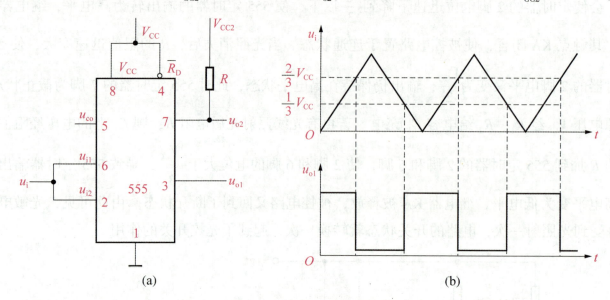

图 4-1-10　555 定时器构成的施密特触发器

（a）电路图；（b）波形图

## 2. 脉冲波形整形

一个不规则的波形，经过施密特触发器后，可以得到良好的波形，这就是施密特触发器的波形整形功能，如图 4-1-11 所示。

## 3. 脉冲幅度鉴别

施密特触发器可用做阈值电压探测，图 4-1-12 是其输入输出电压的波形。幅度超过 $U_{TH}$ 的脉冲使施密特触发器动作，在输出端就能得到一个矩形波，即能鉴别输入信号的幅度是否超过规定值 $U_{TH}$。

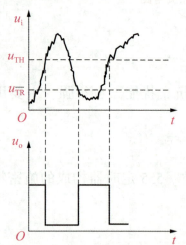

图 4-1-11　555 定时器构成的
施密特触发器波形整形

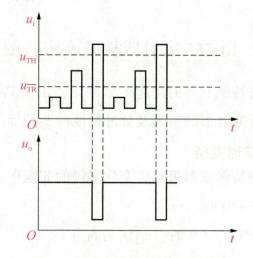

图 4-1-12　555 定时器构成的
施密特触发器鉴幅

## 任务二 555 定时器电路测试

### 学习目标

1. 熟悉 555 定时器逻辑功能测试的方法。
2. 熟悉 555 定时器构成的单稳态触发器功能测试的方法。
3. 熟悉 555 定时器构成的多谐振荡器功能测试的方法。
4. 熟悉 555 定时器构成的施密特触发器功能测试。

### 学习过程

#### 一、555 定时器逻辑功能测试

**1. 任务要求**

按测试步骤完成所有测试内容,并撰写测试报告。

**2. 555 定时器外引脚排列**

555 定时器引脚排列图如图 4-2-1 所示。

**3. 测试设备**

直流稳压电源台,电平显示板 1 块,电平输出板 1 块,555 集成电路 1 块,100kΩ 电位器 2 只,数字万用表 1 只,连接导线若干。

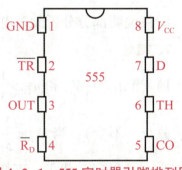

图 4-2-1 555 定时器引脚排列图

**4. 测试电路**

测试电路如图 4-2-2 所示。

**5. 测试步骤**

1) 按图 4-2-2 接好电路,$K_1$ 接电平输出板,OUT 接电平显示板。

2) 将 $K_1$ 拨到 "0" 位置,观察输出状态,记录 OUT=_____,调节 $R_{P1}$ 和 $R_{P2}$,观察输出状态是否改变,并分析原因。

3) 将 $K_1$ 拨到 "1" 位置,按测

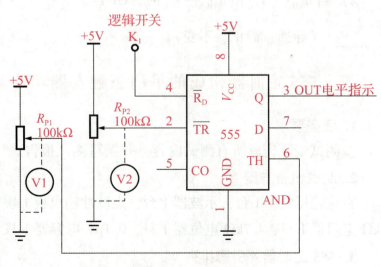

图 4-2-2 测试电路 1

试数据表的顺序调节 $R_{P1}$ 和 $R_{P2}$ 的值，使电压表读数如表 4-2-1 所示，观察输出情况，将结果填入测试数据表中［用万用表欧姆挡测试放电管对地电阻时，红表笔接地，黑表笔接 D 端（7 脚）］。

4）根据测试结果说明逻辑功能。

### 6. 测试结果

测试结果填入表 4-2-1。

表 4-2-1　测试数据及结果 1

| 输入 | | | 输出 | | 说明 |
|---|---|---|---|---|---|
| 复位（$R_D$） | 高触发端（TH） | 低触发端（$\overline{TR}$） | OUT | 放电管对地电阻值 | |
| 0 | × | × | | | |
| 1 | $>\frac{2}{3}V_{CC}$（4V） | $>\frac{1}{3}V_{CC}$（2V） | | | |
| 1 | $<\frac{2}{3}V_{CC}$（3V） | $>\frac{1}{3}V_{CC}$（2V） | | | |
| 1 | $<\frac{2}{3}V_{CC}$（3V） | $<\frac{1}{3}V_{CC}$（1V） | | | |

请在说明部分分析此时电路功能是保持原态、置 0 态、置 1 态还是直接清零。

### 7. 结论

1）当 $u_{TH}>\frac{2}{3}V_{CC}$ 和 $u_{\overline{TR}}>\frac{1}{3}V_{CC}$ 时，OUT = _____（1、0），放电管的状态是 _____（导通、截止、不变）；当 $u_{TH}<\frac{2}{3}V_{CC}$ 和 $u_{\overline{TR}}<\frac{1}{3}V_{CC}$ 时，OUT = _____（1、0），放电管的状态是 _____（导通、截止、不变）。

2）当 $u_{TH}<\frac{2}{3}V_{CC}$ 和 $u_{\overline{TR}}>\frac{1}{3}V_{CC}$ 时，OUT = _____（1、0、保持、翻转），放电管的状态是 _____（导通、截止、不变）。

## 二、555 定时器构成的单稳态触发器功能测试

### 1. 任务要求

按测试步骤完成所有测试内容，并撰写测试报告。

### 2. 测试设备与器件

直流稳压电源 1 台，示波器 1 台，点脉冲输出板 1 块，电平显示板 1 块，555 集成电路 1 块，2kΩ 电阻器 1 只，4.7kΩ 电位器 1 只，0.1μF 电容器 1 只，0.01μF 电容器 1 只，连接导线若干。

### 3. 555 定时器外引脚排列

555 定时器外引脚排列如图 4-2-1 所示。

项目四　汽车前照灯关闭自动延时控制电路的认识与制作

### 4. 测试电路

测试电路如图 4-2-3 所示。

### 5. 测试步骤

1）按图 4-2-3 接好电路。

2）将 $R_P$ 置于中间位置，输入加负脉冲，用示波器同时观察 $u_i$ 和 $u_C$ 及 $u_i$ 和 $u_o$ 的波形，测出暂稳态的维持时间 $t_W$，并与理论计算值 $t_W = 1.1(R + R_P)C$ 比较。测量输出电压值，将结果填入测试数据表中。

3）其他条件不变，将 $R_P$ 分别旋转到两端，观察输出端发光二极管时间的长短。

4）测试结果填入表 4-2-2。

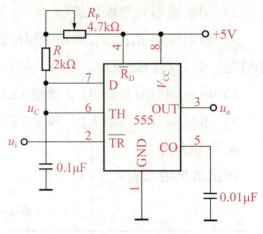

图 4-2-3　测试电路 2

表 4-2-2　测试数据及结果 2

| $R_P$ 位置 \ $u_o$ | 高电平时间 | 幅值 |
| --- | --- | --- |
| 中间 | | |
| 逆时针到底 | | |
| 顺时针到底 | | |

### 6. 结论

输入脉冲加入后，电路有_____种输出状态。电位器 $R_P$ 的大小_____（能、不能）对暂稳态时间产生影响，$R_P$ 越大暂稳态的维持时间 $t_W$ 越_____（长、短）。

## 三、555 定时器构成的多谐振荡器功能测试

### 1. 任务要求

按测试步骤完成所有测试内容，并撰写测试报告。

### 2. 测试设备与器件

直流稳压电源 1 台，示波器 1 台，电平显示板 1 块，555 集成电路 1 块，4.7kΩ 电位器 2 只，0.1μF 电容器 1 只，0.01μF 电容器 1 只，连接导线若干。

### 3. 555 定时器外引脚排列

555 定时器外引脚排列如图 4-2-1 所示。

### 4. 测试电路

测试电路如图 4-2-4 所示。

### 5. 测试步骤

1）按图 4-2-4 接好电路，输出端接电平显示板。

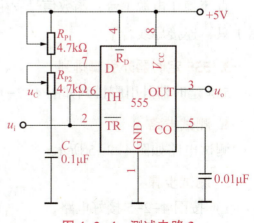

图 4-2-4　测试电路 3

2）用示波器观察输出波形。

3）将电位器 $R_{P1}$、$R_{P2}$ 调到中间位置，接通电源，观察电平显示板上发光二极管 LED 的闪烁情况，并分析闪烁原理。

4）单独调节电位器 $R_{P1}$，观察 LED 闪烁情况的变化，说明 $R_{P1}$ 的主要作用。

5）单独调节电位器 $R_{P2}$，观察 LED 闪烁情况的变化，说明 $R_{P2}$ 的主要作用。

**6. 测试结果**

测试结果填入表 4-2-3。

表 4-2-3　测试数据及结果 3

| 输出<br>电位器 | 闪烁频率（增大、减小） | 说明 |
| --- | --- | --- |
| $R_{P1}$ 增大 | | |
| $R_{P1}$ 减小 | | |
| $R_{P2}$ 增大 | | |
| $R_{P2}$ 减小 | | |

**7. 结论**

1）555 定时器构成多谐振荡器_____（需要、不需要）外加信号。

2）由 LED 闪烁情况的变化，可知电位器 $R_{P1}$ 主要调节灯_____（亮、暗）的时间，电位器 $R_{P2}$ 主要调节灯_____（亮、暗）的时间。

## 四、555 定时器构成的施密特触发器功能测试

**1. 任务要求**

按测试步骤完成所有测试内容，并撰写测试报告。

**2. 测试设备与器件**

直流稳压电源 1 台，函数信号发生器 1 台，示波器 1 台，555 集成电路 1 块，0.01μF 电容器 1 只，连接导线若干。

**3. 555 定时器外引脚排列**

555 定时器外引脚排列如图 4-2-1 所示。

**4. 测试电路**

测试电路如图 4-2-5 所示。

**5. 测试步骤**

1）按图 4-2-5 接好电路。

2）在输入端加上峰值大小 4V、频率 500Hz 的正弦波，用示波器观察输出波形。

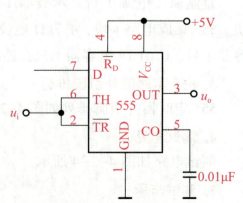

图 4-2-5　测试电路 4

3）在输入端加上峰值大小 4V、频率 500Hz 的三角波，用示波器观察输出波形。

4）改变输入信号的频率分别为 100Hz、1kHz，用示波器观察输出波形的变化。

### 6. 测试结果

测试结果填入表 4-2-4。

表 4-2-4　测试数据及结果 4

| 输入信号 | | | 输出信号 | | |
|---|---|---|---|---|---|
| 波形 | 频率 | 峰值/V | 波形 | 频率 | 峰值 |
| 正弦波 | 500Hz | | | | |
| | 100Hz | | | | |
| | 1kHz | | | | |
| 三角波 | 500Hz | | | | |
| | 100Hz | | | | |
| | 1kHz | | | | |

### 7. 结论

555 定时器构成的施密特触发器能够将正弦波或三角波变换成频率_____（相同、不同）的_____波。

## 任务三　汽车前照灯关闭自动延时控制电路的制作与调试

### 学习目标

1. 熟悉 LM555 定时器构成的汽车前照灯关闭自动延时控制电路的原理。
2. 熟悉 LM555 定时器构成的汽车前照灯关闭自动延时控制电路的组装和测试方法。

### 学习过程

图 4-3-1 是由 LM555 定时器构成的汽车前照灯关闭的自动延时控制电路。该电路在驾驶员夜间停车后离开停车场地时，提供一段照明时间，以免驾驶员摸黑走出场地时发生事故，这就是汽车中的"伴我回家"功能。该电路装配图如图 4-3-2 所示。

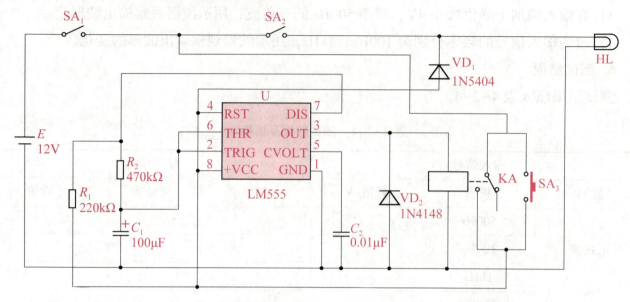

图 4-3-1 由 LM555 定时器构成的汽车前照灯关闭自动延时控制电路

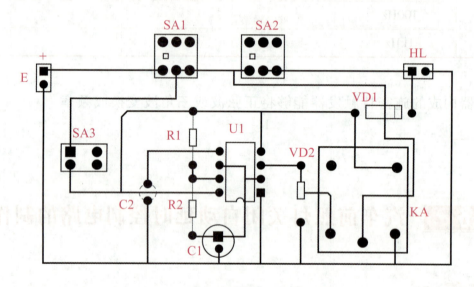

(a)正面

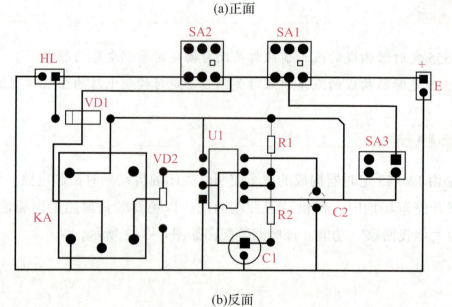

(b)反面

图 4-3-2 由 LM555 定时器构成的汽车前照灯关闭自动延时控制电路装配图

## 一、识图指导

识读图 4-3-1 电路时，可从 KA 继电器的受控和被控状态入手展开。KA 继电器的常开触点用于进行自锁，以便在按下 $SA_3$ 延时按钮后闭合，为前照灯继续提供供电。KA 继电器线圈的电流通路受 LM555 及其外部元器件构成的自动延时电路的控制。

## 二、原理分析

当夜间停车后离开汽车时，首先按下延时按钮 $SA_3$，使蓄电池电压通过 $SA_1$、$SA_3$、$R_1$、$R_2$ 对电容 $C_1$ 充电，作用在 6 脚和 2 脚上的是高电平，LM555 输出端 3 脚输出为低电平，此时不影响前照灯的正常工作。然后放松 $SA_3$、关断 $SA_2$，使 $C_1$ 上的电压经 7 脚放电至低电平电压时，作用到集成电路 LM555 的输入端 6 脚和 2 脚上为低电平，LM555 输出端 3 脚输出为高电平，于是继电器线圈中有电流通过，产生的吸力使其触点 KA 闭合，蓄电池电流经 KA 继电器触点 KA、二极管 $VD_1$ 向前照灯供电，使前照灯继续点亮，直至电容器 $C_1$ 放电完毕，继电器线圈断电，继电器 KA 的触点 KA 断开而切断了前照灯电源通路后，前照灯才会熄灭。

由此可见，该自动延时装置的延时时间主要由 $C_1$ 电容的放电时间来决定，其放电时间较长，约为 50s。故该延时电路可在驾驶员放开 $SA_3$ 开关后 50s 才自动将前照灯关闭。

## 三、电路元器件参数

汽车前照灯关闭自动延时控制电路元器件参数及功能表如表 4-3-1 所示。

表 4-3-1　由 LM555 构成的汽车前照灯关闭自动延时控制电路元器件参数及功能表

| 序号 | 元器件代号 | 名称 | 型号及参数 | 功能 |
|---|---|---|---|---|
| 1 | U | 555 定时器 | LM555/SG555 | |
| 2 | $R_1$ | 电阻器 | RT-0.125-220kΩ-5% | |
| 3 | $R_2$ | 电阻器 | RT-0.125-470kΩ-5% | |
| 4 | $C_1$ | 电容器 | 100μF-16V-20% | |
| 5 | $C_2$ | 电容器 | 0.01μF-16V-20% | |
| 6 | $VD_1$ | 二极管 | 1N5404 | |
| 7 | $VD_2$ | 二极管 | 1N4148 | |
| 8 | $SA_1$ | 电源开关 | | |
| 9 | $SA_2$ | 车灯开关 | | |
| 10 | $SA_3$ | 延时按钮 | | |
| 11 | KA | 继电器 | JPX-13F | 12V 小型继电器 |

续表

| 序号 | 元器件代号 | 名称 | 型号及参数 | 功能 |
|------|------------|------|------------|------|
| 12 | HL | 灯泡 | 汽车前照灯 | |
| 13 | $E$ | 直流电源 | | 12V |

### 四、触摸式延时开关电路组装

将检验合格的元器件按装配图 4-3-2 所示安装在万能电路板上。

**1. 装接顺序**

根据电子产品装接工艺可按 $R_1$、$R_2$、$VD_1$、$VD_2$、$SA_3$、U、$C_2$、$SA_1$、$SA_2$、HL、KA 的顺序安装焊接。

**2. 工艺要求**

电阻、二极管、集成电路、按钮开关、继电器、电解电容器贴板安装，陶瓷电容器、灯泡距板 2.5~3mm 安装；剪引脚后，引脚高度为离板 1.5~2mm。

**3. 注意事项**

清点下发的焊接工具数目，检查焊接工具的好坏。

1）清点下发的焊接工具数目，检查焊接工具的好坏。

2）清点下发的仪器仪表数目，检查仪器仪表的好坏。

3）填好设备使用情况登记表。

4）清点下发的元器件。

5）核对元器件数量和规格，检查器件好坏。

6）根据元器件布局和接线图，在万能板上进行电路接线、焊接。

7）通电前正确检查电路。

8）通电调试，测试前再次明确电源电压、示波器是否准备妥当。

9）通电测试，按下 $SA_1$、$SA_3$ 接入 12V 直流电源，对电容 $C_1$ 充电；然后放松 $SA_3$、关断 $SA_2$，观察前照灯继续点亮时间。

### 五、测试结果

测试结果填入表 4-3-2。

表 4-3-2　由 LM555 构成的汽车前照灯关闭自动延时控制电路测试结果

| 名称 | 时间 $t$/s |
|------|------------|
| 汽车大灯理论延时时间 | |
| 汽车大灯实际延时时间 | |

# 项目五

# 函数信号发生器的认识与制作

## 项目描述

在日常生活中,绝大多数的物理量是连续变化的模拟量,如温度、湿度、压力等,它们的值都是随时间连续变化的,这些模拟量经传感器转换后所产生的电信号仍然是模拟信号。如果用数字系统对这些信号进行处理,必须将电信号转换为数字信号,即 A/D 转换。当需要用数字系数控制外部的模拟信号时,必须将数字信号转换成模拟信号,即 D/A 转换。本项目在介绍 DAC 和 ADC 的基础上,完成集成转换芯片的功能测试及函数信号发生器的装接。

## 知识目标

1. 掌握 A/D 转换的基本步骤。
2. 掌握 ADC、DAC 的分类。
3. 了解 ADC、DAC 的基本原理。
4. 掌握 D/A、D/A 基本技术指标。
5. 了解集成 ADC、DAC。

## 技能目标

1. 能够上网查询新型器件,培养对新知识新技术独立的学习能力和应用能力。
2. 会查资料了解 A/D、D/A 转换集成电路的相关知识。
3. 了解 A/D、D/A 转换基本原理,学会理论计算 A/D、D/A 转换输出结果。
4. 学会运用工具及记录实验数据验证 A/D、D/A 转换实验结果。
5. 学会使用示波器。
6. 掌握 ADC 及 DAC 的原理及与外部电路的连接方法。
7. 初步了解硬件电路与软件设计的关系。

## 素养目标

1. 通过电路软硬件的结合,树立学生的工程观念。
2. 通过对电路输入、输出信号的处理,树立学生的系统观念。

## 工作流程与活动

1. A/D 转换概念。
2. A/D 转换的基本步骤。
3. ADC 的基本原理。
4. 集成 ADC 逻辑功能测试。
5. DAC 概述。
6. DAC 分类。
7. DAC 的基本原理。
8. DAC 技术指标。
9. 集成 DAC 逻辑功能测试。
10. 函数信号发生器的制作与调试。

# 任务一 ADC 的认识

## 学习目标

1. 掌握 A/D 转换的步骤。
2. 掌握 ADC 的分类。
3. 了解 ADC 的基本原理。
4. 了解集成 ADC0809。

## 学习过程

以计算机为主体的各种工业控制设备的控制量,各种测试数字式仪表的测试量等往往是模拟量,而计算机及数显仪表所能处理的信号必须是数字量,把模拟量转换成相应的数字量称为模/数转换或 A/D 转换。实现这一变换的电路或集成电路器件称为模数转换器,简称 ADC。

## 一、ADC 概述

为了将模拟信号转换为数字信号,ADC 一般经过采样、保持、量化和编码 4 个过程。在实际电路中,有时这些过程是合并进行的。图 5-1-1 为 A/D 转换电路框图。

图 5-1-1　A/D 转换电路框图

## 二、ADC 分类

按转换过程,ADC 可大致分为直接型 ADC 和间接型 ADC。直接型 ADC 能把输入的模拟电压直接转换为输出的数字代码,而不需要经过中间变量,常用的电路有并行比较型和反馈比较型两种。间接型 ADC 是把待转换的输入模拟电压先转换为一个中间变量,如时间 $t$ 或频率 $f$,再对中间变量进行量化编码,得出转换结果。

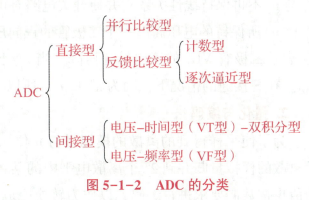

图 5-1-2　ADC 的分类

常见的电路有电压-时间型和电压-频率型两种。ADC 的分类如图 5-1-2 所示。

## 三、A/D 转换的基本步骤

**1. 采样与保持**

采样(又称取样或抽样)是将随时间变化的模拟量转换为在时间上离散的脉冲信号。图 5-1-3 是某一输入模拟信号经采样后得出的波形。为了保证能从采样信号中将原信号恢复,必须满足条件:

$$f_s \geqslant 2f_{i(\max)} \tag{5-1-1}$$

其中,$f_s$ 为采样频率;$f_{i(\max)}$ 为信号 $u_i$ 中最高次谐波分量的频率。这一关系称为采样定理。

ADC 工作时的采样频率必须大于等于式(5-1-1)所规定的频率。采样频率越高,留给每次进行转换的时间就越短,这就要求 A/D 转换电路必须具有更高的工作速度。一般工程上采取频率常取 $f_s = (5 \sim 10) f_{i(\max)}$。

图 5-1-4 是一个实际的采样保持电路 LF198 的电路结构,其中 $A_1$、$A_2$ 是两个运算放大器,S 是模拟开关,L 是控制 S 状态的逻辑单元电路。采样时令 $u_L = 1$,S 随之闭合。$A_1$、$A_2$ 接成单位增益的电压跟随器,故 $u_o = u'_o = u_i$。同时 $u'_o$ 通过 $R_2$ 对外接电容 $C_h$ 充电,使 $u_{Ch} = u_i$。

因电压跟随器的输出电阻十分小,故对 $C_h$ 充电很快结束。当 $u_L=0$ 时,S 断开,采样结束,由于 $u_{Ch}$ 无放电通路,其上电压值基本不变,故使 $u_o$ 得以将采样所得结果保持下来。

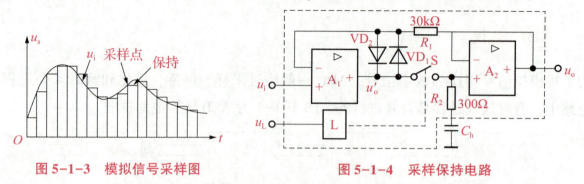

图 5-1-3　模拟信号采样图　　　　图 5-1-4　采样保持电路

图 5-1-4 中还有一个由二极管 $VD_1$、$VD_2$ 组成的保护电路。在没有 $VD_1$ 和 $VD_2$ 的情况下,如果在 S 再次接通以前 $u_i$ 变化了,则 $u'_o$ 的变化可能很大,以致使 $A_1$ 的输出进入非线性区,$u'_o$ 与 $u_i$ 不再保持线性关系,并使开关电路有可能承受过高的电压。接入 $VD_1$ 和 $VD_2$ 以后,当 $u'_o$ 比 $u_o$ 所保持的电压高出一个二极管的正向压降时,$VD_1$ 将导通,$u'_o$ 被钳位于 $+U_{D1}$。这里的 $U_{D1}$ 表示二极管 $VD_1$ 的正向导通压降。当 $u'_o$ 比 $u_o$ 低一个二极管的压降时,将 $u'_o$ 钳位于 $u_i-U_{D2}$。在 S 接通的情况下,因为 $u'_o \approx u_o$,所以 $VD_1$ 和 $VD_2$ 都不导通,保护电路不起作用。

### 2. 量化与编码

为了使采样得到的离散的模拟量与 $n$ 位二进制码的 $2^n$ 个数字量一一对应,还必须将采样后离散的模拟量归并到 $2^n$ 个离散电平中的某一个电平上,这样的一个过程称为量化。量化后的值再按数制要求进行编码,以作为转换完成后输出的数字代码。量化和编码是所有 ADC 不可缺少的核心部分之一。

数字信号具有在时间上离散和幅度上断续变化的特点。这就是说,进行 A/D 转换时,任何一个被采样的模拟量只能表示成某个规定最小数量单位的整数倍,所取的最小数量单位称为量化单位,用 $\Delta$ 表示,即模拟量量化后的一个最小分度值。

量化的方法一般有两种,四舍五入法和舍去小数法。

1) 四舍五入法:把小于 $\dfrac{\Delta}{2}$ 的电压作为 "$0\Delta$" 处理,把大于等于 $\dfrac{\Delta}{2}$ 而小于 $\dfrac{3}{2}\Delta$ 的电压作为 "$1\Delta$" 处理。

2) 舍去小数法:把小于 $\Delta$ 的电压作为 "$0\Delta$" 处理,把大于等于 $\Delta$ 而小于 $2\Delta$ 的电压作为 "$1\Delta$" 处理。

例如,设 $\Delta=1\text{V}$,采样值分别为 2V、4.4V、4.5V 和 5.7V,如果采用四舍五入法,则量化结果为 $2\text{V}=2\Delta$、$4.4\text{V}=4\Delta$、$4.5\text{V}=5\Delta$、$5.7\text{V}=6\Delta$;如果采用舍去小数法,则量化结果为 $2\text{V}=2\Delta$、$4.4\text{V}=4\Delta$、$4.5\text{V}=4\Delta$、$5.7\text{V}=5\Delta$。显然,采用不同量化方式其结果存在差异,而且上述量化结果与采样值之间存在误差,这种误差称为量化误差。

把上述量化结果用二进制或者其他数制的代码表示出来,称为编码。这些代码就是 A/D 转换的结果。3 位代码可表示 $0\Delta \sim 7\Delta$;4 位代码可表示 $0\Delta \sim 15\Delta$;8 位代码可表示 $0\Delta \sim 127\Delta$;$n$

位代码可表示 $0\Delta \sim (2^n-1)\Delta$。既然模拟电压是连续的，那么它就不一定是 $\Delta$ 的整数倍，在数值上只能取接近的整数倍，因而量化过程不可避免地会引入量化误差。两种不同量化编码位数越多，量化误差越小，准确度越高。

## 四、ADC 的基本原理

ADC 的种类很多，常按转换过程将其分为直接型 ADC 和间接型 ADC 两类。直接型 ADC 可将模拟信号直接转换为数字信号，这类 ADC 具有转换速度快的特点，典型电路有并行比较型 ADC 和逐次比较型 ADC。间接型 ADC 则是先将模拟信号转换成某一中间量，再将中间量转换为数字量输出。此类 ADC 的转换速度较慢，典型电路有双积分型 ADC 和电压频率转换型 ADC。

### 1. 并行比较型 ADC

3 位并行比较型 ADC 的原理电路如图 5-1-5 所示。它由电阻分压器、电压比较器、寄存器及编码器组成。图 5-1-5 中的 8 个电阻将参考电压 $V_{REF}$ 分成 8 个等级，其中 7 个等级的电压分别作为 7 个比较器 $C_1 \sim C_7$ 的参考电压，其数值分别为 $V_{REF}/15$，$3V_{REF}/15$，…，$13V_{REF}/15$。输入电压为 $u_i$，它的大小决定各比较器的输出状态，例如，当 $0 \leqslant u_i < (V_{REF}/15)$ 时，$C_1 \sim C_7$ 的输出状态都为 0；当 $(3V_{REF}/15) < u_i < (5V_{REF}/15)$ 时，比较器 $C_1$ 和 $C_2$ 的输出 $C_{01}=C_{02}=1$，其余各比较器输出状态都为 0。根据各比较器的参考电压值，可以确定输入模拟电压值与各比较器输出状态的关系。比较器的输出状态由 D 触发器存储，CP 作用后，触发器的输出状态 $Q_7 \sim Q_1$ 与对应的比较器的输出状态 $C_{07} \sim C_{01}$ 相同。经代码转换网络（优先编码器）输出数字量 $D_2D_1D_0$。优先编码器优先级别最高是 $Q_7$，最低是 $Q_1$。

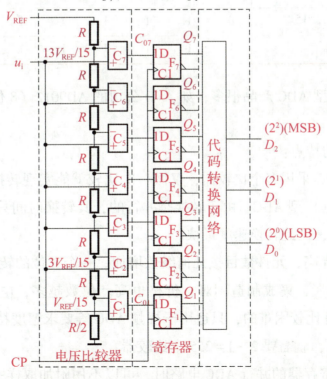

图 5-1-5 3 位并行比较型 ADC 的原理电路

设 $u_i$ 变化范围是 $0 \sim V_{REF}$，输出 3 位数字量为 $D_2$、$D_1$、$D_0$，3 位并行比较型 ADC 的输入、输出关系如表 5-1-1 所示。通过观察此表，可确定代码转换网络输出、输入之间的逻辑关系：

$$D_2 = Q_4$$

$$D_1 = Q_6 + \overline{Q_4}Q_2$$

$$D_0 = Q_7 + \overline{Q_6}Q_5 + \overline{Q_4}Q_3 + \overline{Q_2}Q_1$$

在并行 ADC 中，输入电压 $u_i$ 同时加到所有比较器的输出端，从 $u_i$ 加入经比较器、D 触发器和编码器的延迟后，可得到稳定的输出。如不考虑上述器件的延迟，可认为输出的数字量是与 $u_i$ 输入时刻同时获得的。并行 ADC 的优点是转换时间短，可小到几十纳秒，但所用的元器件较多，如一个 $n$ 位转换器，所用的比较器的个数为 $2^n-1$ 个。

表 5-1-1 3 位并行比较型 ADC 的输入、输出关系

| 模拟量输出 | 比较器输出状态 | | | | | | | 数字输出 | | |
|---|---|---|---|---|---|---|---|---|---|---|
| | $C_{07}$ | $C_{06}$ | $C_{05}$ | $C_{04}$ | $C_{03}$ | $C_{02}$ | $C_{01}$ | $D_2$ | $D_1$ | $D_0$ |
| $0 \leqslant u_i < V_{REF}/15$ | 0 | 0 | 0 | 0 | 0 | 0 | 0 | 0 | 0 | 0 |
| $V_{REF}/15 \leqslant u_i < 3V_{REF}/15$ | 0 | 0 | 0 | 0 | 0 | 0 | 1 | 0 | 0 | 1 |
| $3V_{REF}/15 \leqslant u_i < 5V_{REF}/15$ | 0 | 0 | 0 | 0 | 0 | 1 | 1 | 0 | 1 | 0 |
| $5V_{REF}/15 \leqslant u_i < 7V_{REF}/15$ | 0 | 0 | 0 | 0 | 1 | 1 | 1 | 0 | 1 | 1 |
| $7V_{REF}/15 \leqslant u_i < 9V_{REF}/15$ | 0 | 0 | 0 | 1 | 1 | 1 | 1 | 1 | 0 | 0 |
| $9V_{REF}/15 \leqslant u_i < 11V_{REF}/15$ | 0 | 0 | 1 | 1 | 1 | 1 | 1 | 1 | 0 | 1 |
| $11V_{REF}/15 \leqslant u_i < 13V_{REF}/15$ | 0 | 1 | 1 | 1 | 1 | 1 | 1 | 1 | 1 | 0 |
| $13V_{REF}/15 \leqslant u_i < V_{REF}$ | 1 | 1 | 1 | 1 | 1 | 1 | 1 | 1 | 1 | 1 |

单片集成并行比较型 ADC 产品很多，如 A/D 公司的 AD9012（8 位）、AD9002（8 位）和 AD9020（10 位）等。

并行比较型 ADC 的特点：

1）并行比较型 ADC 采用多个比较器，仅做一次比较就能实现转换，是一种直接型 ADC，又称 Flash（快速或闪电）型 ADC。由于转换是并行的，其转换时间只受比较器、寄存器和编码电路延迟时间的限制，因此转换速度最快。

2）随着分辨率的提高，元件数目按几何级数增加。一个 $n$ 位的转换器需要（$2^n-1$）个比较器，因此电路规模极大，集成制造困难，价格也高。位数越多，电路越复杂，因此制成分辨率较高的集成 ADC 是比较困难的，只适用于视频 ADC 等要求速度特别高的领域。例如，一个编码仅为 8 位的 ADC，就需要 $2^n-1=255$ 个比较器。

3）使用这种含有寄存器的并行 ADC 电路时，可以不用附加取样-保持电路，因为比较器和寄存器这两部分也兼有取样-保持功能。这也是该电路的一个优点。

## 2. 逐次比较型 ADC

逐次比较型 ADC 也是一种直接型 ADC，其框图如图 5-1-6 所示。

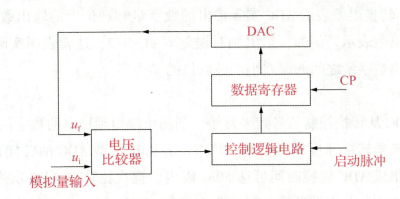

图 5-1-6 逐次比较型 ADC 的框图

它由电压比较器、控制逻辑电路、数据寄存器、DAC 组成。以 3 位 ADC 为例，其工作原理如下：电路由启动脉冲启动后，在第一个 CP 作用下控制逻辑电路使数据寄存器的输出为 100，经 DAC 转换为相应电压 $u_f$ 后送电压比较器 $u_i$ 比较，若 $u_i > u_f$，最高位存 1，反之最高位存 0；在第二个 CP 到来时，次高位置 1，经 DAC 后变换为相应的电压 $u_f$，由比较器再次比较，同理决定该位存 1 或存 0；第三个 CP 到来时，比较决定最低位为 0 或 1。这样在数据寄存器中的数码就是 $u_i$ 的数字量。

显然，逐次比较型 ADC 的设计思想是试凑法：由粗到精、步步逼近。逐次比较型 ADC 完成一次转换所需的时间与其位数和时钟脉冲 CP 的频率有关，位数越少，CP 频率越高，转换所需的时间就越短。逐次比较型 ADC 的电路规模属于中等，在低分辨率（<12 位）时其转换速度较高、功耗低、价格低廉，但需要高精度（>12 位）时，其价格很高。

## 3. 双积分型 ADC

双积分型 ADC 属于一种间接型 ADC，是电压-时间变换型。它的基本原理是对输入模拟电压和参考电压分别进行两次积分，将输入电压平均值变换成与之成正比的时间间隔，然后利用时钟脉冲和计数器测出此时间间隔，进而得到相应的数字量输出。该转换电路是对输入电压的平均值进行转换，所以它具有很强的抗工频干扰能力，在数字测量中得到了广泛的应用。

单片集成双积分式 ADC 有 ADC-EK8B（8 位，二进制码）、ADC-EK10B（10 位，二进制码）和 MC14433（$3\frac{1}{2}$ 位，BCD 码）等。

本书不对双积分型 ADC 原理进行介绍。

## 4. ADC 的主要技术指标

（1）转换精度

单片集成 ADC 的转换精度是用分辨率和转换误差来描述的。

1）分辨率。分辨率说明 ADC 对输入信号的分辨能力。ADC 的分辨率以输出二进制（或十进制）数的位数表示。从理论上讲，$n$ 位输出的 ADC 能区分 $2^n$ 个不同等级的输入模拟电压，能区分输入电压的最小值为满量程输入的 $1/2^n$。在最大输入电压一定时，输出位数越多，量化单位越小，分辨率越高。例如，ADC 输出为 8 位二进制数，输入信号最大值为 5V，那么这个转换器应能区分输入信号的最小电压为 19.53mV。

2）转换误差。转换误差表示 ADC 实际输出的数字量和理论上的输出数字量之间的差别。常用最低有效位的倍数表示。例如，给出相对误差 ≤±LSB/2，这就表明实际输出的数字量和理论上应得到的输出数字量之间的误差小于最低位的半个字。

（2）转换时间

转换时间指 ADC 从转换控制信号到来开始，到输出端得到稳定的数字信号所经过的时间。

不同类型的转换器转换速度相差很远。其中，并行比较型 ADC 的转换速度最高，8 位二进制输出的单片机集成 ADC 转换时间可达 50ns 以内。逐次比较型 ADC 次之，它们多数转换时间在 10~50μs，也有达几百纳秒的。间接型 ADC 的速度最慢，如双积分型 ADC 的转换时间大多在几十毫秒。在实际应用中，应从系统数据总的位数、精度要求、输入模拟信号的范围及输入信号极性等方面综合考虑 ADC 的选用。

**例 5-1-1** 某信号采集系统要求用一片 A/D 转换集成芯片在 1s 内对 16 个热电偶的输出电压分时进行 A/D 转换。已知热电偶输出电压范围为 0~0.025V（对应于 0℃~450℃温度范围），需要分辨的温度为 0.1℃，试问应选择多少位的 ADC，其转换时间为多少？

**解：** 从 0℃~450℃温度范围，信号电压范围为 0~0.025V，分辨的温度为 0.1℃，这相当于 $\frac{0.1}{450}=\frac{1}{4500}$ 的分辨率。12 位 ADC 的分辨率为 $\frac{1}{2^{12}}=\frac{1}{4096}$，所以必须选用 13 位的 ADC。

系统的取样速率为每秒 16 次，取样时间为 62.5ms。对于这样慢的取样，任何一个 ADC 都可以达到。可选用带有取样-保持（S/H）的逐次比较型 ADC 或不带 S/H 的双积分型 ADC 均可。

## 五、集成 ADC 介绍

### 1. ADC0809 概述

ADC0809 是采样频率为 8 位、以逐次逼近原理进行 A/D 转换的器件。其内部有一个 8 通道多路开关，它可以根据地址码锁存译码后的信号，只选通 8 路模拟输入信号中的一个进行 A/D 转换。主要特性如下：

1）8 路 8 位 ADC，即分辨率 8 位。

2）具有转换起停控制端。

3）转换时间为 100μs。

4）单个 +5V 电源供电。

5）模拟输入电压范围为 0~+5V，不需零点和满刻度校准。

6）工作温度为 -40℃~+85℃。

7）低功耗，约 15mW。

### 2. 外部特性

集成电路外引脚排列如图 5-1-7 所示。

ADC0809 芯片有 28 条引脚，采用双列直插式封装。下面说明各引脚功能。

$IN_0 \sim IN_7$：8 路模拟量输入端。

$D_0 \sim D_7$：8 位数字量输出端。

$A_0$-A、$A_1$-B、$A_2$-C（ADDA、ADDB、ADDC）：3 位地址输入线，用于选通 8 路模拟输入中的一路。

ALE：地址锁存允许信号，输入高电平有效。

START：A/D 转换启动脉冲输入端，输入一个正脉冲（至少 100ns 宽）使其启动（脉冲上升沿使 ADC0809 复位，下降沿启动 A/D 转换）。

EOC：A/D 转换结束信号，输出端，当 A/D 转换结束时，此端输出一个高电平（转换期间一直为低电平）。

OE：数据输出允许信号，输入端，高电平有效。当 A/D 转换结束时，此端输入一个高电平，才能打开输出三态门，输出数字量。

CLK：时钟脉冲输入端。要求时钟频率不高于 640kHz。

$V_{REF(+)}$、$V_{REF(-)}$：基准电压。

$V_{CC}$：电源，单一 +5V。

GND：地。

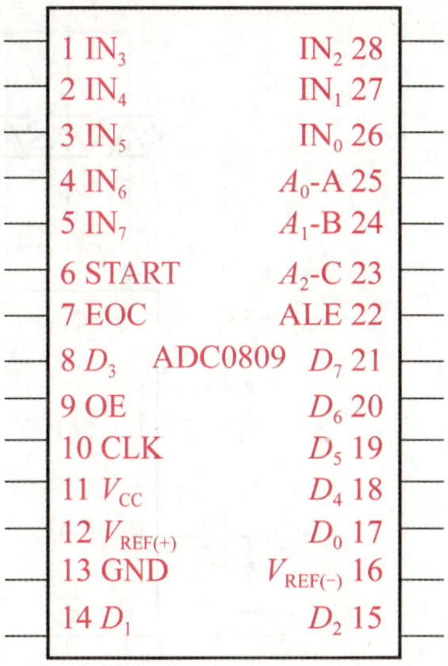

图 5-1-7 ADC0809 引脚排列

### 3. ADC0809 逻辑功能测试

测试设备与器件：数字电路实验箱 1 台、数字万用表 1 只、ADC0809 芯片 1 块、连接导线若干。

ADC0809 的工作过程：首先输入 3 位地址，并使 ALE = 1，将地址存入地址锁存器中。此地址经译码选通 8 路模拟输入之一到比较器。START 上升沿将逐次逼近寄存器复位。下降沿启动 A/D 转换，之后 EOC 输出信号变低，指示转换正在进行。直到 A/D 转换完成，EOC 变为高电平，指示 A/D 转换结束，结果数据已存入锁存器，这个信号可用作中断申请。当 OE 输入高电平时，输出三态门打开，转换结束的数字量输出到数据总线上。

测试电路如图 5-1-8 所示。

测试内容及步骤：

1）按图 5-1-8 接好电路。

2）接线完毕，检查无误，调节 CP 脉冲的频率约为 1000kHz，用数字万用表测试 $IN_0$ 的数字，按表 5-1-2 中的要求调节可调电源的输入电压，按一下点脉冲输出板上的触发按钮，给单次正脉冲，观察发光二极管的状态，记录状态数据，填入表 5-1-2。

3）改变 23、24、25 引脚的电平状态，测试被选中模拟输入通道，记录数据，填入表 5-1-3。

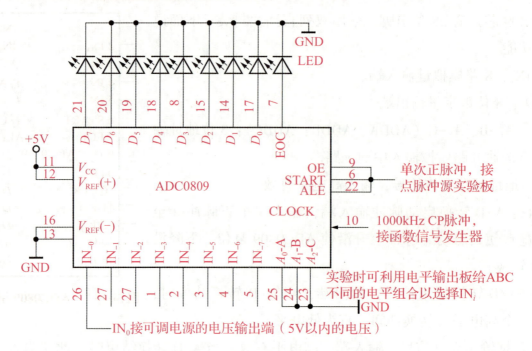

图 5-1-8　ADC0809 逻辑功能测试

表 5-1-2　测试结果 1

| 输入模拟量/V | 输出数字量 | | | | | | | |
|---|---|---|---|---|---|---|---|---|
| | $D_7$ | $D_6$ | $D_5$ | $D_4$ | $D_3$ | $D_2$ | $D_1$ | $D_0$ |
| 5 | | | | | | | | |
| 4 | | | | | | | | |
| 3 | | | | | | | | |
| 2 | | | | | | | | |
| 1 | | | | | | | | |
| 0 | | | | | | | | |

表 5-1-3　测试结果 2

| 状态 | ABC 引脚的状态 | | | | | | | |
|---|---|---|---|---|---|---|---|---|
| | 000 | 001 | 010 | 011 | 100 | 101 | 110 | 111 |
| 被选模拟输入通道 | | | | | | | | |

结论：

1）ADC0809 的功能是将_____（模拟、数字）信号转换成_____（模拟、数字）信号。

2）ADC0809 的 $A_2$、$A_1$、$A_0$ 端用于_____（输入、输出）信号通道控制，选中 $IN_0 \sim IN_7$ 中的某一个模拟输入通道，并对输入的模拟信号进行_____（模/数、数/模）转换，通过

_____（输入、输出）$D_0 \sim D_7$ 端输出转换后的数字信号。

## 任务二 DAC 的认识

### 学习目标

1. 了解二进制数。
2. 掌握 D/A 转换电路的特点和分类。
3. 掌握 D/A 转换放大的基本方法。

### 学习过程

#### 一、DAC 概述

把数字信号转换为模拟信号的电路称为数模转换器，即 D/A 转换器，简称 DAC。DAC 是计算机、数字信号处理系统与负载或受控设备的接口电路。DAC 由基准电源、开关、权电阻网络和运算放大器组成。

DAC 的功能是将数字量转换为模拟量输出，数字量由若干位二进制代码组成，每一位二进制码按照权值转换为对应的模拟量，模拟量的和便是二进制数据所对应的模拟量数值。

#### 二、DAC 分类

**1. 电压输出型 DAC**

电压输出型 DAC 虽有直接从电阻阵列输出电压的，但一般采用内置输出放大器以低阻抗输出。直接输出电压的器件仅用于高阻抗负载，由于无输出放大器部分的延迟，故常作为高速 DAC 使用。

**2. 电流输出型 DAC**

电流输出型 DAC 直接输出电流，但应用中通常外接电流-电压转换电路得到电压输出。电流-电压可以直接在输出引脚上连接一个负载电阻，实现电流-电压转换。但多采用的是外接运算放大器的形式。另外，大部分 CMOS DAC 当输出电压不为零时不能正确动作，所以必须外接运算放大器。在 DAC 的电流建立时间上加入了外接运算放入器的延迟，使 D/A 响应变慢。此外，这种电路中运算放大器因输出引脚的内部电容而容易起振，有时必须做相位补偿。

### 3. 乘算型 DAC

DAC 中有使用恒定基准电压的，也有在基准电压输入上加交流信号的，后者由于能得到数字输入和基准电压输入相乘的结果而输出，因而称为乘算型 DAC。乘算型 DAC 一般不仅可以进行乘法运算，还可以作为使输入信号数字化衰减的衰减器及对输入信号进行调制的调制器使用。

另外，根据建立时间的长短，DAC 可分为以下几种类型：低速 DAC，建立时间不小于 100μs；中速 DAC，建立时间为 10～100μs；高速 DAC，建立时间为 1～10μs；较高速 DAC，建立时间为 100ns～1μs；超高速 DAC，建立时间小于 100ns。

DAC 通常由译码网络、模拟开关、求和运算放大器、基准电压源等部分组成，根据译码网络不同，可以构成权电阻网络型、T 形电阻网络型、倒 T 形电阻网络型、权电流型等类 DAC，其中倒 T 形电阻网络 DAC 是目前转换速度高且使用较多的一种。

## 三、DAC 的基本原理

数字量是用代码按数位组合起来表示的，对于有权码，每位代码都有一定的权。为了将数字量转换成模拟量，必须将每位代码按其权的大小转换成相应的模拟量，然后将这些模拟量相加，即可得到与数字量成正比的总模拟量，从而实现了数字到模拟的转换。这就是构成 DAC 的基本思路。

图 5-2-1 是 DAC 的输入、输出关系框图，$D_0 \sim D_{n-1}$ 是输入的 $n$ 位二进制数，$u_o$ 是与输入二进制数成比例的输出电压。

图 5-2-2 是一个输入为 3 位二进制数时 DAC 的转换特性，它具体而形象地反映了 DAC 的基本功能。

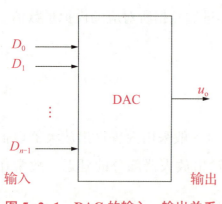

图 5-2-1　DAC 的输入、输出关系

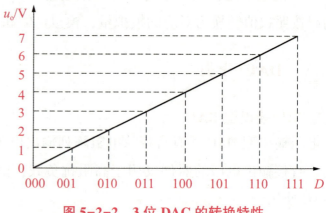

图 5-2-2　3 位 DAC 的转换特性

下面以倒 T 形电阻网络 DAC 为例介绍 DAC 的基本原理。

在单片集成 DAC 中，使用最多的是倒 T 形电阻网 DAC。该转换器具有转换速度快、转换精度高的特点。

4 位倒 T 形电阻网络 DAC 原理如图 5-2-3 所示。

$S_0 \sim S_3$ 为模拟开关，$R$-$2R$ 电阻解码网络呈倒 T 形，运算放大器 A 构成求和电路。S 由输

入数码 $D_i$ 控制,当 $D_i=1$ 时,$S_i$ 接运算放大器反相输入端("虚地"),$I_i$ 流入求和电路;当 $D_i=0$ 时,$S_i$ 将电阻 $2R$ 接地。

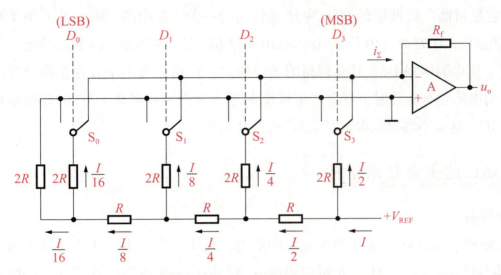

图 5-2-3　4 位倒 T 形电阻网络 DAC 原理

无论模拟开关 $S_i$ 处于何种位置,与 $S_i$ 相连的 $2R$ 电阻均等效接"地"(地或虚地)。这样流经 $2R$ 电阻的电流与开关位置无关,为确定值。

分析 $R-2R$ 电阻解码网络不难发现,从每个节点向左看的二端网络等效电阻均为 $R$,流入每个 $2R$ 电阻的电流从高位到低位按 2 的整倍数递减。设由基准电压源提供的总电流为 $I$($I=\dfrac{V_{REF}}{R}$),则流过各开关支路(从右到左)的电流分别为 $I/2$、$I/4$、$I/8$ 和 $I/16$。

于是,可得总电流为

$$i_\Sigma = \dfrac{V_{REF}}{R}\left(\dfrac{D_0}{2^4}+\dfrac{D_1}{2^3}+\dfrac{D_2}{2^2}+\dfrac{D_3}{2^1}\right)$$

$$=\dfrac{V_{REF}}{2^4\times R}(D_0\cdot 2^0+D_1\cdot 2^1+D_2\cdot 2^2+D_3\cdot 2^3)$$

输出电压为

$$u_o=-i_\Sigma R_f=-\dfrac{R_f}{R}\cdot\dfrac{V_{REF}}{2^n}(D_0\cdot 2^0+D_1\cdot 2^1+\cdots D_{n-1}\cdot 2^{n-1})$$

设 $K=-\dfrac{R_f}{R}\cdot\dfrac{V_{REF}}{2^n}$,$N_B$ 表示括号中的 $n$ 位二进制数,则

$$u_o=-KN_B$$

要使 DAC 具有较高的精度,对电路中的参数有以下要求:

1) 基准电压稳定性好。

2) 倒 T 形电阻网络中 $R$ 和 $2R$ 电阻的比值精度要高。

3) 每个模拟开关的开关电压降要相等。为实现电流从高位到低位按 2 的整倍数递减,模拟开关的导通电阻也相应地按 2 的整倍数递增。

由于在倒 T 形电阻网络 DAC 中，各支路电流直接流入运算放大器的输入端，它们之间不存在传输上的时间差。电路的这一特点不仅提高了转换速度，还减少了动态过程中输出端可能出现的尖脉冲。它是目前广泛使用的 DAC 中速度较快的一种。常用的 CMOS 开关倒 T 形电阻网络 DAC 的集成电路有 AD7520（10 位）、DAC1210（12 位）和 AK7546（16 位高精度）等。

尽管倒 T 形电阻网络 DAC 具有较高的转换速度，但由于电路中存在模拟开关电压降，当流过各支路的电流稍有变化时，就会产生转换误差。为进一步提高 DAC 的转换精度，可采用权电流型 DAC。这里不再对权电流型 DAC 进行介绍。

### 四、DAC 的主要技术指标

（1）分辨率

DAC 的分辨率表明 DAC 输出最小电压的能力。在实际应用中，往往用输入数字量的位数表示 DAC 的分辨率。此外，DAC 也可以用能分辨的最小输出电压（此时输入的数字代码只有最低有效位为 1，其余数字代码各有效位全为 0）之比给出。N 位 DAC 的分辨率可表示为 $\frac{1}{2^n-1}$。它表示 DAC 在理论上可以达到的精度。

（2）线性度

线性度（又称非线性误差）是实际转换特性曲线与理想直线特性之间的最大偏差，常以相对于满量程的百分数表示，如±1%是指实际输出值与理论值之差在满刻度的±1%以内。

（3）绝对精度和相对精度

绝对精度（简称精度）是指在整个刻度范围内，任一输入数码所对应的模拟量实际输出值与理论值之间的最大误差。绝对精度是由 DAC 的增益误差（当输入数码为全 1 时，实际输出值与理想输出值之差）、零点误差（数码输入为全 0 时，DAC 的非零输出值）、非线性误差和噪声等引起的。绝对精度（即最大误差）应小于 1 个 LSB（最低有效位）。相对精度与绝对精度表示同一含义，用最大误差相对于满刻度的百分比表示。

（4）建立时间（转换速度）

建立时间是指 DAC 从数字信号开始到输出模拟电压或电流达到稳定值所用的时间。它是描述 D/A 转换速率的一个动态指标。

电流输出型 DAC 的建立时间短，主要决定于运算放大器的响应时间。根据建立时间的长短，可以将 DAC 分成超高速（<1μs）、高速（10～1μs）、中速（100～10μs）、低速（≥100μs）几挡。

**例 5-2-1** 1) 一个 8 位 DAC 的最小输出模拟电压增量为 0.01V，问：当输入代码为 11001001 时，输出的模拟电压为多少？

2) 若输出电压为 $U_o$ = 1.95V，输入的数字量为多少？

3) 有一个 ADC 分辨率小于 0.5%，试问选用多少位的 DAC？

**解：**

1) $U_O = U_{min}(D_{n-1} \times 2^{n-1} + D_{n-2} \times 2^{n-2} + \cdots + D_1 \times 2^1 + D_0 \times 2^0)$

$= 0.01 \times (2^7 + 2^6 + 2^3 + 2^0)$

$= 2.01 \text{ (V)}$

2) $\dfrac{1.95\text{V}}{0.01\text{V}}$，化成对应的二进制数位 11000011。

3) ADC 的分辨率为 $\dfrac{1}{2^n-1}$，$\dfrac{1}{2^n-1} < 0.005$，可得 $n > 7.65$，所以需要用 8 位以上的 DAC。

## 五、集成 DAC 介绍

### 1. DAC0832 概述

DAC0832 是 1 个 8 位的 D/A 转换集成芯片。该芯片具有价格低廉、接口简单、转换控制容易等优点，在 51 系列单片机应用系统中得到广泛的应用。DAC0832 由 8 位输入锁存器、8 位 DAC 寄存器、8 位 D/A 转换电路及转换控制电路组成。DAC0832 是工程上应用最为广泛和典型的 D/A 转换芯片，该系列产品还有 DAC0830、DAC0831，它们可以互相代替。

DAC0832 内部结构如图 5-2-4（a）所示，片内由 8 位输入寄存器和 DAC 寄存器构成两级缓冲，当数据进入 DAC 寄存器时，自动启动 DAC 开始转换。通过由 3 个与门电路组成的控制逻辑电路，可以控制输入寄存器和 DAC 寄存器工作在如下工作方式：直通方式、单缓冲寄存器方式、双缓冲寄存器方式。需要指出的是，DAC0832 内部的 8 位 DAC 为倒 T 形 R-2R 电阻网络，如图 5-2-4（b）虚线框所示，是电流输出，需要外接运算放大器，才能将输出电流转变成模拟电压输出。其输出模拟电压 $V_{OUT}$ 与输入数字量（DATA）之间的关系为 $R = R_{fb} = 15\text{k}\Omega$，故

$$u_o = -I_{out1} \times R_{fb} = -\dfrac{V_{REF}}{15\,000} \times \dfrac{(\text{DATA})_{10}}{256} \times 15\,000 = -\dfrac{V_{REF}}{256} \times (\text{DATA})_{10}$$

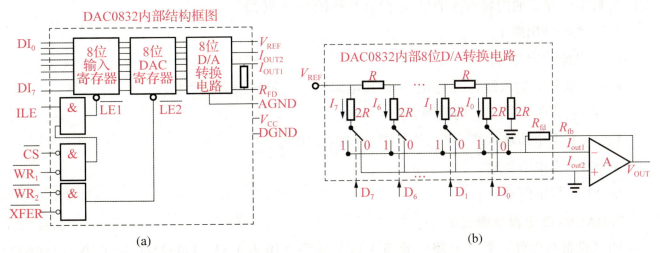

图 5-2-4　DAC0832 内部结构图

DAC0832 外接运算放大器不仅可以构成单极性电压输出或双极性电压输出，还能够有效地提高其带负载的能力。

DAC0832 具有以下主要性能：

1）输入的数字量为 8 位。
2）采用 CMOS 工艺，所有引脚的逻辑电平与 TTL 兼容。
3）数字量的输入可以采用双缓冲、单缓冲或直通方式。
4）转换时间为 1μs。
5）精度为 ±1LSB。
6）分辨率为 8 位。
7）单一电源为 5~15V，功耗为 20mW。
8）参考电压为 –10~+10V。

### 2. 外部特性

DAC0832 外部引脚如图 5-2-5 所示。

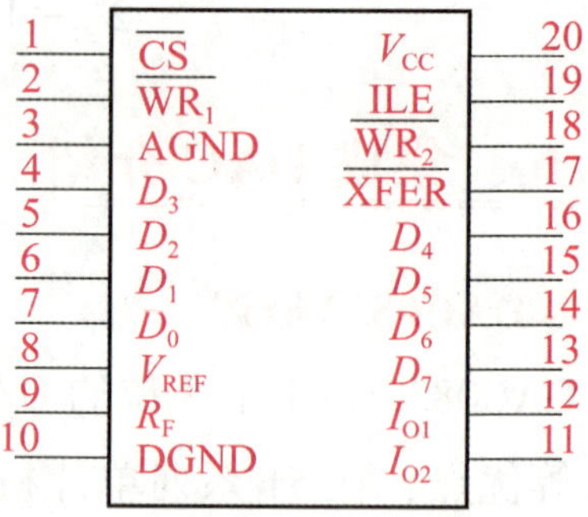

$D_0$~$D_7$：8 位数据输入线，TTL 电平，有效时间应大于 90ns。

图 5-2-5 DAC0832 外部引脚排列

ILE：数据锁存允许控制信号输入线，高电平有效。

$\overline{CS}$：片选信号输入线（选通数据锁存器），低电平有效。

$\overline{WR_1}$：数据锁存器写选通输入线，负脉冲（脉宽应大于 500ns）有效。由 ILE、$\overline{CS}$、$\overline{WR_1}$ 的逻辑组合产生 $LE_1$，当 $LE_1$ 为高电平时，数据锁存器状态随输入数据线变换，$LE_1$ 的负跳变时将输入数据锁存。

$\overline{XFER}$：数据传输控制信号输入线，低电平有效，负脉冲（脉宽应大于 500ns）有效。

$\overline{WR_2}$：DAC 寄存器选通输入线，负脉冲（脉宽应大于 500ns）有效。由 $\overline{WR_2}$、$\overline{XFER}$ 的逻辑组合产生 $LE_2$，当 $LE_2$ 为高电平时，DAC 寄存器的输出随寄存器的输入而变化，$LE_2$ 的负跳变时将数据锁存器的内容打入 DAC 寄存器并开始 D/A 转换。

$I_{O1}$：电流输出端 1。

$I_{O2}$：电流输出端 2。

$R_f$：反馈信号输入线，改变 $R_{FB}$ 端外接电阻值可调整转换满量程精度。

$V_{CC}$：电源输入端，$V_{CC}$ 的范围为 +5~+15V。

$V_{REF}$：基准电压输入线，$V_{REF}$ 的范围为 –10~+10V。

AGND：模拟信号地。

DGND：数字信号地。

### 3. DAC0832 逻辑功能测试

测试设备与器件：数字电路实验箱 1 台、数字万用表 1 只、LM324 芯片 1 块、DAC0832 芯片 1 块、连接导线若干。

DAC0832 逻辑功能测试电路如图 5-2-6 所示。

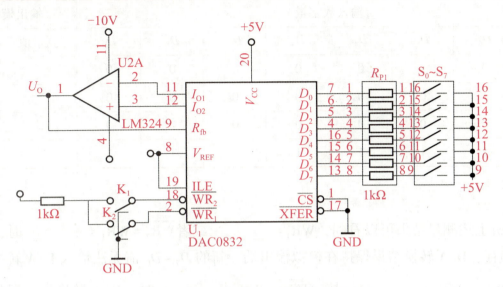

图 5-2-6　DAC0832 逻辑功能测试电路

测试步骤：

1）按图 5-2-6 接好电路，$D_0 \sim D_7$ 数字信号由 $S_0 \sim S_7$ 的开关状态给出，$U_O$ 接数字万用表测量转换后的电压值。

2）接线完毕，检查无误，接通电源。拨动逻辑开关 $K_1$ 和 $K_2$，置 $\overline{WR_1} = \overline{WR_2} = 0$，拨动逻辑开关 $S_0 \sim S_7$，分别置 $D_0 \sim D_7$ 为表 5-2-1 所示的高低电平，用数字万用表测量输出电压的大小，填写测量数据。

3）置 $\overline{WR_1} = \overline{WR_2} =$ "0"、$D_7 \sim D_0$ 为 00010000，改变 $K_1$ 的状态，将 $\overline{WR_1}$ 置为 "1"，再将 $D_7 \sim D_0$ 改为 01000000，观测前后输出电压值有无变化并说明原因。

4）不改变 $\overline{WR_1}$，改变 $K_2$，将 $\overline{WR_2}$ 置为 "1"，重复上面的步骤。

5）在步骤 4）后，再将 $\overline{WR_2}$ 置为 "0"，观测输出电压值有无变化并说明原因。

测试结果填入表 5-2-1。

表 5-2-1　测试结果

| 输入数字量 | | | | | | | | 输出模拟量/V | |
|---|---|---|---|---|---|---|---|---|---|
| $D_7$ | $D_6$ | $D_5$ | $D_4$ | $D_3$ | $D_2$ | $D_1$ | $D_0$ | 测量值 | 计算值 |
| 0 | 0 | 0 | 0 | 0 | 0 | 0 | 0 | | |
| 0 | 0 | 0 | 0 | 0 | 0 | 0 | 1 | | |
| 0 | 0 | 0 | 0 | 0 | 0 | 1 | 0 | | |
| 0 | 0 | 0 | 0 | 0 | 1 | 0 | 0 | | |
| 0 | 0 | 0 | 0 | 1 | 0 | 0 | 0 | | |
| 0 | 0 | 0 | 1 | 0 | 0 | 0 | 0 | | |

续表

| 输入数字量 ||||||||  输出模拟量/V ||
| $D_7$ | $D_6$ | $D_5$ | $D_4$ | $D_3$ | $D_2$ | $D_1$ | $D_0$ | 测量值 | 计算值 |
|---|---|---|---|---|---|---|---|---|---|
| 0 | 0 | 1 | 0 | 0 | 0 | 0 | 0 |  |  |
| 0 | 1 | 0 | 0 | 0 | 0 | 0 | 0 |  |  |
| 1 | 0 | 0 | 0 | 0 | 0 | 0 | 0 |  |  |
| 1 | 1 | 1 | 1 | 1 | 1 | 1 | 1 |  |  |

结论：

1）分析上述测量结果可以看到，$\overline{WR_1}$ = _____ 或者 $\overline{WR_2}$ = $\overline{WR_1}$ = _____ 时，D/A 转换寄存器被锁存，D/A 转换结果保持在模拟输出端，新的 $D_7$～$D_0$ 值无法输入 D/A 转换寄存器。

2）当 $\overline{WR_1}$ = $\overline{WR_2}$ = _____，接着 $\overline{WR_2}$ = $\overline{WR_1}$ = _____ 时，D/A 转换寄存器打开，允许新的 $D_7$～$D_0$ 值输入 DAC 中，并在模拟输出端输出 D/A 转换的结果。

## 任务三　函数信号发生器的制作与调试

### 学习目标

1. 能够上网查询新型器件，培养对新知识新技术独立的学习能力和应用能力。
2. 掌握 ADC 及 DAC 的原理及与外围电路的连接方法。
3. 学会使用示波器。
4. 初步了解硬件电路与软件设计的关系。
5. 能够上网查询新型器件，培养对新知识新技术独立的学习能力和应用能力。

### 学习过程

#### 一、工作任务描述

波形发生器又称函数发生器，在实验室中，函数信号发生器是最重要的实验用信号源，是各种电子电路实验设计应用必不可少的仪器仪表之一。目前，市场上常见的波形发生器多为纯硬件搭接而成，波形为锯齿、正弦、方波、三角等波形。

随着集成电路技术的迅速发展，集成电路可很方便地构成各种信号波形发生器。集成电路实现的信号波形发生器与其他信号波形发生器相比，其波形质量、幅度和频率稳定性方面都有了很大的提高。单片机构成的信号发生器可产生大量的标准信号和用户定义信号源，具有高精度、高稳定性、可重复性和易操作性等特性。同时，其还具有连续的相位变换和频率稳定性高等优点，不仅可以模拟各种复杂信号源，还可以对频率、幅值、相移、波形动态等进行及时控制，并能够与其他仪器进行通信，组成自动测试系统，因此函数信号发生器在智能仪表系统和办公自动化等诸多领域中得到极其广泛的应用，特别是在电子工程、通信工程、自动控制、遥测控制、测量仪器、仪表和计算机等技术领域应用广泛。

本任务是应用单片机和 DAC 设计一个简易信号发生器，输出标准信号的最大幅度可根据设计自定。

## 二、元器件的识别

### 1. 单片机 STC89C52RC

（1）概述

STC89C52RC 单片机是新一代高速、低功耗、超强抗干扰的单片机，指令代码完全兼容传统 8051 单片机，12 时钟和 6 时钟机器周期可以任意设置。

其主要特性如下。

1）工作电压为 5.5~3.3V（5V 单片机）。

2）工作频率范围为 0~40MHz，实际工作频率可达 48MHz。

3）用户应用程序空间为 8KB。

4）片上集成 512B 的 RAM。

5）通用输入输出（I/O）口 32 个，复位后为 P1/P2/P3/P4 是准双向口，P0 口是漏极开路输出，作为总线扩展用时，不需要加上拉电阻，作为 I/O 口用时，需加上拉电阻。

6）无须专用编程器，无须专用仿真器，可通过串口（P3.0、P3.1）直接下载用户程序。

7）具有 EEPROM 功能。

8）具有看门狗功能。

9）3 个 16 位定时器/计数器 T0、T1、T2。

10）外部中断 4 路，下降沿中断或低电平触发电路，Power Down 模式可由外部中断低电平触发中断方式唤醒。

11）通用异步串行口（UART），还可用定时器软件实现多个 UART。

12）工作温度范围为 -40℃ ~ +85℃（工业级）。

13）PDIP 封装。

（2）STC89C52RC 引脚识别

STC89C52RC 引脚图如图 5-3-1 所示。

（3）STC89C52RC 引脚功能介绍

1) $V_{CC}$（40 引脚）：电源电压。

2) $V_{SS}$（20 引脚）：接地。

3) P0 端口（P0.0～P0.7，39～32 引脚）：P0 口是一个漏极开路的 8 位双向 I/O 口。

4) P1 端口（P1.0～P1.7，1～8 引脚）：P1 口是一个带内部上拉电阻的 8 位双向 I/O 口。

5) P2 端口（P2.0～P2.7，21～28 引脚）：P2 口是一个带内部上拉电阻的 8 位双向 I/O 端口。

6) P3 端口（P3.0～P3.7，10～17 引脚）：P3 是一个带内部上拉电阻的 8 位双向 I/O 端口。P3 端口除作为一般 I/O 口，还有其他一些复用功能，如表 5-3-1 所示。

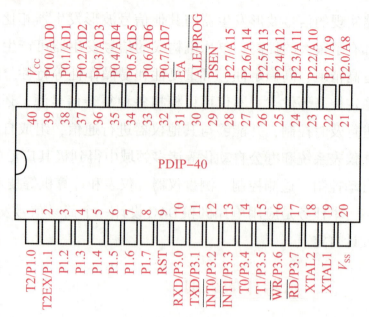

图 5-3-1　STC89C52RC 引脚图

表 5-3-1　P3 端口引脚复用功能

| 引脚号 | 复用功能 |
| --- | --- |
| P3.0 | RXD（串行输入口） |
| P3.1 | TXD（串行输出口） |
| P3.2 | $\overline{INT0}$（外部中断 0） |
| P3.3 | $\overline{INT1}$（外部中断 1） |
| P3.4 | T0（定时器 0 的外部输入） |
| P3.5 | T1（定时器 1 的外部输入） |
| P3.6 | $\overline{WR}$（外部数据存储器写选通） |
| P3.7 | $\overline{RD}$（外部数据存储器读选通） |

7) RST（9 引脚）：复位输入。

8) ALE/$\overline{PROG}$（30 引脚）：地址锁存控制信号（ALE）是访问外部程序存储器时，锁存低 8 位地址的输出脉冲。

9) $\overline{PSEN}$（29 引脚）：外部程序存储器选通信号，是外部程序存储器选通信号。

10) $\overline{EA}$（31 引脚）：访问外部程序存储器控制信号。

11) XTAL1（19 引脚）：振荡器反相放大器和内部时钟发生电路的输入端。

12) XTAL2（18 引脚）：振荡器反相放大器的输入端。

**2. DAC0832**

DAC0832 是 8 位的 D/A 转换集成芯片，与微处理器完全兼容。这个 D/A 转换芯片以其价格低廉、接口简单、转换控制容易等优点，在单片机应用系统中得到广泛的应用。

1）分辨率为8位。

2）电流稳定时间1μs。

3）可单缓冲、双缓冲或直接数字输入。

4）单一电源供电（+5~+15V）。

5）低功耗，20mW。

**3. LM358**

（1）概述

LM358是双运算放大器，内部包括两个独立的、高增益、内部频率补偿的运算放大器，适合于电源电压范围很宽的单电源使用，也适用于双电源工作模式。

1）内部频率补偿。

2）直流电压增益高（约100dB）。

3）单位增益频带宽（约1MHz）。

4）电源电压范围宽：单电源（3~30V）。

5）双电源（±1.5~±15V）。

6）压摆率（0.3V/μs）。

7）低功耗电流，适合于电池供电，低输入偏流。

8）低输入失调电压和失调电流。

9）共模输入电压范围宽，包括接地。

10）差模输入电压范围宽，等于电源电压范围。

11）输出电压摆幅大（0~$V_{CC}$-1.5V）。

（2）LM358芯片外观图

LM358芯片外观如图5-3-2所示。

芯片引脚介绍如下。

1）OutputA（1脚）：输出端。

2）InputA（2脚）：反相输入端。

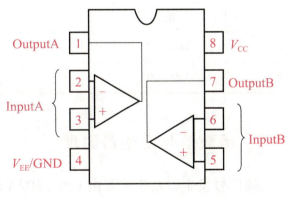

图5-3-2　LM358芯片外观

3）InputA（3脚）：同相输入端。

4）$V_{EE}$/GND（4脚）：负电源（双电源工作时）或地（单电源工作时）。

5）InputB（5脚）：同相输入端。

6）InputB（6脚）：反相输入端。

7）OutputB（7脚）：输出端。

8）$V_{CC}$（8脚）：正电源。

**4. SMC1602A 标准字符型液晶显示模块**

SMC1602A标准字符型液晶显示模块（LCM）采用点阵型液晶显示器，可显示16个字符×

2 行西文字符，字符尺寸为 2.95mm×4.35mm（$W×H$），内置 HD44780 及兼容芯片接口型液晶显示控制器，可与 MCU 单片机直接连接，广泛应用于各类仪器仪表及电子设备。标准侧背光系列产品背光电流小，整体模块电流更低。其主要技术参数如表 5-3-2 所示。接口信号说明如表 5-3-3 所示。

表 5-3-2　SMC1602A LCM 的主要技术参数

| 显示容量 | 16×2 个字符 |
|---|---|
| 芯片工作电压 | 4.5~5.5V |
| 工作电流 | 2.0mA（5.0V） |
| 模块最佳工作电压 | 5.0V |
| 字符尺寸 | 2.95mm×4.35mm（$W×H$） |

表 5-3-3　接口信号说明

| 编号 | 符号 | 引脚说明 | 编号 | 符号 | 引脚说明 |
|---|---|---|---|---|---|
| 1 | $V_{SS}$ | 电源地 | 9 | $D_2$ | Data I/O |
| 2 | $V_{DD}$ | 电源正极 | 10 | $D_3$ | Data I/O |
| 3 | VL | 液晶显示偏压信号 | 11 | $D_4$ | Data I/O |
| 4 | RS | 数据/命令选择端（H/L） | 12 | $D_5$ | Data I/O |
| 5 | R/W | 读/写选择端（H/L） | 13 | $D_6$ | Data I/O |
| 6 | E | 使能信号 | 14 | $D_7$ | Data I/O |
| 7 | $D_0$ | Data I/O | 15 | BLA | 背光源正极 |
| 8 | $D_1$ | Data I/O | 16 | BLK | 背光源负极 |

### 三、函数信号发生器原理

低频信号发生器系统主要由 CPU、D/A 转换电路、电流/电压转换电路、按键和波形指示电路、电源等电路组成。低频信号发生器系统框图如图 5-3-3 所示。

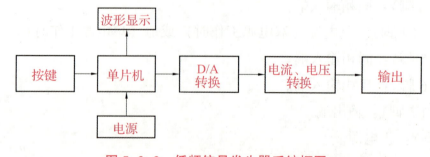

图 5-3-3　低频信号发生器系统框图

函数信号发生器原理图如图 5-3-4 所示。其工作原理为当按下切换按键时，分别出现方波、锯齿波、三角波、正弦波，并且有 4 个发光二极管分别作为不同的波形指示灯。液晶实时显示当前的输出频率和波形指示，输出的波形幅值可以通过电位器来微调。按键也可以调节输出频率的步进值。

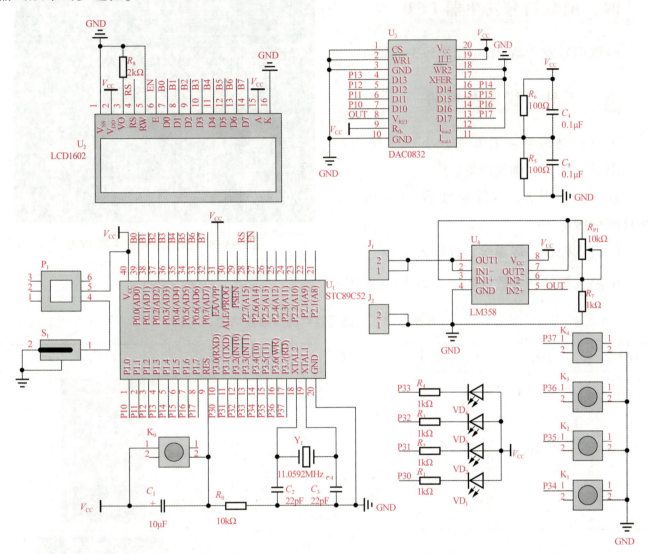

图 5-3-4　函数信号发生器原理图

本电路主要功能：

1）本产品可产生正弦波、方波、三角波、锯齿波 4 种波形。

2）可以通过按键切换波形类别和调节波的频率，并通过 LCD1602 液晶显示。

3）频率设置范围为 10~100Hz。

使用方法说明：

1）接入电源线，按下电源开关。

2）上电即可输出默认波形和频率，并通过液晶显示屏显示。

3）按下 $K_1$ 第一个按键 可切换波形。

4）按 $K_2$、$K_3$ 键可增加或减小频率。

5）按 $K_4$ 即进入设置频率梯度值大小状态，此时再按"加减键"可增加和减小梯度值的大小，再按 $K_4$ 即退出设置频率梯度值状态。

### 四、函数信号发生器 PCB

函数信号发生器 PCB 如图 5-3-5 所示。

### 五、工具、仪器及材料

工具：电烙铁、尖嘴钳、小一字螺钉旋具、镊子、剪刀、剥线钳等。

仪器：万用表、双踪示波器、0~30V 双路直流稳压电源。

材料：松香、焊锡丝、导线若干等。

电路元器件的参数及功能如表 5-3-4 所示。

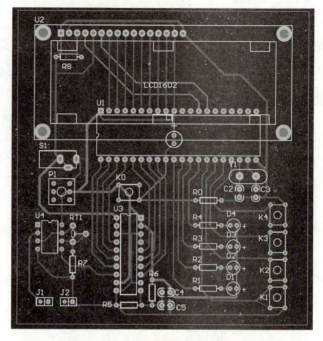

图 5-3-5　函数信号发生器 PCB

表 5-3-4　电路元器件的参数及功能

| 序号 | 名称 | 型号 | 数量 | 位号 | 形状 |
|---|---|---|---|---|---|
| 1 | 面包板 |  | 1 |  |  |
| 2 | 单片机 | STC89C52 | 1 | $U_1$ |  |
| 3 | 单片机底座 | 40P | 1 |  |  |
| 4 | 晶振 | 11.0592MHz | 1 | $Y_1$ |  |
| 5 | 陶瓷电容 | 22pF | 2 | $C_2$、$C_3$ |  |
| 6 | 陶瓷电容 | 0.1μF | 2 | $C_4$、$C_5$ |  |
| 7 | 电解电容 | 10μF | 1 | $C_1$ | （可选器件） |
| 8 | 电阻 | 10kΩ | 1 | $R_0$ |  |

续表

| 序号 | 名称 | 型号 | 数量 | 位号 | 形状 |
|---|---|---|---|---|---|
| 9 | 电阻 | 1kΩ | 5 | $R_1 \sim R_4$、$R_7$ | |
| 10 | 电阻 | 100Ω | 2 | $R_5$、$R_6$ | |
| 11 | 电阻 | 2kΩ | 1 | $R_8$ | |
| 12 | 电位器 | 10kΩ | 1 | $R_{P1}$ | |
| 13 | 按键 | 按键 | 5 | $K_0 \sim K_4$ | |
| 14 | 开关 | 自锁开关 | 1 | $S_1$ | |
| 15 | 电源座 | 电源接口 | 1 | $P_1$ | |
| 16 | 电源线 | 匹配电源座 | 1 | | |
| 17 | D/A 转换芯片 | DAC0832 | 1 | $U_2$ | |
| 18 | 芯片底座 | 20P | 1 | | |
| 19 | 运算放大器芯片 | LM358 | 1 | $U_3$ | |
| 20 | 芯片底座 | 8P | 1 | | |
| 21 | 排针 | 2P | 2 | $J_1$、$J_2$ | |
| 22 | LED | 红色 | 4 | $VD_1 \sim VD_4$ | |

## 六、操作步骤

### （一）焊接

将检验合格的元器件装接在函数信号发生器 PCB 上。

### 1. 装接顺序

根据电子产品装接工艺可按 $R_0 \sim R_8$、$K_0 \sim K_4$、$U_4$、$U_3$、$U_1$、$C_2 \sim C_5$、$Y_1$、$J_1$、$J_2$、$C_1$、$P_1$、$S_1$、$U_2$ 顺序安装焊接。

### 2. 工艺要求

电阻、按钮开关、集成电路、晶振、自锁开关、电解电容帐号板安装,陶瓷电容、电位器跑板 2.5~3mm 安装;剪引脚后,引脚高度为离板 1.5~2mm。

### 3. 注意事项

1)焊接时应先准备好所需要的工具及各种器件。

2)焊接时应按照先焊接器件高度比较矮的器件,再焊接器件比较高的器件。焊接芯片是应先焊接芯片底座,再插接芯片到底座上。

3)焊接 LED 时应注意,LED 的长脚为正极,短脚为负极。

### (二)调试

1)数字万用表置于导通挡,检测芯片的电源地脚和 $V_{CC}$ 脚是否相连,如有相连必须检测 PCB,排除相连现象。

2)插接芯片 DAC0832 和 LM358 到底座上。

3)给单片机芯片烧写程序(该步骤已由实验室老师烧写完成),然后把线片插接到 PCB 上。

4)插接芯片时注意各芯片的 $V_{CC}$ 脚和 GND 脚,是否有误。

5)上电。

6)打开示波器,把示波器两针脚接到自检端,调整示波器频率和 0 端位置。

7)示波器的正极接到 PCB 的 $J_1$ 脚,示波器的负极接到 PCB 的 $J_2$ 脚。

8)通过按键调整 PCB 输出波形,验证按键与输出波形是否一致。

## 七、程序代码

程序代码如下:

```c
#include<reg52.h>                //包含头文件
#include<intrins.h>
#define uchar unsigned char      //宏定义
#define uint unsigned int
sbit s1=P3^5;                    //定义按键的接口
sbit s2=P3^6;
sbit s3=P3^7;
sbit s4=P3^4;
sbit led0=P3^0;                  //定义4个LED,分别表示不同的波形
```

```c
sbit led1=P3^1;
sbit led2=P3^2;
sbit led3=P3^3;
sbit lcden=P2^6;
void main()                              //主函数
{
    init_lcd();                          //调用初始化程序
    m=65536-(15000/pinlv);               //定时器初值
    a=m/256;
    b=m%256;
    initclock();                         //定时器初始化
    led0=0;                              //点亮第一个波形指示灯
    while(1)                             //进入while循环,括号内为1,一直成立
                                         //所以又叫死循环,程序不会跳出,一直在内执行
    {
        if(h==0)                         //正常模式不是步进调节
        {
            keyscan();                   //扫描按键
                                         //display();
        }
        bujinjiance();                   //扫描步进调节程序
        switch(boxing)                   //选择波形
        {
            case 0 : P1=sin[u];break;    //正弦波
            case 1 : P1=juxing[u];break; //矩形波
            case 2 : P1=sanjiao[u];break;//三角波
            case 3 : P1=juchi[u];break;  //锯齿波
        }
    }
}
```

# 项目六

# N 进制计数器认识与实现

### 项目描述

  PLD（可编程逻辑器件）/EDA（电子设计自动化）、MCU（单片机）与 DSP（数字信号处理器）已成为当今数字时代的核心动力，以其各自的特点满足着各种需要，正从各个领域各个层面改变着世界，推动着信息技术的飞速发展。近年来，可编程逻辑器件迅速发展，尤其是 CPLD/FPGA 向深亚微米领域进军，PLD 器件得到了广泛应用，以 CPLD/FPGA 为物质基础的 EDA 技术诞生。它具有电子技术高度智能化、自动化的特点，打破了软硬件最后的屏障，使得硬件设计如同软件设计一样简单。PLD 作为一种创新技术正在改变着数字系统的设计方法、设计过程和设计观念，是数字电路一个重要发展方向，越来越受到人们的重视，所以非常有必要了解可编程逻辑器件的基本知识及其应用。

### 知识目标

1. 了解可编程逻辑器件功能、发展情况、特点。
2. 了解可编程逻辑器件与单片机、DSP 的区别。
3. 了解可编程逻辑器件的设计方法与设计流程。

### 技能目标

1. 会查资料了解各种可编程逻辑器件的功能结构、发展动态和开发过程。
2. 初步学会可编程逻辑器件设计流程。
3. 能使用可编程逻辑器件模块设计与实现 N 进制计数器。

## 素养目标

1. 通过数字集成电路的量身定制，改变对数字电路的认知观。
2. 养成不断探索人工智能时代数字信息奥秘的精神。
3. 关注学科发展趋势和应用前景，注重培养学生对新技术的研究精神。

## 工作流程与活动

1. 认识可编程逻辑器件的功能。
2. 认识主流可编程逻辑器件（CPLD/FPGA）的特点。
3. 认识可编程逻辑器件的设计方法与设计流程。
4. 初步学会使用可编程逻辑器件实现 $N$ 进制计数器。

# 任务一　可编程逻辑器件的认识

## 学习目标

1. 了解可编程逻辑器件。
2. 了解可编程逻辑器件特点和发展。

## 学习过程

### 一、认识可编程逻辑器件

在数字电子系统领域，存在3种基本的器件类型：存储器、微处理器和逻辑器件。存储器用来存储随机信息；微处理器执行软件指令来完成相应的任务；逻辑器件提供特定的功能，包括器件与器件间的接口、数据通信、信号处理、数据显示、时序和控制操作，以及系统运行所需要的所有其他功能。

逻辑器件又可分为两大类：固定逻辑器件和可编程逻辑器件（Programmable Logic Device，PLD）。固定逻辑器件具有固定的逻辑功能，器件中的电路是永久性的，一旦制成将无法改变，如74系列、74HC系列、CD4000系列等。PLD是在芯片上按一定排列方式集成了大量的门电路和触发器等基本逻辑元件，用户可以使用某种开发工具自行加工，即按设计要求将这些片内的逻辑元件连接起来（这个过程称为编程），使之完成某种逻辑功能，成为用户自己需要的专用集成电路，用户只需要通过软件编程就可以改变这些门电路内部的连接关系，从而实现各种逻辑功能。它的出现成功解决了以往开发专用集成电路（ASIC）在设计和制造成本、周期长、用量少的难题。

可见，PLD 是数字集成电路半成品，它的逻辑功能是按照用户通过对器件编程来确定的。现在 PLD 的集成度都很高，足以满足设计一般的数字系统的需要，这样就可以由设计人员自行编程而把一个数字系统"集成"在一片 PLD 上，即"片上系统"（System on Chip，SOC），而不必去请芯片制造厂商设计和制作专用集成电路芯片。

PLD 能够完成各种数字逻辑功能，典型的 PLD 由输入电路、与阵列、或阵列和输出电路组成，如图 6-1-1 所示。而任意一个组合逻辑都可以用与/或表达式来描述，所以 PLD 能以乘积和的形式完成大量的组合逻辑功能。

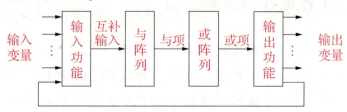

图 6-1-1  PLD 的基本组成

PLD 与一般数字芯片不同的是，PLD 内部的数字电路可以在出厂后才规划决定，有些类型的 PLD 也允许在规划决定后再次进行变更、改变，而一般数字芯片在出厂前就已经决定其内部电路，无法在出厂后再次改变，事实上一般的模拟芯片、混合芯片也一样，都是在出厂后就无法再对其内部电路进行调修。

可擦除可编程只读存储器（EPROM）实际上是一种可编程逻辑器件，PLD 中的各种编程单元和可编程只读存储器（PROM）的各种编程单元是一样的。最初使用的编程单元也是熔丝或反熔丝，后来多数 PLD 改用 CMOS 工艺制作，编程单元也相应地改为 CMOS 管。

## 二、认识可编程逻辑器件的发展历程

在 20 世纪 70 年代初期，PROM 是第一种 PLD 器件，PROM 由一个与阵列和一个或阵列组成，与阵列是固定的，或阵列是可编程的。

到 20 世纪 70 年代中期，出现可编程逻辑阵列（Programmable Logic Array，PLA）器件，它同样由一个与阵列和一个或阵列组成，但其与阵列和或阵列都是可编程的。

到 20 世纪 70 年代末期，MMI 公司率先推出的一种可编程逻辑器件（Programmable Array Logic，PAL），其由可编程的与逻辑阵列、固定的或逻辑阵列和输出电路 3 部分组成。它有多种输出和反馈结构，因而给逻辑设计带来了很大的灵活性。PAL 采用双极型工艺制作，熔丝编程方式，通过对与逻辑阵列编程可以获得不同形式的组合逻辑函数，还可以很方便地构成各种时序逻辑电路。

到 20 世纪 80 年代中期，Lattice 公司推出了通用阵列逻辑（Generic Array Logic，GAL），GAL 器件采用高速电可擦 CMOS 工艺，能反复擦除和改写。特别是在结构上采用了"输出逻辑宏单元"电路，使一种型号的 GAL 器件可以对几十种 PAL 器件做到全兼容，实现大规模可编程数字集成电路开发，给逻辑设计者带来了更大的灵活性，成功解决了早期 PLD 只能完成小规模数字电路的问题。

在 PAL、GAL 的基础上，Altera 公司推出了可擦除可编程逻辑器件（Erase Programmable Logic Device，EPLD），它采用 CMOS 和 UVEPROM 工艺制作。为了提高集成度，同时又保持 EPLD 的优点，推出了复杂可编程逻辑器件（Complex Programmable Logic Device，CPLD），CPLD 多采用 $E^2$CMOS 工艺制作。

Xilinx（赛灵思）公司推出了现场可编程门阵列（Field Programmable Gate Array，FPGA），是目前开发者应用较多的 PLD 类型。在前面介绍的几种 PLD 电路中，都采用了与-或逻辑阵列加上输出逻辑单元的结构形式逻辑模块组成，而 FPGA 的电路结构形式完全不同，用户可以通过编程将这些模块连接成所需要的数字系统。因为这些模块的排列形式和门阵列（GA）中单元的排列形式相似，所以沿用了门阵列这个名称。

CPLD、FPGA 都属于高密度 PLD，其集成度可达每片百万门电路以上，它们的集成度高，设计灵活，适用范围宽，可多次反复编程。

到 20 世纪 90 年代，Lattice（莱迪思）公司推出了在系统可编程概念 ISP 及其在系统可编程大规模集成器件 ISPLSI。在系统可编程是指用户具有在自己设计的目标系统或线路板上为重构逻辑而对逻辑器件进行编程或反复改写的能力。ISP 器件为用户提供了传统的 PLD 技术无法达到的灵活性，带来了极大的时间效益和经济效益，使可编程逻辑技术发生了实质性飞跃。

经过几十年的发展，目前生产 PLD 的主要厂商有 Xilinx、Altera、Lattice、Actel，全球 CPLD/FPGA 产品 60% 以上由 Xilinx、Altera 提供，它们生产的 CPLD/FPGA 产品型号较多，具体可进入其官网查询。图 6-1-2 为 Altera、Xilinx 公司的 PLD 产品。

图 6-1-2　Altera、Xilinx 公司的 PLD 产品

目前，有些厂家已模糊了 CPLD 和 FPGA 的叫法。Xilinx 公司把自己要外挂配置用的 $E^2$PROM、SRAM 工艺，基于查找表技术的 PLD 称为 FPGA；把 Flash ROM 工艺、基于乘积项技术的 PLD 称为 CPLD。而 Altera 把 MAX 系列（EEPROM 工艺、乘积项技术）和 FLEX 系列（SRAM 工艺、查找表技术）都称为 CPLD；但很多人把 Altera 的 FELX 系列产品称为 FPGA。

## 任务二　主流可编程逻辑器件 CPLD/FPGA 的认识

### 学习目标

1. 了解 CPLD/FPGA 的特点。
2. 了解 CPLD/FPGA 的比较。
3. 了解 CPLD/FPGA 的用途。

4. 了解单片机、DSP 与 CPLD/FPGA 的比较。

## 学习过程

当今可编程逻辑器件的主流是 CPLD 和 FPGA，下面分析 CPLD/FPGA 的特点。

### 一、CPLD/FPGA 的特点

CPLD/FPGA 是用户自己定义功能的专用数字集成电路，它们除具有数字集成电路的特点外，还具有以下特点：

1）集成规模大。随着集成电路纳米级制造工艺的不断提高，一片 CPLD/FPGA 的内部就可以容纳上百万个晶体管，其规模也越来越大，单片逻辑门数就可达到上百万门，它所能实现的功能也越来越强，还可实现数字系统的集成。

2）实现功能强大。通过软件编程就可以将 CPLD/FPGA 芯片内部的门电路重新连接实现一种逻辑功能，还可以断开，并重新编程连接成另一关系，实现另一功能，如此反复，大多可以实现数字电路功能。

3）开发数字系统投资小。各厂商生产 CPLD/FPGA 芯片在出厂之前都做过性能测试，这样用户承担的风险和费用较少，设计者只要在自己实验室中通过对应厂商的软硬件环境就能完成需要的功能设计。所以，使用 CPLD/FPGA 制作自己需要的逻辑功能的资金投入小，节省了许多不必要的花费。

4）开发数字系统灵活、周期短。设计者可以反复地编程、擦除、使用，也可以在外部电路不动的情况下，利用不同软件实现不同功能。所以，用 CPLD/FPGA 制作样片能以最快的速度占领市场。CPLD/FPGA 软件包中有各种输入工具、仿真工具、版图设计工具和编程器等全线产品，设计者能在很短时间内完成电路的输入、编译、优化、仿真，以及最后芯片的制作。当电路有少量改动时，更能体现 CPLD/FPGA 的优势。CPLD/FPGA 软件易学易用，可以使设计者更能集中精力进行电路设计，快速将产品推向市场。

5）推动软件的发展。CPLD/FGPA 技术在 20 世纪 90 年代以后飞速发展，同时大大推动了 EDA（电路设计自动化）软件的发展，以及硬件描述语言的进步。

### 二、CPLD 与 FPGA 的比较

FPGA 和 CPLD 都是可编程逻辑器件，有很多共同特点，但由于 CPLD 和 FPGA 结构上的差异，它们还具有各自的特点：

1）很多人认为 CPLD 基于乘积项技术，FPGA 基于查找表技术。

2）CPLD 更适合完成各种算法和组合逻辑，FPGA 更适合于完成时序逻辑。换句话说，

FPGA 更适合于触发器丰富的结构，而 CPLD 更适合于触发器有限而乘积项丰富的结构。

3）CPLD 的连续式布线结构决定了它的时序延迟是均匀的和可预测的，而 FPGA 的分段式布线结构决定了其延迟的不可预测性。

4）在编程上 FPGA 比 CPLD 具有更大的灵活性。CPLD 通过修改具有固定内连电路的逻辑功能来编程，FPGA 主要通过改变内部连线的布线来编程；FPGA 可在逻辑门下编程，而 CPLD 是在逻辑块下编程。

5）FPGA 的集成度比 CPLD 高，具有更复杂的布线结构和逻辑实现。由于工艺难度的差异，CPLD 一般集成度较低，大多为几千门或几万门的芯片规模，做到几十万门已经很困难。而 FPGA 基于 SRAM 工艺，集成度更高，可以轻松做到几十万门甚至几百万门的芯片规模，最新的 FPGA 产品已经接近千万门的规模。

6）CPLD 比 FPGA 使用起来更方便。CPLD 的编程采用 $E^2PROM$ 或 FastFlash 技术，无须外部存储器芯片，使用简单。而 FPGA 的编程信息需存放在外部存储器上，使用方法复杂。

7）CPLD 的速度比 FPGA 快，并且具有较大的时间可预测性。这是由于 FPGA 是门级编程，并且 CLB 之间采用分布式互联；而 CPLD 是逻辑块级编程，并且其逻辑块之间的互联是集总式的。

8）在编程方式上，CPLD 主要是基于 $E^2PROM$ 或 Flash 存储器编程，编程次数可达 1 万次，优点是系统断电时编程信息也不丢失。CPLD 又可分为在编程器上编程和在系统编程两类。FPGA 大部分是基于 SRAM 编程的，编程信息在系统断电时丢失，每次上电时，需从器件外部将编程数据重新写入 SRAM 中。其优点是可以编程任意次，可在工作中快速编程，从而实现板级和系统级的动态配置。

9）CPLD 保密性好，FPGA 保密性差。

10）一般情况下，CPLD 的功耗要比 FPGA 大，且集成度越高越明显。CPLD 最基本的单元是宏单元。一个宏单元包含一个寄存器（使用多达 16 个乘积项作为其输入）及其他有用特性。因为每个宏单元用了 16 个乘积项，所以设计人员可部署大量的组合逻辑而不用增加额外的路径。这就是为何 CPLD 被认为是"逻辑丰富"型的。宏单元以逻辑模块（LB）的形式排列，每个逻辑模块由 16 个宏单元组成。宏单元执行一个与操作，再执行一个或操作以实现组合逻辑。

11）各厂商生产的 CPLD/FPGA 系列不同。Xilinx 公司生产的 CPLD 产品有 CoolRunner 系列和 XC9500 系列两大类；FPGA 产品有 Spartan 系列、Virtex 系列、XC4000 系列。Altera 公司的 CPLD 产品有 MAX 系列；FPGA 产品有 FLEX 系列、APEX 系列、Cyclone 系列、Stratix 系列。其他厂商也有自己的产品系列，这里不再赘述。

12）开发工具不同。Xilinx 公司早期开发工具使用 Foundation，现在是 ISE。Altera 公司的开发工具有 MAX+PLUS II（第三代）和 Quartus II（第四代）。

### 三、CPLD/FPGA 的用途

随着信息产业和微电子技术的发展，使用 CPLD/FGPA 完成嵌入式系统设计技术已经成为信息产业热门的技术之一，应用范围遍及航空航天、救生医疗系统、面向无线计算和移动应用的信息技术设备、高清及 3D 电视、安防、汽车导航、驾驶员辅助与信息娱乐系统，以及视频监控摄像系统、火星探测器的太空任务等。随着工艺的进步和技术的发展，CPLD/FPGA 逐步向更多、更广泛的应用领域扩展。越来越多的设计者也开始将 CPLD/FGPA 与单片机技术、DSP 技术融合，创新开发出更多、更好的电子产品。

可以这样说，简单的门电路功能、组合逻辑电路功能、时序逻辑电路功能，复杂的 CPU 实现，以及与单片机、DSP 芯片融合集成系统，都可以用 CPLD/FGPA 来实现。CPLD/FGPA 就如同一张白纸或积木一样，设计者都可通过原理图输入法或硬件描述语言（如 Verilog HDL、VHDL）自由地设计一个一个的数字系统，通过软件仿真，验证设计的正确性。在制作电路板完成以后，还可在线修改，随时修改设计而不改动硬件电路。使用 CPLD/FGPA 开发系统成本低、灵活、周期短、可靠性高。

## 四、单片机、DSP 与 FPGA/CPLD 的比较

FPGA/CPLD、单片机与 DSP 各具特色，满足了不同需要，已经成为数字时代的核心动力。为了充分发挥它们的优势，三者结合成为一个新的发展趋势。

### 1. 单片机

单片机是集成了 CPU、ROM、RAM 和 I/O 口的微型计算机。它有很强的接口性能，非常适合用于工业控制，因此又称微控制器（MCU）。与通用处理器不同，它以工业测控对象、环境、接口等特点出发，向增强控制功能，提高工业环境下的可靠性，灵活方便地构成应用计算机系统的界面接口的方向发展。所以，单片机有着自己的特点。现单片机品种齐全，型号多样，低电压和低功耗，在便携式产品中大有用武之地。

### 2. DSP 芯片

DSP 又称数字信号处理器。顾名思义，DSP 主要用于数字信号处理领域，非常适合高密度、重复运算及大数据容量的信号处理，现在已经广泛应用于通信、便携式计算机和便携式仪表、雷达、图像、航空、家用电器、医疗设备等领域，常见的手机、数字电视和数码照相机都离不开 DSP。DSP 用于手机和基站中为移动通信的发展做出重要贡献。DSP 相对于一般微处理器做了很大的扩充和增强，主要体现在：一方面，修正的哈佛结构、多总线技术及流水线结构。将程序与数据存储器分开，使用多总线，取指令和取数据同时进行，以及流水线技术，这使得速度有了较大的提高。另一方面，硬件乘法器及特殊指令。这是区别于一般微处理器的重要标志。一般微处理器用软件实现乘法，逐条执行指令，速度慢。DSP 依靠硬件乘法器单周期完成乘法运算，而且具有专门的信号处理指令，如 TM320 系列的 FIRS、LMS、MACD 指令等。

### 3. CPLD/FPGA

CPLD/FPGA 是 EDA 技术的物质基础，这两者是分不开的，没有 PLD，EDA 技术就成为无源之水。

EDA 以计算机为工具，在 EDA 软件平台上，对用硬件描述语言（HDL）完成的设计文件自动地逻辑编译、逻辑化简、逻辑分割、逻辑综合及优化、逻辑布局布线、逻辑仿真，直至对 CPLD/FPGA 芯片进行适配编译、逻辑影射和编程下载等。设计者只需用 HDL 完成系统功能的描述，借助 EDA 工具就可得到设计结果，将编译后的代码下载到 CPLD/FPGA 就可在硬件上实现。

EDA 技术通过修改软件程序即可改变硬件 CPLD/FPGA 功能，在运行速度上显然比单片机和 DSP 快，可靠性也比单片机和 DSP 高。

总之，MCU（单片机）价格低，能很好地完成通信和智能控制的任务，但信号处理能力差。DSP 恰好相反。把 MCU 与 DSP 结合，能满足同时需要智能控制和数字信号处理的场合，如蜂窝电话、无绳网络产品等，这有利于减小体积，降低功耗和成本。将 DSP 与 FPGA 集成在一个芯片上，可实现宽带信号处理，极大地提高了信号处理的速度。另外，FPGA 可以进行硬件重构，功能扩展或性能改善非常容易。融合单片机、DSP、PLD/EDA 技术将会创新发展信息技术。

## 任务三　可编程逻辑器件实现 N 进制计数器

### 学习目标

1. 了解可编程逻辑器件设计方法与设计流程。
2. 会查资料了解可编程逻辑器件的产品及应用实例。
3. 初步学会使用可编程逻辑器件实现 N 进制计数器。

### 学习过程

### 一、可编程逻辑器件的设计

可编程逻辑器件设计方法包括硬件设计和软件设计两部分。硬件部分包括 CPLD/FPGA 芯片、计算机和编程器。编程器是对 PLD 进行写入和擦除的专用装置，能提供写入或擦除操作所需要的电源电压和控制信号，并通过并行接口从计算机接收编程数据，最终写入 PLD 中。需要说明的是，现在大多数 CPLD 器件采用了在线系统编程（ISP）技术，编程时不使用编程器，只需要通过计算机接口和编程电缆，直接在目标系统或 PCB 上进行编程。因此，ISP 技术有利于提高系统的可靠性，便于系统板的调试和维修。

软件部分是包括硬件描述语言和 CPLD/FPGA 芯片生产厂商的开发软件。硬件描述语言具有代表性的是 Verilog HDL、VHDL 和 Abel HDL 等。VHDL 是最早标准化的 HDL，语法丰富且严谨。Verilog HDL 具有类似于 C 语言的语法体系，库文件丰富，便于具有一些 C 语言基础的人学习。用 Verilog HDL 编写的程序是否正确，需要经开发软件进行相应的编译和调试。目前应用较多的软件是 Altera 公司的 MAX+PLUS II、QuartusII 集成开发软件和 Xilinx 公司的 ISE WebPACK 集成开发软件。

目前，微电子技术已经发展到 SOC 阶段，即集成系统（Integrated System）阶段，相对于集成电路（IC）的设计思想有着革命性的变化。SOC 是一个复杂的系统，它将一个完整产品的功能集成在一个芯片上，包括核心处理器、存储单元、硬件加速单元及众多的外部设备接口等，具有设计周期长、实现成本高等特点，因此需要总设计师将整个软件开发任务划分为若干个可操作的模块，并对其接口和资源进行评估，编制出相应的行为或结构模型，再将其分配给下一层设计人员。CPLD/FPGA 厂商意识到这类需求，由此开发出了相应的逻辑锁定和增量设计的软件工具。例如，Xilinx 公司的解决方案就是 Planahead，允许高层设计者为不同的模块划分相应的 FPGA 芯片区域，并允许底层设计者在所给定的区域内独立地进行设计、实现和优化，等各个模块都正确后，再进行设计整合。Planahead 将结构化设计方法、团队化合作设计方法及重用继承设计方法三者完美地结合在一起，有效地提高了设计效率，缩短了设计周期。不过，新型的设计方法对系统顶层设计师有很高的要求。在设计初期，他们不仅要评估每个子模块所消耗的资源，还需要给出相应的时序关系；在设计后期，需要根据底层模块的实现情况完成相应的修订。

## 二、认识可编程逻辑器件设计流程

PLD 设计流程就是利用相应的开发软件和编程工具对 PLD 芯片进行开发的过程。PLD 的开发流程如图 6-3-1 所示，它主要包括方案选择/器件选型、设计输入、选择芯片与编译、功能仿真、芯片编程与调试等几个步骤。

### 1. 方案选择/器件选型

采用有效的设计方案是 PLD 设计成功的关键。因此，首先要根据任务要求，如系统的功能和复杂度，对工作速度和器件本身的资源、成本及连线的可布性等方面进行权衡：一是选择合适的设计方案，进行抽象的逻辑设计；二是选择合适的器件，满足设计的要求。对于 PLD/FPGA 等高密度 PLD，方案的选择通常采用自顶向下的设计方法。首先在顶层进行功能框图的划分和结构设计，然后逐级设计低层的结构。一般描述系统总功能的模块放在最上层称为顶层设计；描述系统某一部分功能的模块放在

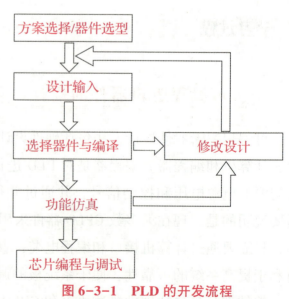

图 6-3-1　PLD 的开发流程

下层，称为底层设计。底层模块还可以再向下分层。现在，方案的设计和器件的选择都可以在计算机上完成，设计者可以采用 VHDL 或 Verilog HDL 对系统进行功能描述，并选用各种不同的芯片进行对比、权衡，选择最佳方案。

CPLD/FPGA 器件的选型非常重要，不合理的选型会导致一系列的后续设计问题，有时甚至会使设计失败；合理的选型不光可以避免设计问题，而且可以提高系统的性价比，延长产品的生命周期，获得预想不到的经济效果。PLD 器件选型有以下 7 个原则：器件的供货渠道和开发工具的支持、器件的硬件资源、器件的电气接口标准、器件的速度等级、器件的温度等级、器件的封装和器件的价格。

### 2. 设计输入

设计输入是将所设计的系统或电路以开发软件要求的某种形式表示出来，并输入计算机的过程。常用的方法有硬件描述语言（HDL）、原理图输入和波形输入方法等。

原理图输入方式是一种最直接的描述方式，在可编程芯片发展的早期应用比较广泛，它将所需的器件从元件库中调出来，画出原理图。这种方法虽然直观并易于仿真，但效率很低，且不易维护，不利于模块构造和重用；主要的缺点是可移植性差，当芯片升级后，所有的原理图都需要进行一定的改动。

HDL 是利用文本描述设计，在实际开发中应用最广，可以分为普通 HDL 和行为 HDL。普通 HDL 有 ABEL、CUR 等，支持逻辑方程、真值表和状态机等表达方式，主要用于简单的小型设计。而在中大型工程中，主要使用行为 HDL，其主流语言是 Verilog HDL 和 VHDL。这两种语言都是美国电气与电子工程师协会（IEEE）的标准，其共同的突出特点有语言与芯片工艺无关，利于自顶向下的设计，便于模块的划分与移植，可移植性好，具有很强的逻辑描述和仿真功能，而且输入效率很高。除这种 IEEE 标准语言外，还有厂商自己的语言；也可以用 HDL 为主、原理图为辅的混合设计方式，以发挥两者各自的特色。

### 3. 选择芯片与编译

设计输入完成后，可以选择相应的器件，并对各引脚进行分配，然后对程序进行编译。

在编译过程中，集成开发软件对设计输入文件进行逻辑化简、综合和优化，最后产生编程用的编程文件。编程文件是可供器件编程使用的数据文件，对于阵列型 PLD 来说，是产生熔丝图（简称 JED）文件，它是电子器件工程联合会制定的标准格式；对于 FPGA 来说，是生成位流数据文件。

在编译过程中出现错误，集成开发软件将给出提示信息，用户应根据提示更正错误，直至编译完全正确为止。

### 4. 功能仿真

为了验证程序的逻辑功能及可靠性，设计者可以进行逻辑仿真，如果逻辑仿真时达不到预期的目的，需要对程序进行修改，再编译、再仿真，直至达到设计要求。常用的仿真软件有 Model Tech 公司的 ModelSim、Sysnopsys 公司的 VCS、Cadence 公司的 NC-Verilog 及 NC-

VHDL 等软件。

**5. 芯片编程与调试**

设计的最后一步就是芯片编程与调试。芯片编程是指将编程数据放到具体的 PLD 中，对 CPLD 来说，是将 JED 文件下载到 CPLD 中；对 FPGA 来说，是将位流数据文件下载到 FPGA 芯片中。

芯片编程需要满足一定的条件，如编程电压、编程时序和编程算法等方面。普通的 PLD 和一次性编程的 FPGA 需要专用的编程器完成器件的编程工作。基于 SRAM 的 FPGA 可以由 EPROM 或微处理器进行配置。ISP 在系统编程器件（如 MAX7000S 和 XC9500 等）则不需要专门的编程器，只要一根下载编程电缆就可以。

### 三、使用 PLD 实现 $N$ 进制计数器

使用 Altera 公司的 QuartusII 开发软件，使空白的 FPGA 裸片变成一个 6 位二进制计数器。

**1. 方案确定**

下面制作一个 6 位二进制计数器，将选择 Altera 公司的 QuartusII 开发软件进行设计其 FPGA 芯片，项目名称就命名为"myexam1.vhd"。经过几步设计流程，最终将"myexam1.vhd"设计下载到 FPGA 芯片，使一片空白的 FPGA 裸片变为一片 6 位二进制计数器。

**2. 设计输入**

（1）建立文件夹

在计算机上新建一个文件夹，方便项目的管理。运行 QuartusII 开发软件，并设置"license.dat"文件，如图 6-3-2 所示。

（2）建立设计项目

以文本文件为例，在管理器窗口中选择菜单"File"→"New Project Wizard"，出现新建项目向导"New Project Wizard"对话框的第一页，输入项目路径、项目名称和顶层实体名，如 myexam。

根据器件的封装形式、引脚数目和速度级别，选择目标器件。可以根据具备的实验条件进行选择，这里选择的芯片是 Cyclone 系列中的 EP1C6Q240C8 芯片。

添加第三方 EDA 综合、仿真、定时等分析工具，系统默认选择 QuartusII 的分析工具，最后完成项目设置，myexam 项目出现在项目导航窗口，如图 6-3-3 所示。

（3）输入文本文件（编程）

打开文本编辑器 VHDL 模板，在 VHDL 模板中选择"Full Design"→"Arithmetic"→"Couters"→"Binary Counter"，"Insert Template"对话框的右侧会出现计数器模板程序的预览。这是一个带清零和使能端的计数器模板。单击"Insert"，模板程序出现在文本编辑器中。

根据设计要求，对模板中的文件名、信号名、变量名等黑色文字内容进行修改。将实体名 binary_counter 修改为 myexam1；将程序中变量表示改为常数形式；删掉 enable 输入信号等。

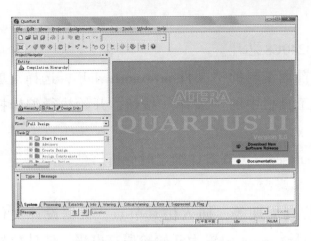

图 6-3-2 运行 QuartusII

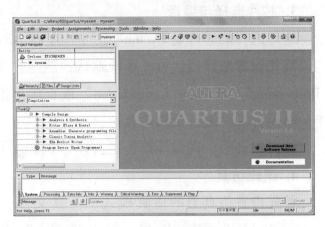

图 6-3-3 建立 myexam 项目

修改后的 VHDL 代码如下：

```vhdl
-- Quartus II VHDL Template
-- Binary Counter
library ieee;
use ieee.std_logic_1164.all;
use ieee.numeric_std.all;
entity myexam1 is                              --------实体名为 myexam1
port
(clk   : in std_logic;                         --------时钟信号 clk 定义
 reset : in std_logic;                         ----------复位信号 reset 定义
 q     : out integer range 0 to 63);           ---------输出信号 q 定义
end entity;
architecture rtl of myexam1 is
begin
process(clk)
variable  cnt: integer range 0 to 63;
begin
    if(rising_edge(clk)) then                  ------------时钟 clk 上升沿
        if reset='1'  then                     ------------复位 reset 为高电平
            cnt :=0;                           ----------------- 计数器复位
        else
            cnt :=cnt+1;                       --计数器工作
        end if;
    end if;
    q <=cnt;                                   --输出当前的计数值
end process;
end rtl;
```

### 3. 芯片选择与编译

这里选择的芯片是 Cyclone 系列中的 EP1C6Q240C8 芯片。

首先设置编译器，可以系统默认；然后打开前面编辑的"文件 myexam1.vhd"，选择菜单"Processing"→"Start Compilation"或直接单击工具栏中的"编译"按钮，开始执行编译操作，对设计文件进行全面检查。

编译正确后，在编译报告栏选择"Timing Analyses"可查看详细定时分析信息。

### 4. 逻辑仿真

首先设置仿真器的仿真模式、仿真文件、仿真周期等，插入仿真节点，根据设计文件"myexam1.vhd"编辑 clk 和 reset，clk 加入时钟信号；reset 设置为开始阶段高电平，使计数器清零，接着为低电平，使计数器工作。

选择菜单"Processing"→"Start Simulation"或单击仿真快捷按钮运行仿真器，"myexam1.vhd"文件的仿真波形如图 6-3-4 所示，可以看出，这是一个带有高有效复位端 reset、上升沿触发的 6 位二进制加法计数器，与"myexam1.vhd"文件描述的逻辑功能一致。

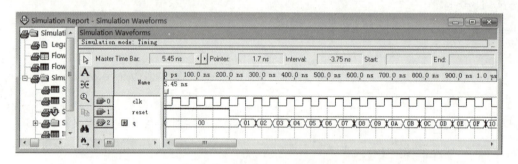

图 6-3-4　仿真 6 位二进制加法计数器的逻辑功能

### 5. 芯片编程调试

首先将下载电缆的一端与计算机对应的端口相连，下载电缆的另一端与编程器件相连，下载电缆连接好后才能进行编程器的操作。不同的下载软件连接方式不同。这里使用 USB Blaster 下载电缆，将 USB Blaster 电缆连接到计算机的 USB 口。

1）下载电缆 Hardware Setup 设置：USB Blaster。

2）配置模式 Mode 设置：JTAG 模式。

3）配置文件：自动给出当前项目的配置文件"myexam1.sof"。

4）执行编程操作：单击编程按钮"Start"，开始对芯片进行编程。编程过程中进度表显示下载进程，信息窗口显示下载过程中的警告和错误信息。

5）实际检验：芯片编程结束后，在实验设备上实际查看 FPGA 芯片作为计数器的工作情况，可以加入 1kHz 的时钟信号，用示波器观察各输出引脚波形。或者给计数器加入频率为 1Hz 的时钟信号，输出引脚连接 LED，观察输出数据的变化。如果计数器输出工作正常，说明我们已经基本学会 FPGA 的开发流程以及 QuartusII 的使用。

# 项目七

# 数字毫伏表制作

## 项目描述

数字显示毫伏表是一种将被测的模拟电压转换为数字量,并直接显示参数的测量仪表,如图7-0-1所示。数字毫伏表具有测量精度高、使用方便等特点,广泛应用于电子电气工程及实验测量之中。

本任务是制作一个三位半的数字毫伏表。

要求:根据现场提供的工具、仪表、元器件,按电路原理图(图7-0-2)、装配图、制作流程图,完成数字毫伏表的制作,如图7-0-3所示。

图 7-0-1 数字毫伏表

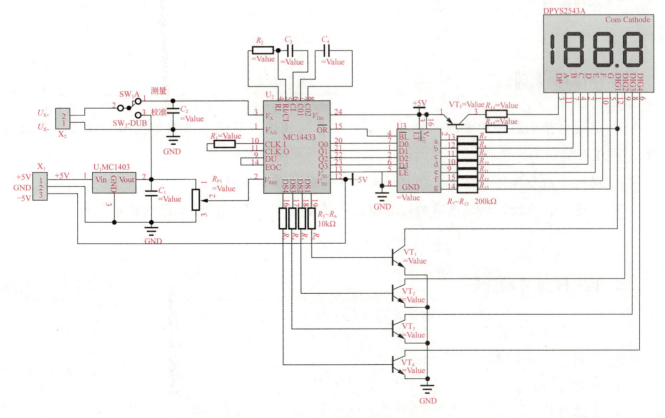

图 7-0-2 数字毫伏表电路原理图

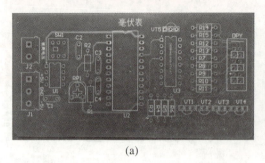
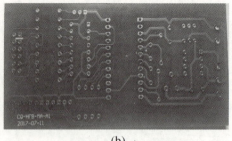

图 7-0-3　PCB

(a) 正面；(b) 背面

### 知识目标

1. 了解三位半数码管、MC14433、MC1403、CD4511 等器件的内部结构与引脚功能。
2. 知道数字毫伏表电路的结构与工作原理。

### 技能目标

1. 会检测三位半数码管、MC14433、MC1403、CD4511 等电子元器件参数。
2. 能按照装配工艺组装数字毫伏表电路。
3. 会调试数字毫伏表，并测试参数。

### 素养目标

1. 通过电子元器件的整理、检测、结果记录、装接、调试，培养学生耐心细心、条理清晰、严谨求实的工匠精神。
2. 通过小组合作完成电路装接，培养学生团结协作的意识。
3. 在连接、检验和调试电路的过程中形成质量意识，养成严谨规范的技术行为。

### 工作流程与活动

1. 认识主要元器件。
2. 认识毫伏表电路。
3. 元器件检测。
4. 电路装接。

5. 电路调试与测试。

# 任务一 数字毫伏表电路的认识

## 学习目标

1. 了解三位半数码管的结构与功能。
2. 了解 MC14433、MC1403、CD4511 芯片的结构与功能。
3. 了解数字毫伏表的工作原理及工作过程。

## 学习过程

### 一、显示器件及主要芯片介绍

#### (一) 认识七段数码管

数码管价格低廉，使用简单，在数字钟、微波炉、电饭煲、洗衣机等电子产品中常用来显示数字信息。最常用的是七段数码管，又称七段数码显示器或七段字符显示器。目前，常用的有 LED 字符显示器和 LCD 字符显示器。

七段数码管是由七段能够独立发光直线段排列成"8"字形来显示数字的。一个七段数码管可用来显示一位 0~9 十进制数和一个小数点。

**1. 七段数码管的电路结构**

一个七段数码管由 8 个 LED 组成，其中一个圆形 LED 为小数点 dp，另外 7 个条形 LED 构成字型"8"的各个笔划（字段）a~g，按顺时针方向，这 7 个字段分别称为 a、b、c、d、e、f、g，如图 7-1-1 所示。

图 7-1-2 表示 a~g 发光段的 10 种发光组合情况，它们分别和十进制的 10 个数字相对应。

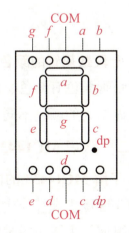

图 7-1-1 七段数码管的组成

图 7-1-2 七段数码管与对应数字

## 2. 七段数码管的类型

根据内部 7 个 LED 的公共端不同，七段数码管有共阳极型和共阴极型两种类型。图 7-1-3 是七段数码管的等效电路。图 7-1-3（a）中，共阴极型七段数码管中各 LED 的阴极连接在一起，接低电平，$a \sim g$ 和 dp 各引脚中任一脚为高电平时相应的字段发光；图 7-1-3（b）中，共阳极型七段数码管中各 LED 的阳极连接在一起，接高电平，$a \sim g$ 和 dp 各引脚中任一脚为低电平时相应的字段发光。

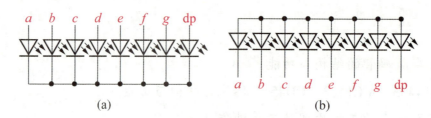

图 7-1-3　七段数码管的等效电路

（a）共阴极；（b）共阳极

## 3. 认识三位半 LED 数码管

三位是指个位、十位和百位的数字范围为 0~9；半位是指千位数只能是 0 或 1，不能从 0 变化到 9，所以称为半位。三位半数码显示器能将译码器输出的七段信号进行数字显示，读出 A/D 转换结果。三位半 LED 数码管外形如图 7-1-4 所示，最大能显示 1999。

三位半数码显示屏是共阴极型，它有 12 个引脚，引脚识别方法与集成电路引脚识别方法相同，引脚功能如下：数码管七段信号有 11 脚 $a$、7 脚 $b$、4 脚 $c$、2 脚 $d$、1 脚 $e$、10 脚 $f$、5 脚 $g$；小数点为 3 脚 dp；扫描驱动信号有 6 脚 $DS_4$、8 脚 $DS_3$、9 脚 $DS_2$、12 脚 $DS_1$。

图 7-1-4　三位半 LED 数码管外形

## 4. 七段数码管的颜色

数码管颜色有红色、绿色、黄色等。小型数码管（0.5in① 和 0.36in）每段 LED 的正向压降，随显示光的颜色不同略有差别，通常为 2~2.5V，每个 LED 的点亮电流为 5~10mA。

### （二）认识 MC14433

#### 1. 了解 MC14433 的内部结构与功能

MC14433 电路是一个低功耗三位半双积分式 ADC。内部由积分器、比较器、计数器和控制电路组成，主要功能是将输入的模拟电压转换为三位半 8421BCD 码输出。

---

① 1in＝2.54cm。

### 2. 认识 MC14433 的引脚

MC14433 采用 24 引线双列直插式封装，外引线排列，参考图 7-1-5 的引脚标注，各主要引脚功能说明如下。

1 端：$V_A$，模拟地，是高阻输入端，作为输入被测电压 $V_X$ 和基准电压 $V_{REF}$ 的参考点地。

2 端：$V_{REF}$，外接基准电压输入端。

3 端：$V_X$，是被测电压输入端。

4 端：$R_I$，外接积分电阻端。

5 端：$R_I/C_I$，外接积分元件电阻和电容的公共接点。

6 端，$C_I$，外接积分电容端，积分波形由该端输出。

7 端和 8 端：$CO_1$ 和 $CO_2$，外接失调补偿电容端。推荐外接失调补偿电容 $C_0$ 取 $0.1\mu F$。

9 端：DU，实时输出控制端，主要控制转换结果的输出，若在双积分放电周期即阶段 5 开始前，在 DU 端输入一正脉冲，则该周期转换结果将被送入输出锁存器并经多路开关输出，否则输出端继续输出锁存器中原来的转换结果。若该端通过一电阻和 EOC 短接，则每次转换的结果都将被输出。

10 端：$CP_I$（CLKI），时钟信号输入端。

11 端：$CP_O$（CLKO），时钟信号输出端。

12 端：$V_{EE}$，负电源端，是整个电路的电源最负端，主要作为模拟电路部分的负电源，该端典型电流约为 0.8mA，所有输出驱动电路的电流不流过该端，而是流向 $V_{SS}$ 端。

13 端：$V_{SS}$ 负电源端。

14 端：EOC，转换周期结束标识输出端，每一 A/D 转换周期结束，EOC 端输出一正脉冲，其脉冲宽度为时钟信号周期的 1/2。

15 端：$\overline{OR}$，过量程标识输出端，当 $|V_X| > V_{REF}$ 时，$\overline{OR}$ 输出低电平，正常量程 $\overline{OR}$ 为高电平。

16~19 端：对应为 $DS_4 \sim DS_1$，分别是多路调制选通脉冲信号个位、十位、百位和千位输出端，当 DS 端输出高电平时，表示此刻 $Q_0 \sim Q_3$ 输出的 BCD 代码是该对应位上的数据。

20~23 端：对应为 $Q_0 \sim Q_3$，分别是 A/D 转换结果数据输出 BCD 代码的最低位（LSB）、次低位、次高位和最高位输出端。

24 端：$V_{DD}$，整个电路的正电源端。

MC14433 引脚图如图 7-1-5 所示。

### （三）认识 CD4511

#### 1. 了解 CD4511 的内部结构与功能

CD4511 是专用于将二-十进制代码（BCD）转换成七段显示信号的专用标准译码器，它由 4 位锁存器、7 段译码电路和驱动器 3

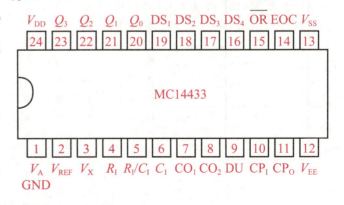

**图 7-1-5　MC14433 引脚图**

部分组成。

1) 四位锁存器（LATCH）：它的功能是将输入的 A、B、C 和 D 代码寄存起来，该电路具有锁存功能，在锁存允许端（LE 端，即 LATCHENABLE）控制下起锁存数据的作用。

当 LE = 1 时，锁存器处于锁存状态，4 位锁存器封锁输入，此时它的输出为前一次 LE = 0 时输入的 BCD 码。

当 LE = 0 时，锁存器处于选通状态，输出即输入的代码。

由此可见，利用 LE 端的控制作用可以将某一时刻的输入 BCD 代码寄存下来，使输出不再随输入变化。

2) 七段译码电路：将来自 4 位锁存器输出的 BCD 代码译成七段显示码输出，MC4511 中的七段译码器有两个控制端：

① $\overline{LT}$（LAMP TEST）灯测试端。当 $\overline{LT}$ = 0 时，七段译码器输出全 1，数码管各段全亮显示；当 $\overline{LT}$ = 1 时，译码器输出状态由 $\overline{BI}$ 端控制。

② $\overline{BI}$（BLANKING）消隐端。当 $\overline{BI}$ = 0 时，控制译码器为全 0 输出，数码管各段熄灭；当 $\overline{BI}$ = 1 时，译码器正常输出，数码管正常显示。

上述两个控制端配合使用，可使译码器完成显示上的一些特殊功能。

3) 驱动器：利用内部设置的 NPN 型晶体管构成的射极输出器，加强驱动能力，使译码器输出驱动电流可达 20mA。

CD4511 电源电压 $V_{DD}$ 的范围为 5~15V，它可与 NMOS 电路或 TTL 电路兼容工作。

### 2. 认识 CD4511 的引脚

CD4511 采用 16 引线双列直插式封装，引脚分配和真值表参见图 7-1-6。

使用 CD4511 时应注意输出端不允许短路，应用时电路输出端需外接限流电阻。

真值表

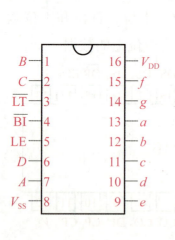

| 输入 | | | | | | | 输出 | | | | | | | |
|---|---|---|---|---|---|---|---|---|---|---|---|---|---|---|
| LE | $\overline{BI}$ | $\overline{LT}$ | D | C | B | A | a | b | c | d | e | f | g | 字 |
| × | × | 0 | × | × | × | × | 1 | 1 | 1 | 1 | 1 | 1 | 1 | 8 |
| × | 0 | × | × | × | × | × | 0 | 0 | 0 | 0 | 0 | 0 | 0 | 暗 |
| 0 | 1 | 1 | 0 | 0 | 0 | 0 | 1 | 1 | 1 | 1 | 1 | 1 | 0 | 0 |
| 0 | 1 | 1 | 0 | 0 | 0 | 1 | 0 | 1 | 1 | 0 | 0 | 0 | 0 | 1 |
| 0 | 1 | 1 | 0 | 0 | 1 | 0 | 1 | 1 | 0 | 1 | 1 | 0 | 1 | 2 |
| 0 | 1 | 1 | 0 | 0 | 1 | 1 | 1 | 1 | 1 | 1 | 0 | 0 | 1 | 3 |
| 0 | 1 | 1 | 0 | 1 | 0 | 0 | 0 | 1 | 1 | 0 | 0 | 1 | 1 | 4 |
| 0 | 1 | 1 | 0 | 1 | 0 | 1 | 1 | 0 | 1 | 1 | 0 | 1 | 1 | 5 |
| 0 | 1 | 1 | 0 | 1 | 1 | 0 | 0 | 0 | 1 | 1 | 1 | 1 | 1 | 6 |
| 0 | 1 | 1 | 0 | 1 | 1 | 1 | 1 | 1 | 1 | 0 | 0 | 0 | 0 | 7 |
| 0 | 1 | 1 | 1 | 0 | 0 | 0 | 1 | 1 | 1 | 1 | 1 | 1 | 1 | 8 |
| 0 | 1 | 1 | 1 | 0 | 0 | 1 | 1 | 1 | 1 | 0 | 0 | 1 | 1 | 9 |
| 0 | 1 | 1 | A~F | | | | 0 | 0 | 0 | 0 | 0 | 0 | 0 | 暗 |
| 1 | 1 | 1 | × | | | | 输出及显示取决于锁存前数据 | | | | | | | |

图 7-1-6　CD4511 引脚功能和真值表

### （四）认识 MC1403

#### 1. 了解 MC1403 的内部结构与功能

MC1403 的输出电压的温度系数为零，即输出电压与温度无关。该电路的特点：①温度系数小；②噪声小；③输入电压范围大，稳定性能好，当输入电压从 +4.5V 变化到 +15V 时，输出电压值变化量小于 3mV；④输出电压值准确度较高，$y$ 值在 2.475~2.525V 以内；⑤压差小，适用于低压电源；⑥负载能力小，该电源最大输出电流为 10mA。

#### 2. 认识 MC1403 的引脚

MC1403 用 8 条引线双列直插标准封装，如图 7-1-7 所示。

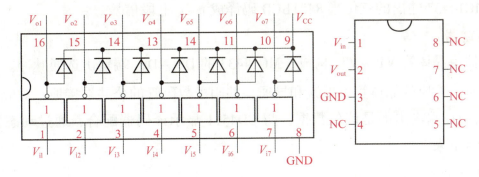

图 7-1-7　MC1403 内部结构及引脚功能

## 二、电路原理介绍

### （一）工作原理

数字显示电压表将被测模拟量转换为数字量，并进行实时数字显示。该系统可采用 MC14433 三位半 ADC、MC1413 七路达林顿驱动器阵列、CD4511 BCD 到七段锁存-译码-驱动器、能隙基准电源 MC1403 和共阴极 LED 数码管组成。本系统是三位半数字电压表，三位半是指十进制数 0000~1999。3 位是指个位、十位、百位，其数字范围均为 0~9，而半位是指千位数，它不能从 0 变化到 9，而只能由 0 变到 1，即二值状态，所以称为半位。

### （二）各部分的功能

1）三位半 ADC（MC14433）：将输入的模拟信号转换成数字信号。

2）基准电源（MC1403）：提供精密电压，供 ADC 作参考电压。

3）译码器（MC4511）：将二-十进制（BCD）码转换成七段信号。

4）驱动器（MC1413）：驱动显示器的 $a$、$b$、$c$、$d$、$e$、$f$、$g$ 共 7 个发光段，驱动 LED 进行显示。

5）显示器：将译码器输出的七段信号进行数字显示，读出 A/D 转换结果。

### （三）工作过程

#### 1. A/D 转换

MC14433 是双积分型 ADC，采用电压-时间间隔（$V/T$）转换方式。通过先对被测模拟电

压 $V_X$ 积分，后对基准电压 $V_{REF}$ 的两次积分，将输入的被测模拟电压转换成与平均值成正比的时间间隔，用计数器测出这个时间间隔对应的脉冲数目，即可得到被测模拟电压的数字值。

### 2. 基准电源

能隙基准电源 MC1403 与电位器 $R_{P1}$ 一起，为 ADC 提供基准电压。该电路的特点：噪声小；输入电压范围大且稳定性能好；输出电压值准确度较高，稳定在 2.475~2.525V；适用于低压电源；负载能力小，最大输出电流为 10mA。

### 3. 七段显示译码器

由于 MC14433 A/D 转换结果采用三位半 8421BCD 码输出，因此需要一块七段显示译码器 CD4511，将 MC14433 输出的三位半 8421BCD 码译成 $a$~$g$ 七段信号。

### 4. 显示驱动器

显示驱动器由晶体管 $VT_1$~$VT_4$ 构成。MC14433 的 $DS_1$~$DS_4$ 端输出选通脉冲。当 $DS_i$ 选通脉冲为高电平时，对应的晶体管 $VT_i$ 饱和导通，共阴极数码管的公共端接地，对应的数位被选通，此时在 $Q_0$~$Q_3$ 端输出的是该位数据，与 CD4511 显示译码器配合，通过动态扫描在三位半数码管上显示出来。

### 5. 过量程

过量程是当输入电压 $V_X$ 超过量程范围时，输出过量程标识信号 $\overline{OR}$。当 $\overline{OR}=0$ 时，表明 $V_X>V_{REF}$，溢出。当 $\overline{OR}=1$ 时，表明 $V_X<V_{REF}$，被测量在量程内。

MC14433 的 $\overline{OR}$ 端与 MC4511 消隐端 $\overline{BI}$ 直接相连，当 $V_X$ 超出量程范围时，$\overline{OR}=0$，使 $\overline{BI}=0$，MC4511 译码器输出全 0，数码管熄灭。

### 6. 小数点

使用 $VT_5$、$R_{14}$ 和 $R_{15}$ 点亮小数点，小数点的驱动信号使用 $DS_2$。安装小数点目的是提高测量精度，可精确到 0.1mV。

## 任务二　数字毫伏表的组装与调试

**学习目标**

1. 会检测电阻及电容器。
2. 会初步测量集成电路。
3. 会测量三位半数码管。
4. 会按照工艺要求组装数字毫伏表电路。
5. 会检测电路参数，并调试毫伏表。

## 学习过程

### 一、元器件识别与检测

#### （一）清点并归类元器件

清点并归类元器件（图7-2-1），将同一类元器件放在一起，将元器件的个数、规格填写在表7-2-1内。

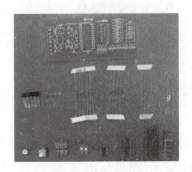

图7-2-1 元器件

表7-2-1 元器件清单

| 序号 | 名称 | 位号 | 实物图片 | 符号 | 型号/规格/数量 |
|---|---|---|---|---|---|
| 1 | 电阻器 | $R_1$、$R_2$ | | | |
| 2 | 电阻器 | $R_3 \sim R_6$ | | | |
| 3 | 电阻器 | $R_7 \sim R_{15}$ | | | |
| 4 | 电容器 | $C_1 \sim C_4$ | | | |
| 5 | 晶体管 | $VT_1 \sim VT_5$ | | | |
| 6 | 电位器 | $R_{P1}$ | | | |
| 7 | 基准电源ADC | $U_1$ | | | MC1403 |
| 8 | ADC | $U_2$ | | | MC14433 |
| 9 | 七段译码器 | $U_3$ | | | CD4511 |

续表

| 序号 | 名称 | 位号 | 实物图片 | 符号 | 型号/规格/数量 |
|---|---|---|---|---|---|
| 10 | 显示器 | DPY | | | 三位半 LED |
| 11 | 按键开关 | $SW_1$ | | | 双刀双掷 |
| 12 | 接线器 | $X_1$ | | | 3 线 |
| 13 | 接线器 | $X_2$ | | | 2 线 |
| 13 | PCB | | | | |
| 14 | 集成芯片插座 | | | | |

### （二）电阻器和电容器识别与测试

电阻值可按色环表示方法确定，或用万用表测试确定。电容器为无极性瓷片电容器，可用万用表检测其质量的好坏。使用万用表检测电阻器和电容器的方法见项目一。

### （三）电位器识别与检测

本项目中所使用的 1kΩ 电位器用于与 MC1403 配合，提供精密的 2V 基准电压，所以要选用精度较高的电位器。电位器的检测方法参见项目二。

### （四）集成电路引脚识别与检测

**1. 检测 MC14433**

检测 MC14433 的过程如图 7-2-2 所示。用万用表 $R×1k$ 电阻挡，测量 MC14433 的各引脚对 1 脚之间的阻值。经检测，无短路现象，质量正常。

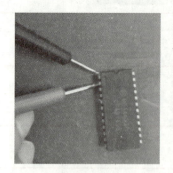

图 7-2-2　检测 MC14433 的过程

**2. 检测七段译码显示器 CD4511**

检测七段译码显示器 CD4511 的过程如图 7-2-3 所示。用万用表 $R×1k$ 电阻挡，测量 CD4511 的各引脚对 8 脚之间的阻值。经检测，无短路现象，质量正常。

**图 7-2-3 检测七段译码显示器 CD4511 的过程**

### 3. 检测能隙基准电源 MC1403

（1）检测有无短路

1）检测 1、2 脚，如图 7-2-4 所示。用万用表 $R×1k$ 电阻挡，测量 MC1403 的 1 与 2 脚之间的阻值。经检测，无短路现象。

2）检测 1、3 脚，如图 7-2-5 所示。同 1），测量 1 与 3 脚间的阻值。经检测，无短路。

  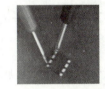 

图 7-2-4　检测 1、2 脚　　　　　　　　　图 7-2-5　检测 1、3 脚

3）检测 2、3 脚，如图 7-2-6 所示。同 1），测量 2 与 3 脚间的阻值。经检测，无短路。可判断 MC1403 质量良好。

（2）空载测试

集成能隙基准电源 MC1403 空载时的测试方法如下。

1）连接直流稳压电源，如图 7-2-7 所示。使用数字万用表的直流电压挡，将 MC1403 的 1 脚接直流稳压电源输出，3 脚接地，2 脚接数字万用表红表笔，黑表笔接地。

图 7-2-6　检测 2、3 脚　　　　　　　　　图 7-2-7　连接直流稳压电源

2）测量输出电压，如图 7-2-8 所示。

**图 7-2-8　测量输出电压**

按照表 7-2-2 调整直流稳压电源输出，测量 2 脚电压，结果填入表 7-2-2，并与理想输

出电压做比较。

表 7-2-2 集成能隙基准电源 MC1403 测试表

| 输入电压 | 数字万用表实测电压 |
|---|---|
| 10V | |
| 9V | |
| 8V | |
| 7V | |
| 6V | |
| 5V | |

### （五）检测三位半数码显示屏

共阴极三位半显示屏的检测方法如下。

1) 选挡调零，如图 7-2-9 所示。将万用表转换开关置于 $R\times10k$ 挡，并进行欧姆调零。

2) 辨别各引脚顺序（图 7-2-10）。从数码管的正面观看，以第一脚为起点，引脚的顺序为逆时针方向排列。12、9、8、6 是公共脚，其余各脚为 $a$-11、$b$-7、$c$-4、$d$-2、$e$-1、$f$-10、$g$-5、dp-3。

图 7-2-9 选挡调零

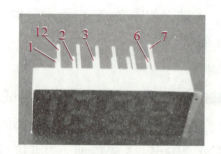

图 7-2-10 引脚顺序

3) 判断最低位（图 7-2-11）。将万用表红表笔接 $DS_4$（6）脚，黑表笔分别接触 1、2、4、5、7、10、11 脚，根据发光情况判别出最低位的 $a \sim g$ 七段。

4) 判断第二位（图 7-2-12）。再将万用表红表笔与 $DS_3$（8）脚相连接，黑表笔分别接触 1、2、3、4、5、7、10、11 脚，判别第二位 $a \sim g$ 七段及小数点 dp。

图 7-2-11 判断最低位

图 7-2-12 判断第二位

5) 判断第三位（图 7-2-13）。将万用表红表笔与 $DS_2$（9）脚相连接，以相同的方法检测第三位。

6）判断最高位的质量（图 7-2-14）。将万用表红表笔与最高位 $DS_1$（12）脚相连接，黑表笔分别接触 4、7 两脚。

图 7-2-13　判断第三位　　　　　　　　　图 7-2-14　检测三位半显示屏质量

## 二、毫伏表电路安装

按照电子设备整机装配的基本顺序进行安装。

### （一）数字毫伏表电阻器、电容器的装接

PCB 上电阻器、电容器的安装与焊接过程与项目一相同。

（1）电阻器的安装与焊接

将电阻器 $R_1 \sim R_2$、$R_3 \sim R_6$、$R_7 \sim R_{15}$ 分别安装在正确位置，并进行焊接，如图 7-2-15 所示。

（2）电容器的安装与焊接

将电容器 $C_1 \sim C_4$ 分别安装在正确位置，并进行焊接，如图 7-2-16 所示。

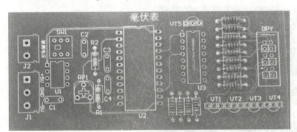 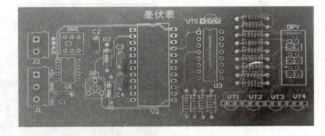

图 7-2-15　电阻器的安装与焊接　　　　　　图 7-2-16　电容器的安装与焊接

### （二）数字毫伏表集成芯片及其插座的装接

PCB 上集成芯片及其插座的安装与焊接过程与项目一相同。

（1）芯片插座的装接

将集成芯片 MC1403、MC14433、CD4511 对应的插座从左向右依次安装在正确位置，并进行焊接，如图 7-2-17 所示。

（2）集成芯片的插装

将集成芯片 MC1403、MC14433、CD4511 插入对应的插座，注意方向，如图 7-2-18 所示。

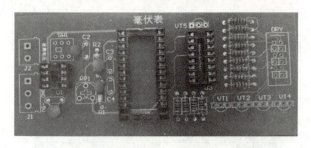

图 7-2-17　芯片插座的装接

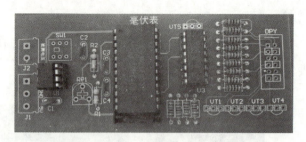

图 7-2-18　集成芯片的插装

### （三）三位半数码显示器的装接

将三位半数码显示器安装在正确位置，并进行焊接，注意小数点的方向，如图 7-2-19 所示。

图 7-2-19　三位半数码显示器安装

### （四）数字毫伏表晶体管的装接

PCB 晶体管的安装与焊接过程与项目一相同。将晶体管 $VT_1 \sim VT_5$ 安装在正确位置，并进行焊接，如图 7-2-20 所示。

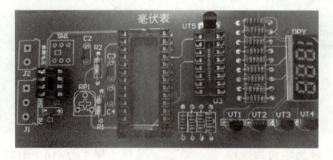

图 7-2-20　晶体管的安装与焊接

### （五）数字毫伏表电位器的装接

PCB 上电位器的安装与焊接过程与项目一相同。将电位器 $R_{P1}$ 安装在正确位置，并进行焊接，如图 7-2-21 所示。

图 7-2-21　电位器的安装与焊接

### （六）数字毫伏表按键开关、接线器的装接

PCB上按键开关、接线器的安装与焊接过程与项目一相同。

1）按键开关$SW_1$的安装与焊接，如图7-2-22所示。将按键开关$SW_1$安装在正确位置，并进行焊接。

2）将接线端子$X_1$、$X_2$安装在$J_1$、$J_2$的位置，如图7-2-23所示。

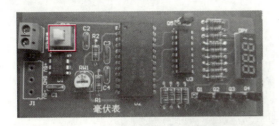

图7-2-22　按键开关$SW_1$的安装与焊接

图7-2-23　接线端子$X_1$、$X_2$的安装与焊接

## 三、毫伏表电路调试与测试

### （一）通电前检测

1）观察电路板正反两面，如图7-2-24所示。电路安装完成后，用肉眼直观检查PCB电路有无漏装、错装的元器件，焊点有无明显虚焊、漏焊、毛刺等故障。经检查无误后，就可以进行下面的操作。

图7-2-24　观察电路板正反面

2）测+5V和GND之间电阻，如图7-2-25所示。用万用表$R\times100$挡检测电源输入端$X_1$的+5V和GND之间的正、反向电阻。经检测，两点间无短路。

图7-2-25　测+5V和GND之间电阻

3）测-5V和GND之间电阻，如图7-2-26所示。用万用表$R\times100$挡检测电源输入端$X_1$的-5V和GND之间的正、反向电阻。经检测，两点间无短路。

图 7-2-26  测-5V 和 GND 之间的电阻

4）测输入端电阻，如图 7-2-27 所示。用万用表 $R\times100$ 挡检测信号输入端 $X_2$ 的正负极的正、反向电阻。经检测，两点间无短路。

图 7-2-27  测输入端电阻

### （二）通电检测

1）连接三线接线器 $X_1$。关闭稳压电源，将+5V、-5V 和接地线分别接至 $X_1$ 的相应端子上。

2）连接±5V 双电源，如图 7-2-28 所示。将 3 根连接线分别接在实训台的+5V 和-5V 直流稳压电源上。注意：要先接上地线。

3）通电测试，如图 7-2-29 所示。接通±5V 双电源，数码管有显示，电路安装正常。

图 7-2-28  连接±5V 双电源　　　　　　　图 7-2-29  通电测试

### （三）加被测信号 $V_X$

被测信号 $V_X$ 可以取自实际电路，也可以用实训台提供的 0~2V 可调直流电压。

1）连接 0~2V 可调直流电压。

2）关闭稳压电源，将被测信号接至接线器 $X_2$ 两端，如图 7-2-30 所示。

图 7-2-30  加被测信号

### (四) 基准电压调整

上述信号连接好后，如果有显示，但不一定是1999，说明电路安装正常，就可以进行基准电压的调整了。

1) 观察显示屏，如图7-2-31所示。按下按键开关$SW_1$，打到校准位置，观察三位半显示屏，有数字显示。

2) 调整基准电压，如图7-2-32所示。用螺钉旋具缓慢转动电位器$R_{P1}$的转动柄，尽量使数码显示1999。

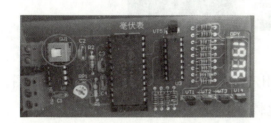

图7-2-31 观察显示屏

图7-2-32 调整基准电压

至此，基准电源调整结束。基准电源调整结束后，就不要再动$R_{P1}$了。

### (五) 测量电压

基准电源调整结束后，按如下步骤进行对比测试。

1) 打到测量位置，如图7-2-33所示。弹起按键开关$SW_1$，打到测量位置。

2) 测量信号，如图7-2-34所示。转动电压调节旋钮[图7-2-34 (a)]，可以观察到随着旋钮的转动，显示屏[图7-2-34 (b)]上的数字也随之变化，数字毫伏表就制作成功了。制作完成的数字毫伏表可用数字万用表[图7-2-34 (c)]进行检验。

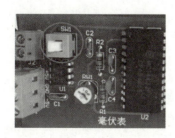

图7-2-33 打到测量位置

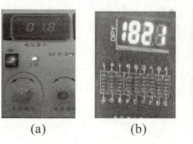

图7-2-34 测量电压

### (六) 电路测试

电路功能正常后，可以按如下步骤进行参数测试。

1) MC14433扫描驱动波形测试，如图7-2-35所示。用双踪示波器观察MC14433的14

脚、16~19 脚，画出各引脚波形，测量工作频率，并进行 5 个引脚的相位比较。

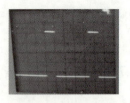

图 7-2-35　MC14433 扫描驱动波形测试

2）观察 $VT_1$~$VT_4$ 集电极波形，如图 7-2-36 所示。用双踪示波器观察 $VT_1$~$VT_4$ 集电极波形。画出波形图，进行相位比较，并与 MC14433 的 16~19 脚波形比较，看是不是反相关系。

图 7-2-36　集电极波形

3）时钟频率测定，如图 7-2-37 所示。用示波器观察 11 脚波形，画出波形图，并测量振荡周期和频率。与理论计算值 $f_{CP}=66$ kHz 相比较。

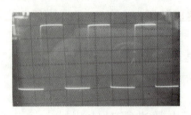

图 7-2-37　时钟频率测定

# 项目八

# 温度控制器制作

## 项目描述

在日常生活及工业生产领域，温度测量、显示及控制的应用非常广泛，如图 8-0-1 所示。例如，中央空调温控器、恒温箱、恒温焊台等。本项目通过制作一种典型的温度控制器，掌握温度控制电路器生产过程相关知识与技能。

图 8-0-1 常见的温度显示与温控器

温度控制器原理图如图 8-0-2 所示，该电路以 ICL7107 和 LM324 为核心，主要由温度传感器 PT100、温度信号检测电路、温度信号放大电路、A/D 转换及显示电路、温度控制电路和电源电路组成，具有显示和控制温度的功能。具体任务如下：

1) 识别、检测电路中各元器件。
2) 按工艺要求安装、焊接温度控制器。
3) 按调试步骤，调测电路，实现功能。
4) 测试电路参数，排除温度控制器故障。

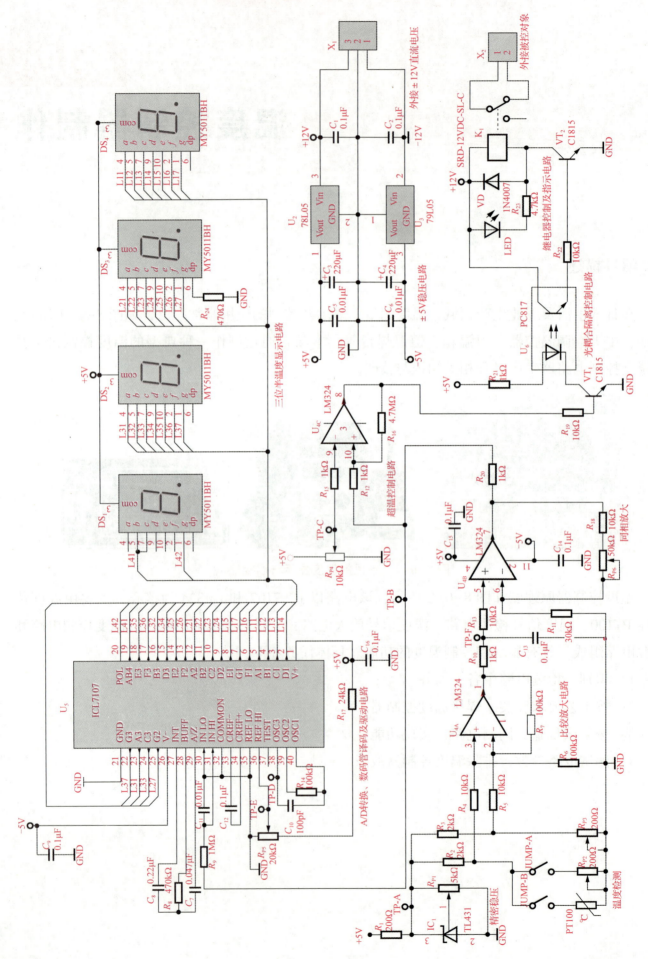

图8-0-2 温度控制器原理图

项目八 温度控制器制作 173

### 知识目标

1. 了解 ICL7107、PC817、PT100 等器件的内部结构与引脚功能。
2. 知道温度控制器电路的结构与工作原理。

### 技能目标

1. 会检测 ICL7107、PC817、PT100 等电子元器件参数。
2. 能按照装配工艺组装温度控制器电路。
3. 会调试温度控制器,并测试参数。

### 素养目标

1. 通过电子元器件的整理、检测、结果记录、装接、调试,培养学生耐心细心、条理清晰、严谨求实的工匠精神。
2. 通过小组合作完成电路装接,培养学生团结协作的意识。
3. 在连接、检验和调试电路的过程中形成质量意识,养成严谨规范的技术行为。

### 工作流程与活动

1. 认识主要元器件。
2. 认识温度控制器电路。
3. 元器件检测。
4. 电路装接。
5. 电路调试、测试。

## 任务一　温度控制器电路的认识

### 学习目标

1. 了解 PT100 性能参数。
2. 了解 ICL7107、PC817 芯片的结构与功能。

3. 了解温度控制器的工作原理及工作过程。

## 学习过程

## 一、主要器件及芯片介绍

### （一）认识 PT100

PT100 温度传感器是一种以铂金（Pt）做成的电阻式温度检测器，在 0℃时其阻值为 100Ω，故称为 PT100。它有稳定性好、测量精度高、输出 $T$-$R$ 线性度好等优点，是用得极为广泛的一种温度传感器。其符号及外形如图 8-1-1 所示。

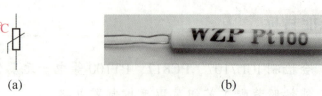

图 8-1-1 热敏电阻 PT100 的符号及外形
（a）热敏电阻电路符号；（b）热敏电阻

PT100 的电阻值随着温度的变化呈正向变化，即温度越高电阻越大，属于正温度系数热电阻（PTC），其电阻值与温度变化的关系如表 8-1-1 所示。表的读法举例：如表中的加粗字体，PT100 在 15℃时阻值为 105.85Ω，25℃时阻值为 109.73Ω。

表 8-1-1 电阻值和温度变化的关系

| 温度/℃ | 0 | 1 | 2 | 3 | 4 | 5 | 6 | 7 | 8 | 9 |
|---|---|---|---|---|---|---|---|---|---|---|
| | 电阻值/Ω | | | | | | | | | |
| 0 | 100.00 | 100.39 | 100.78 | 101.17 | 101.56 | 101.95 | 102.23 | 102.73 | 106.12 | 103.51 |
| 10 | 103.90 | 104.29 | 104.68 | 105.07 | 105.46 | **105.85** | 106.24 | 106.63 | 107.02 | 107.40 |
| 20 | 107.79 | 108.18 | 108.57 | 108.96 | 109.35 | **109.73** | 110.12 | 110.51 | 110.90 | 111.29 |
| 30 | 111.67 | 112.06 | 112.45 | 112.83 | 113.22 | 113.61 | 114.00 | 114.38 | 114.77 | 115.15 |
| 40 | 115.54 | 115.93 | 116.31 | 116.70 | 117.08 | 117.47 | 117.86 | 118.24 | 118.63 | 119.01 |
| 50 | 119.40 | 119.78 | 120.17 | 120.55 | 120.94 | 121.32 | 121.71 | 122.09 | 122.47 | 122.86 |
| 60 | 123.24 | 123.63 | 124.01 | 124.39 | 124.78 | 125.16 | 125.54 | 125.93 | 126.31 | 126.69 |
| 70 | 127.08 | 127.46 | 127.84 | 128.22 | 128.61 | 128.99 | 129.37 | 129.75 | 130.13 | 130.52 |
| 80 | 130.90 | 131.28 | 131.66 | 132.04 | 132.42 | 132.08 | 133.18 | 133.57 | 133.95 | 134.33 |
| 90 | 134.71 | 135.09 | 135.47 | 135.85 | 136.23 | 136.61 | 136.99 | 137.37 | 137.75 | 138.13 |
| 100 | 138.51 | 138.88 | 139.26 | 139.64 | 140.02 | 140.40 | 141.78 | 141.16 | 141.54 | 141.91 |
| 110 | 142.29 | 142.67 | 143.05 | 143.43 | 143.80 | 144.18 | 144.56 | 144.94 | 145.31 | 145.69 |
| 120 | 146.07 | 146.44 | 146.82 | 147.20 | 147.57 | 147.95 | 148.33 | 148.70 | 149.08 | 149.46 |
| 130 | 149.83 | 150.21 | 150.58 | 150.96 | 151.33 | 151.71 | 152.08 | 152.46 | 152.83 | 153.21 |

续表

| 温度/℃ | 0 | 1 | 2 | 3 | 4 | 5 | 6 | 7 | 8 | 9 |
|---|---|---|---|---|---|---|---|---|---|---|
| | 电阻值/Ω | | | | | | | | | |
| 140 | 153.58 | 153.96 | 154.33 | 154.71 | 155.08 | 155.46 | 155.83 | 156.20 | 156.58 | 156.95 |
| 150 | 157.33 | 157.70 | 158.07 | 158.45 | 158.82 | 159.19 | 159.56 | 159.94 | 160.31 | 160.68 |
| 160 | 161.05 | 161.43 | 161.80 | 162.17 | 162.54 | 162.91 | 163.29 | 163.66 | 164.03 | 164.40 |
| 170 | 164.77 | 165.14 | 165.51 | 165.89 | 166.26 | 166.63 | 167.00 | 167.37 | 167.74 | 168.11 |
| 180 | 168.48 | 168.85 | 169.22 | 169.59 | 169.96 | 170.33 | 170.70 | 171.07 | 171.43 | 171.08 |
| 190 | 172.17 | 172.54 | 172.91 | 173.28 | 173.65 | 174.02 | 174.38 | 174.75 | 175.12 | 175.49 |

### （二）ICL7107 简介

ICL7107 是专为驱动 LED 数码管设计的三位半双积分式 ADC，常见的采用双列直插 40 引脚（DIP-40）封装，其外形如图 8-1-2 所示，引脚排列如图 8-1-3 所示。ICL7107 的典型工作电压为 ±5V，电压范围为 -9~+6V；工作温度范围为 0~70℃。其集成度高，所需外部元器件少，电路简单，广泛用于电压、电流、温度、压力等各种测量场合。

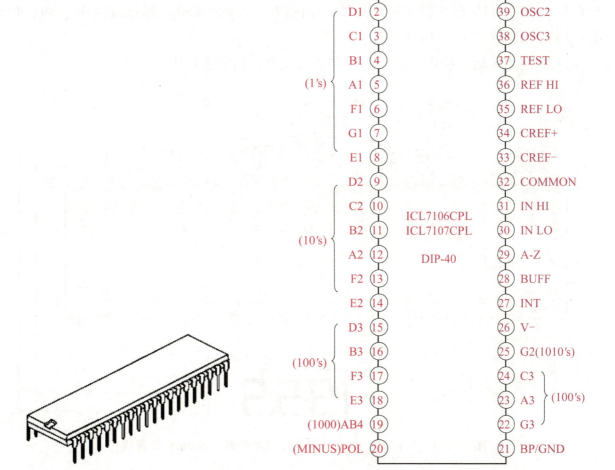

图 8-1-2　集成电路 ICL7107 的外形　　图 8-1-3　ICL7107 引脚排列

ICL7107 各引脚符合的含义如下。

A1~G1、A2~G2、A3~G3：分别为 LED 数码管个位、十位和百位的驱动引脚。

AB4：LED 千位显示驱动。

POL（MINUS）：LED 符号位显示驱动。

OSC1、OSC2、OSC3：外接数字部分时钟振荡元件。

TEST：数码显示器测试端，该引脚接入高电平时，LED 显示器显示"1888"。

REF HI、REF LO：A/D 转换参考电压输入端。

CREF+、CREF-：A/D 积分转换电容。

COMMON：信号输入公共端。

IN HI、IN LO：被测量电压输入端。

A-Z：外接 A/D 转换自动调零电容。

BUFF：外接 A/D 转换积分电阻。

INT：外接 A/D 转换积分电容。

V+、V-：GND 为芯片工作电源输入端。

ICL7107 的典型测试和应用电路（200mV 满量程）如图 8-1-4 所示。ICL7107 包含模拟电路部分和数字电路部分。电路工作所需时钟频率，推荐使用 100kΩ 的振荡电阻，振荡频率 $f = 0.45/(RC)$。在 48kHz 振荡频率时（每秒 3 个读数），$C$ 取 100pF。通过改变 38、39、40 脚外部元件参数，即可实现改变振荡频率。

ICL7107 使用灵活，应用广泛，常用在显示温度、数字表等中。

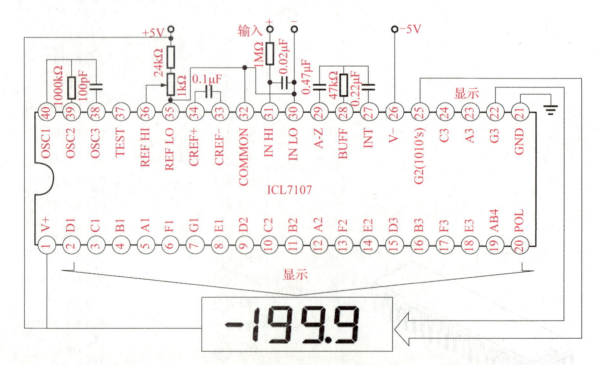

图 8-1-4　ICL7107 的典型测试和应用电路（200mV 满量程）

### (三) PC817 简介

PC817 光耦合器广泛用在计算机终端、可控硅系统设备、测量仪器、影印机、自动售票、家用电器（如风扇、加热器）等电路之间的信号传输，使之前端与负载完全隔离，目的在于增加安全性，减小电路干扰，简化电路设计。其内部结构、外形和应用电路如图 8-1-5 所示。

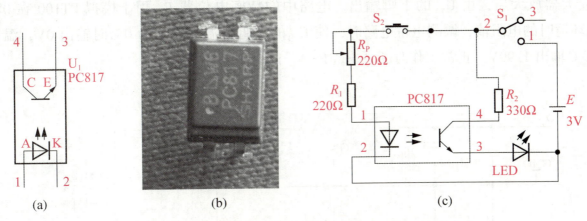

图 8-1-5　光耦合器 PC817 的内部结构、外形、应用电路

(a) 内部结构；(b) 外形；(c) 应用电路

## 二、电路原理介绍

### （一）温度控制器组成方框图

图 8-1-6 为温度控制器组成框图。

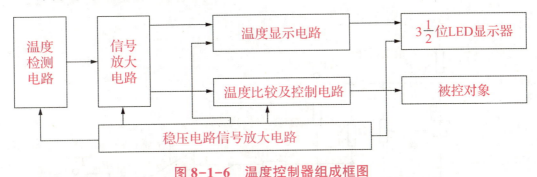

图 8-1-6　温度控制器组成框图

### （二）温度控制器的工作原理

#### 1. 稳压电路

温度控制器稳压电路部分如图 8-1-7 所示。±12V 直流电压由 $COM_1$ 接入，经 78L05、79L05 稳压后输出稳定的 ±5V 直流电压。$C_1$、$C_2$ 完成对输入直流电源的滤波，$C_3$、$C_4$、$C_5$、$C_6$ 完成对输出直流电源的滤波。

#### 2. 温度检测电路

温度检测电路由并联稳压电路、电桥平衡电路和差分放大器组成，如图 8-1-8 所示。并联稳压电路由 TL431 和 $R_{P1}$ 构成，向电桥平衡电路提供精密稳定的电压，调节 $R_{P1}$ 可改变输出电压，本电路调节为 4.096V。电桥平衡电路由 $R_2$、$R_3$、$R_{P3}$ 和 PT100 组成（其中 $R_2 = R_3$，$R_{P3}$ 为 200Ω 精密可调电阻），环境温度变化 1℃ 传感器时电阻值变化只有零点几欧姆，因此采用平衡电桥的方式检测环境温度的变化，当环境温度为 0℃ 时，PT100 的电阻值为 100Ω，调节

$R_{P3}$（$R_{P3}$也可称为调零电位器）使电桥平衡，电桥平衡时$U_{4A}$的1脚电位为0V，当PT100所处环境温度发生变化时，电桥失衡产生一个毫伏级的电压信号，通过$R_4$、$R_5$送到由$U_{4A}$组成的比较放大器放大后，由$U_{4A}$的1脚输出。电路中的精密电位器$R_{P2}$用于模拟PT100在0℃和199℃环境时的电阻值，调测电桥电路时，使$U_{4B}$的7脚在温度显示为0℃时输出0V，温度显示199℃输出1.99V。正常工作时断开JUMP-A，闭合JUMP-B。

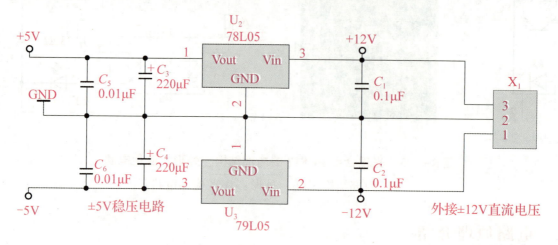

图8-1-7 温度控制器稳压电路部分

电桥输出电压值的计算公式为

$$U = 4.096 \times [R_{PT100}/(R_2 + R_{PT100}) - R_{P3}/(R_3 + R_{P3})]$$

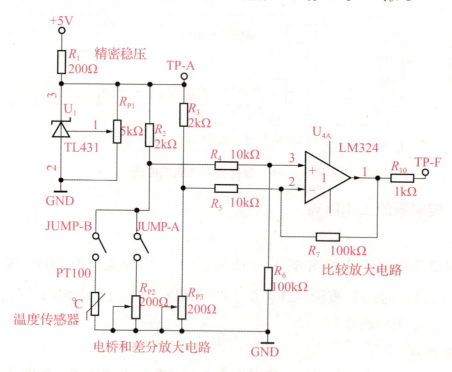

图8-1-8 温度检测电路

### 3. 信号放大电路

信号放大电路如图8-1-9所示。由$U_{4B}$、$R_{P6}$、$R_{18}$、$R_{11}$和$R_{13}$组成的同相比例运算放大器，主要有两个作用，一是用于将上一级的信号进行同相放大，二是调整因元件参数偏差引起的测量误差，调节$R_{P6}$可改变其放大倍数，调整好后$U_{4B}$的7脚输出标准的温度电压信号为 10mV/℃。

同相比例放大电路的放大倍数计算公式为

$$A_{uf} = 1 + (R_{18} + R_{P6})/R_{11}$$

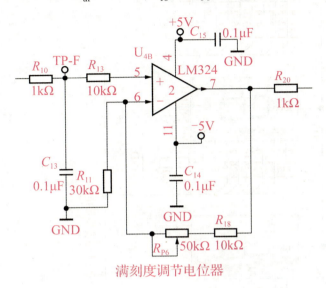

图 8-1-9　信号放大电路

### 4. 温度显示电路

温度显示电路如图 8-1-10 所示。ICL7107 是高性能、低功耗的三位半 ADC 电路，内部已包含七段译码、驱动、参考电源和时钟系统。由 $IC_{4B}$ 的 7 脚输出的标准温度信号通过 $R_{20}$、$R_9$ 送到由 ICL7107 的 31 脚，通过 $R_{P5}$ 调节将 36 脚参考电压设置为 1V，输入电压每升高 1mV，LED 显示器所显示的数字加 1。$C_9$、$C_{16}$ 为电源退耦电容；$C_{10}$ 为振荡定时电容，$R_{14}$ 为振荡定时电阻；$C_{12}$ 为 A/D 积分转换参考电容；$C_7$ 为 A/D 转换自动调零电容；$R_8$ 为 A/D 转换积分电阻；$C_8$ 为 A/D 转换积分电容；$R_{24}$ 为点亮小数点的限流电阻。

信号放大电路送来的温度信号通过 ICL7107 七段译码及驱动，使 4 个七段数码管显示相应的温度数字。

### 5. 温度比较及控制电路

温度比较控制电路由超温控制电路、光耦合电路、继电器控制及二极管指示电路组成，如图 8-1-11 所示。由 $U_{4B}$ 的 7 脚输出的标准温度信号，通过 $R_{20}$、$R_{12}$ 送到由 $U_{4C}$ 组成的电压比较电路，与 $R_{P4}$ 输出的基准电压相比较，当同相输入端电压（温度信号）高于反相输入端电压（基准电压）时，比较器 $U_{4C}$ 的 8 脚输出高电平，反之输出低电平。当 $U_{4C}$ 的 8 脚输出高电平时，使晶体管 $VT_1$ 导通，驱动光耦合器初级发光，光耦合器次级接收到光信号后驱动晶体管 $VT_2$ 导通，使继电器 $K_1$ 线圈通电动作，发光二极管 LED 点亮指示继电器动作。如果将基准电压设置为 0.45V，则当 PT100 所测量的温度大于 45℃ 时，继电器 $K_1$ 吸合，LED 点亮指示继电器动作。在实际应用中，可以在 $X_2$ 端口上外接被控对象，如让加热器停止加热等。

$R_{16}$ 为正反馈电阻，主要是防止当正反相输入电压相当时输出产生振荡。调节 $R_{P4}$ 可改变比较器的基准电压。二极管 VD 的作用是防止继电器 $K_1$ 线圈断电瞬间产生的自感电动势损坏晶体管。

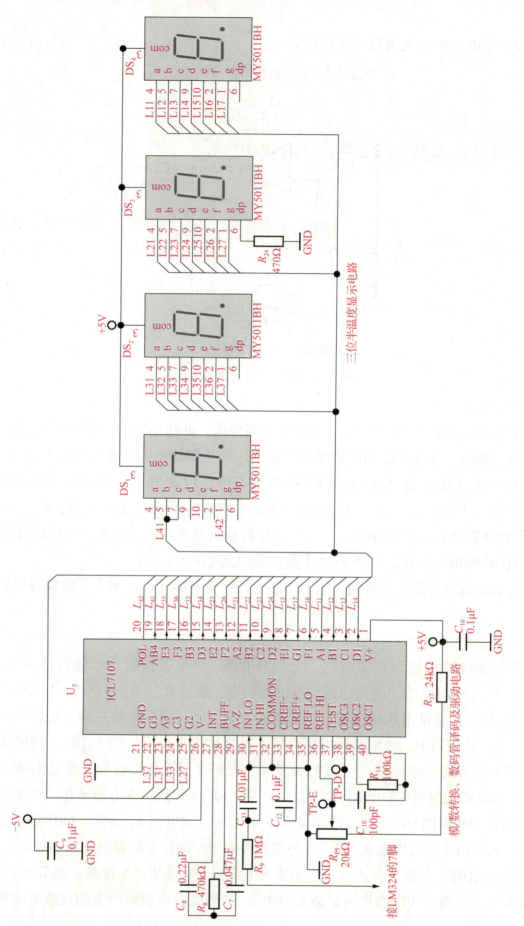

图8-1-10 温度显示电路

项目八 温度控制器制作

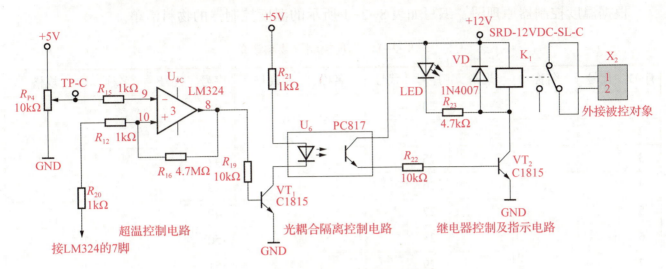

图 8-1-11 温度比较及控制电路

## 任务二 温度控制器的组装与调试

### 学习目标

1. 会检测电阻及电容器。
2. 会初步测量集成电路。
3. 会测量温度传感器。
4. 会按照工艺要求组装温度控制器电路。
5. 会检测电路参数，并调试温度控制器。

### 学习过程

## 一、元器件识别与检测

### （一）清点并归类元器件

温度控制器使用元器件包括色环电阻、贴片电阻、瓷片电容、涤纶电容、电解电容、贴片电容、LED、三端固定稳压集成、三端可调稳压集成、光耦、精密电位器、运放、A/D 转换与显示驱动器、继电器、数码管等元器件，如图 8-2-1 所示。

图 8-2-1 温度控制器物料

根据温度控制器原理图,编写如表8-2-1所示的温度控制器的物料清单。

表8-2-1 温度控制器物料清单

| 序号 | 代号 | 名称 | 规格 | 序号 | 代号 | 名称 | 规格 | 序号 | 代号 | 名称 | 规格 |
| --- | --- | --- | --- | --- | --- | --- | --- | --- | --- | --- | --- |
| 1 | | | | 23 | | | | 45 | | | |
| 2 | | | | 24 | | | | 46 | | | |
| 3 | | | | 25 | | | | 47 | | | |
| 4 | | | | 26 | | | | 48 | | | |
| 5 | | | | 27 | | | | 49 | | | |
| 6 | | | | 28 | | | | 50 | | | |
| 7 | | | | 29 | | | | 51 | | | |
| 8 | | | | 30 | | | | 52 | | | |
| 9 | | | | 31 | | | | 53 | | | |
| 10 | | | | 32 | | | | 54 | | | |
| 11 | | | | 33 | | | | 55 | | | |
| 12 | | | | 34 | | | | 56 | | | |
| 13 | | | | 35 | | | | 57 | | | |
| 14 | | | | 36 | | | | 58 | | | |
| 15 | | | | 37 | | | | 59 | | | |
| 16 | | | | 38 | | | | 60 | | | |
| 17 | | | | 39 | | | | 61 | | | |
| 18 | | | | 40 | | | | 62 | | | |
| 19 | | | | 41 | | | | 63 | | | |
| 20 | | | | 42 | | | | 64 | | | |
| 21 | | | | 43 | | | | 65 | | | |
| 22 | | | | 44 | | | | 66 | | | |

注:标有※的为SMD元件,其余电阻均为五色环(0.25W)。

### (二)元器件识别与测试

根据物料清单清点元器件,用万用表检测、筛选元器件,及时更换不合格的元器件,以保证装配质量,并完成本电路中部分元器件参数检测,填入表8-2-2。

表8-2-2 温度控制器部分元器件识别检测表

| 元器件 | 识别及检测内容 | | | 评分标准 |
| --- | --- | --- | --- | --- |
| 热敏电阻 PT100 | 万用表挡位 | 常温下阻值 | 加热阻值变化情况 | 检测错1项扣1分 |
| | | | | |

续表

| 元器件 | 识别及检测内容 | | | 评分标准 |
|---|---|---|---|---|
| 78L05 与 79L05 | 画外形示意图标引脚名称 | _____ 挡 | | 质量判定分为可用、损坏，检测错1项不得分 |
| | | $R_{12}$ 间正向电阻 | $R_{31}$ 间正向电阻 | |
| | 78L05 | | | |
| | 79L05 | | | |
| PC817 光耦合器 | 画内部结构示意图标引脚名称 | _____ 挡 | | 质量判定分为可用、线圈断路及开关损坏三种。检测错1项不得分 |
| | | $R_{12}$ 正向阻值 | $R_{34}$ 正向阻值 | |
| TL431 稳压器 | 画外形示意图标引脚名称 | _____ 挡 | | 质量判定分为可用、开路、击穿3种，检测错1项不得分 |
| | | RAK 间正向电阻 | | |
| | | RRK 间正向电阻 | | |
| | | RAR 间正向电阻 | | |
| 全部元器件 | 元器件挑选应用正确 | | | 装错、漏装或操作不当损坏元件，每件扣1分 |
| 安全文明生产 | 仪器、仪表、工具放置正确，按正确的操作规程进行操作，防止出现触电事故。操作过程中爱护仪器、仪表、工具、工作台 | | | 各项操作方法不当及错误操作手法，每项扣1分 |

## 二、温度控制器电路安装

温度控制器装接效果如图8-2-2所示。

### （一）温度控制器装接工艺

本电路元器件安装焊接顺序：贴片电阻器、贴片电容器→插件电阻器、二极管→瓷介电容、涤纶电容→集成电路插座→晶体管、发光二极管、电位器→电解电容器、插针、数码管、继电器→热敏电阻 PT100。

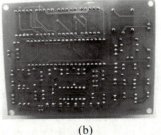

图 8-2-2 温度控制器装接效果
(a) THT 元件面；(b) SMT 焊接

安装要求：贴片元件贴板安装，电阻、开关二极管采用卧式安装，离电路板不高于1mm，电阻器色环标向要一致。其余元器件立式安装，电解电容器、插针、插座、继电器贴板安装，发光二极管、晶体管离板3~5mm安装。热敏电阻用于检测某一物体或环境的温度，其位置由实际位置确定。

### （二）装配评价

装配完毕，检查元器件数量，是否有遗漏，检查元器件位置、极性、是否安装正确，检查元器件焊点质量是否符合要求。再装好 4 颗支架螺钉。装配结束按表 8-2-3 进行评价。装配结束的温度控制器如图 8-2-2 所示。

表 8-2-3　焊接与装配评价表

| 内容 | 技术要求 | 等级 | 标准 |
| --- | --- | --- | --- |
| 电路板的焊接工艺 | SMT（贴片）焊接<br><br>PCB 上各 SMT 元器件焊点光滑、圆润、干净，无毛刺，大小适中，无漏、假、虚、连、歪焊 | A | 所有 SMT 元器件焊点光亮、圆润、干净，无毛刺。焊点基本一致、大小适中。无漏、假、虚、连、歪焊等现象 |
| | | B | 所有 SMT 元器件焊点基本一致、大小适中。无漏、假、虚、连焊现象。个别（1~2 个）元器件焊点有毛刺，不光亮，或出现元器件歪焊现象 |
| | | C | 3~5 个 SMT 元器件焊点有漏、假、虚、连焊、毛刺或不光亮、歪焊等现象 |
| | THT（插件）焊接<br><br>PCB 上各 THT 元器件焊点光滑、圆润、干净，无毛刺，大小适中，无漏、假、虚、连焊，引脚加工尺寸及成形符合工艺要求；导线长度、剥头长度符合工艺要求，芯线完好，捻头镀锡 | A | 所有 THT 元器件焊点光亮、圆润、干净，无毛刺，焊点基本一致、大小适中，无漏、假、虚、连焊现象。引脚加工尺寸及成形符合工艺要求，导线长度、剥头长度符合工艺要求，芯线完好，捻头镀锡 |
| | | B | 所有 THT 元器件焊点光亮、圆润、干净，无毛刺，焊点基本一致、大小适中，无漏、假、虚、连焊现象。个别（1~2 个）元器件焊点有毛刺，不光亮，或导线长度、剥头长度不符合工艺要求，捻头无镀锡 |
| | | C | 3~5 个元器件的焊点有漏、假、虚、连焊现象。或焊点有毛刺、不光亮。或导线长度、剥头长度不符合工艺要求，捻头无镀锡 |
| 电子产品装配工艺 | PCB 上元器件位置、极性安装正确，元器件、导线安装及元器件字标方向符合工艺要求；接插件、紧固件安装可靠牢固，PCB 安装对位；整机无烫伤、划伤、污物 | A | 所有元器件、导线安装符合工艺要求。元器件位置、极性安装正确。接插件、紧固件安装可靠牢固，PCB 安装对位。整机无烫伤、划伤、污物 |
| | | B | 漏装 1~2 个元器件，1~2 个元器件位置、极性安装不正确，元器件、导线安装不符合工艺要求，或出现 1~2 处烫伤、划伤、污物 |
| | | C | 漏装 3~5 个元器件，3~5 个元器件位置、极性安装不正确，元器件、导线安装及字标方向不符合工艺要求，出现 3~5 处出现烫伤、划伤、污物 |

## 三、温度控制器电路调试与测试

### (一) 调测温度控制器

(1) 通电前检查

用万用表 $R×1\Omega$ 挡分别检测电源输入端正向电阻和反向电阻，以判断电路是否有短路现象，测正向电阻值时指针应不动，测反向电阻指针指在 $30\Omega$ 左右为正常。

(2) 调测电源电路

1) 外部接线。通过 $X_1$ 端子接入工作电源（注意电源极性：+12V、-12V 和 GND）。

2) 调试电源。

① 检测整机电流，整机电流应在 100mA 左右为正常，否则有短路现象，需检修后再通电调测。

② 检测 78L05、79L05 的输入、输出端电压，确保+12V、-12V、+5V、-5V 正常。

(3) 调测温度检测电路

温度检测电路由并联稳压电源、电桥和比较放大器组成。

1) 调节电桥供电电压：用数字表测量 TP-A 点的电压，调节 $R_{P1}$ 使 TP-A 点的电压为 4.096V。

2) 调节电桥平衡（调零）。电路中有 2 个跳线，即 JUMP-A 和 JUMP-B，闭合 JUMP-B 就是将 PT100 接入电路，闭合 JUMP-A 就是可调电位器 $R_{P2}$ 接入电路，调试时用可调电位器 $R_{P2}$ 模拟 PT100 在各种温度下的阻值。

① 断开 JUMP-A 和 JUMP-B，调节 $R_{P2}$，使 $R_{P2}$ 两端电阻为 $100\Omega$，模拟 PT100 温度为 0℃ 时的电阻值。

② 接通 JUMP-A 点，调节 $R_{P3}$，使 LM324 的 7 脚输出电位为 0V，即电桥平衡调节。

(4) 调测信号放大电路

信号放大电路调测必须在电桥平衡调节完成后进行。

1) 断开 JUMP-A 和 JUMP-B，调节 $R_{P2}$，使其两端电阻为 $175.49\Omega$（模拟 PT100 温度为 199℃ 时的电阻值）。

2) 接通 JUMP-A，调节 $R_{P6}$，使 TP-B 点电位为 1.99V（使用数字表测量 TP-B 点的电位）。

(5) 调测温度显示电路基准电压

温度显示电路由 ICL7107、LED 数码管和外部阻容元件组成。调节 $R_{P5}$ 使 ICL7107 第 36 脚的电位（A/D 转换的参考电压）为 1V。当 ICL7107 第 31 脚（输入的温度信号模拟量）的电位为 159mV 时，根据 TP-B 点电压与温度 10mV/℃ 的关系，数码管显示器应显示 15.9，即 15.9℃。

(6) 调测温度比较、温度控制电路

温度比较、温度控制电路主要由电压比较器、光隔离器（光耦）、驱动电路和输出继电器等元件组成。TP-C 点为电位比较器的基准电位，调节 $R_{P4}$ 使 TP-C 点的电位为 0.45V。断开 JUMP-B，接通 JUMP-A，调节 $R_{P2}$，使 TP-B 点的电位高于 0.45V（模拟 PT100 所测温度高于

45℃），如果 $U_{4C}$ 输出高电平，$VT_1$ 饱和导通，发光二极管 LED 发光，继电器得电，其常闭触头断开，并通过 $COM_2$ 驱动外接电路动作，则温度比较、温度控制电路工作正常。

温度控制与显示电路调测完成后，接通 JUMP-B（把 PT100 接入电路），断开 JUMP-A。分别检测集成电路 $U_4$、$U_5$、$U_6$ 的各脚电位，将检测数据填入表 8-2-4~表 8-2-6。

表 8-2-4　$U_4$（LM324）各脚电位

| 引脚 | 1 | 2 | 3 | 4 | 5 | 6 | 7 | 8 | 9 | 10 | 11 | 12 | 13 | 14 |
|---|---|---|---|---|---|---|---|---|---|---|---|---|---|---|
| 电位/V | | | | | | | | | | | | | | |

表 8-2-5　$U_5$（ICL7107）各脚电位

| 引脚 | 1 | 2 | 3 | 4 | 5 | 6 | 7 | 8 | 9 | 10 | 11 | 12 | 13 | 14 |
|---|---|---|---|---|---|---|---|---|---|---|---|---|---|---|
| 电位/V | | | | | | | | | | | | | | |
| 引脚 | 15 | 16 | 17 | 18 | 19 | 20 | 21 | 22 | 23 | 24 | 25 | 26 | 27 | 28 |
| 电位/V | | | | | | | | | | | | | | |
| 引脚 | 29 | 30 | 31 | 32 | 33 | 34 | 35 | 36 | 37 | 38 | 39 | 40 | | |
| 电位/V | | | | | | | | | | | | | | |

表 8-2-6　$U_6$（PC817）的各脚电位

| 引脚 | 1 | 2 | 3 | 4 |
|---|---|---|---|---|
| 电位/V | | | | |

### （二）调试整机电路

整机调试时，断开 JUMP-A，接通 JUMP-B，将温度传感器 PT100（热敏电阻）接入电路中，接通电路工作电源，此时数码管显示环境温度。用发热元件（电烙铁或热风枪等）加热温度传感器，当温度传感器检测到的温度高于 45℃ 时，如果继电器 $K_1$ 吸合，常闭触点断开，被控对象做相应动作；LED 指示灯点亮。则调试完成。

用电烙铁给温度传感器 PT100 加热的方法如图 8-2-3 所示。测量关键点的电压如图 8-2-4 所示。

图 8-2-3　用电烙铁给温度传感器 PT100 加热的方法

图 8-2-4　检测关键点的电压

项目八 温度控制器制作

## （三）测量 ICL7107 的工作频率

电路在常温下正常工作时，用示波器、毫伏表及频率计测量 ICL7107 的 38 脚振荡信号的波形、频率及幅值，检测方法如图 8-2-5 所示，将测量的数据填入表 8-2-7。

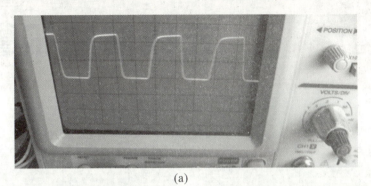

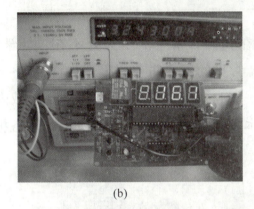

**图 8-2-5 测量 ICL7107 的振荡信号的波形、频率及幅值**
（a）测量 ICL7107 的 38 脚波形；（b）测量 ICL7107 的 38 脚频率；（c）测量 ICL7107 的 38 脚有效值

**表 8-2-7 ICL7107 的 38 脚（振荡信号）波形、周期及幅值（10 分）**

| 波形 | 示波器 | 频率计 | 毫伏表 |
|---|---|---|---|
|  | 使用挡位：<br>_____ μs/div<br>_____ v/div<br>$T =$ _____ ms<br>$V_{P-P} =$ _____ V | $T =$ _____ ms<br>$f =$ _____ kHz | 有效值：_____ V<br>电压增益：_____ dB |

# 项目九

# 无线防盗报警器制作

## 项目描述

无线防盗报警器（Wireless Alarm System）在我们日常生活中无处不在，如学校、企业、银行、单位等均可见到无线防盗报警器的应用。常见的无线防盗报警器如图 9-0-1 所示。它是利用物理、电子、通信等技术实现报警功能，能自动探测发生在布防监测区域内的侵入行为，产生报警信号，保护用户生命财产安全。本项目通过制作一种简易无线防盗报警器，使学生了解其工作原理，掌握其电路生产过程。

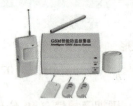  

图 9-0-1 常见的简易无线防盗报警器

简易无线防盗报警器电路原理图如图 9-0-2 所示，该电路主要由振动检测、光线检测、门磁检测、逻辑控制、调制电路、38kHz 载波振荡电路、红外发射接收电路、红外接收头、音响报警电路、2Hz 间隙振荡电路、欠电压监测报警电路等组成，能检测振动、门磁、光线等信号，具有蜂鸣报警功能。

具体任务如下：

1) 识别、检测电路中各种元器件。
2) 按工艺要求安装、焊接无线防盗报警器。
3) 按调试步骤调测电路，实现功能。
4) 测试电路参数，排除无线防盗报警器故障。

## 项目九 无线防盗报警器制作

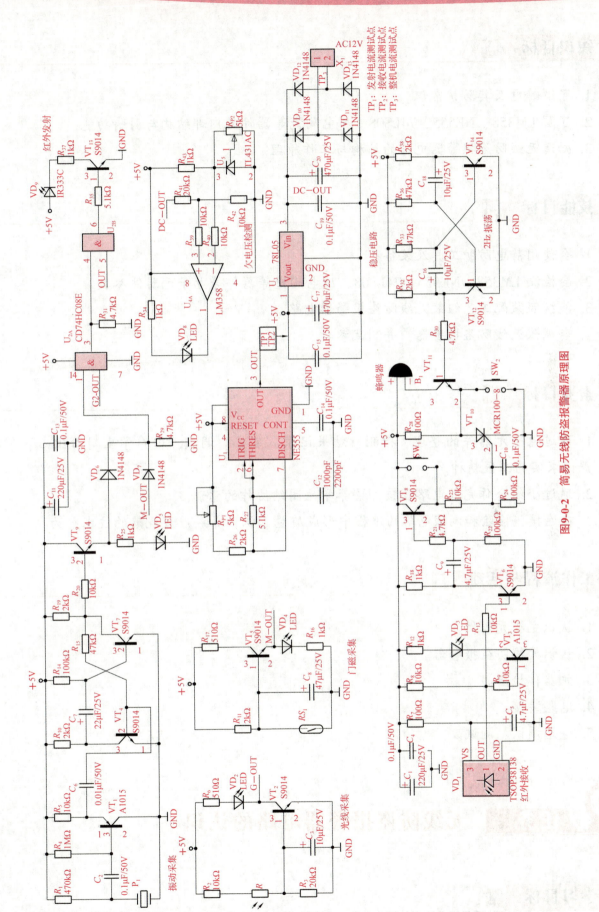

图9-0-2 简易无线防盗报警器原理图

## 知识目标

1. 了解静电及其防护常识。
2. 了解 LM358、NE555、74LS08、压电陶瓷等器件的内部结构与引脚功能。
3. 知道无线防盗报警器电路的结构与工作原理。

## 技能目标

1. 会使用静电防护工具及装备。
2. 会检测 LM358、NE555、74LS08、压电陶瓷等器件等电子元器件参数。
3. 能按照装配工艺组装无线防盗报警器电路。
4. 会调试无线防盗报警器，并测试参数。

## 素养目标

1. 通过电子元器件的整理、检测、结果记录、装接、调试，培养学生耐心细心、条理清晰、严谨求实的工匠精神。
2. 通过小组合作完成电路装接，培养学生团结协作的意识。
3. 在连接、检验和调试电路的过程中形成质量意识，养成严谨规范的技术行为。

## 工作流程与活动

1. 认识主要元器件。
2. 认识无线防盗报警器。
3. 元器件检测。
4. 电路装接。
5. 电路调试、测试。

# 任务一　无线防盗报警器电路的认识

## 学习目标

1. 了解静电及防护常识。

2. 了解压电陶瓷片性能参数。

3. 了解 LM358、NE555、74LS08、芯片的结构与功能。

4. 了解无线防盗报警器的工作原理及工作过程。

## 学习过程

### 一、静电及防护

电子元器件的静电损坏是困扰电子行业的难题。离子注入法等技术的普及，增加了集成电路的集成度，提高了集成电路的性能，却更易受静电影响。各类电子元器件可能被损坏的静电压范围如表 9-1-1 所示。

表 9-1-1　各类电子元器件易损电压范围（静电放电）

| 类型 | 电压范围/V | 类型 | 电压范围/V |
|---|---|---|---|
| MOSFET | 100～200 | 双极性晶体管 | 380～7 000 |
| 面接性 FET | 140～10 000 | ECL（PCB 电位） | 500 |
| CMOS | 250～2 000 | SCR | 680～1 000 |
| STTL 二极管、TTL | 300～2 500 | | |

分析表 9-1-1 可得，将作业环境的静电压水平保持在 100V 以下，可有效减少静电损坏。绝大多数情况下，被静电损坏的元器件已在检查工序中被剔出，但因静电导致的元件特性变化有时不易察觉。在生产或使用静电敏感元件的工厂中，必须让所有工序的作业人员及管理人员了解静电防护的重要性，配备有效控制静电的设备，如配备导电桌垫、导电性手腕带、导电性地板垫、离子化空气吹风装置等，部品移动时使用导电性包装材料或容器。

#### 1. 概述

静电指物体表面电子的过剩或不足。当电子过剩时，物体表面带负电；当电子不足时，物体表面带正电。防静电对策的基本要求：防止静电蓄积，释放已带静电。释放方法根据带电物体的性质而有所不同。

导体只需将其接地即可释放静电。但将绝缘体接地不能解决静电释放问题，因为电荷不能在绝缘体内流动。纸箱、塑料容器、作业者衣服等带电绝缘体必须使用离子化空气来去除静电。

#### 2. 导体释放静电的方法

制作防静电安全作业台时，适当地使用导电桌面垫、手腕带、地板垫等能除去导电性物体携带的静电，释放速度由带电物体的容量和释放路径的电阻决定，可等效为带有电量为 $C$ 的导体和释放路径电阻为 $R$ 的电路，如图 9-1-1 所示。

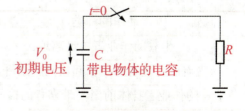

图 9-1-1　静电放电的等效电路

带电物体的电压与时间 $t$ 的函数关系为

$$V = V_0 \cdot \exp(-t/RC)$$

式中，$V$ 为时间 $t$ 时的带电物体的电压，V；$V_0$ 为带电物体的初期电压，V；$t$ 为放电时间，s；$R$ 为释放路径的等效电阻，Ω；$C$ 为带电物体的等效电容量，F。

作业现场的人或其他导电体通过设置通往大地的电荷流动路径，即可防止静电积蓄。图 9-1-1 中的 $R$ 是由若干个混联电阻组成的。以戴着防静电手腕带坐在作业台前的作业者为例，从作业者至大地的电阻，是由手腕带的电阻与连接手腕带的工作台垫至大地的电阻之和，若作业者的脚与导电地板垫接触，则鞋与通过导电地板胶至大地的电阻与前述手腕带至大地的电阻形成并列。在确定下降至安全静电水平的容许最长时间后，可计算出构成静电对策系统各部品的最佳许容电阻值。

### 3. 导电性桌面垫及地板垫

导电性地板垫可消除靠近作业台周边的人员（如管理人员）的静电。它不能完全防止静电事故，但是一种有效的防静电对策，尤其是对于非作业者出入频繁的电子元件组装现场。通常地板垫的最大容许电阻必须满足使作业者的静电压在 1s 内降到 100V 以下。几种桌面垫上所放置导电性容器的放电特性如表 9-1-2 所示。

表 9-1-2　几种桌面垫上所放置导电性容器的放电特性

| 桌面垫材质 | 至大地的电阻 $R/\Omega$ | 5 000~100V 所需时间 |
|---|---|---|
| 不锈钢 | $1 \times 10^6$ | 0.001s |
| 三聚氰胺树脂 | $3 \times 10^{11}$ | 10min 后 300V |
| 非带电性聚乙烯 | $4 \times 10^{12}$ | 10min 后 800V |
| 木材 | $1 \times 10^{13}$ | 10min 后 1 000V |

注：样品均在相对湿度 30% 环境下放置 48h 后测定，至大地的电阻（$R$）中包含 1MΩ 的限流电阻。

### 4. 手腕带

手腕带可通过作业者的持续接地，将作业时人体动作所产生的静电保持在安全电压内。据调查，坐在作业台边作业的作业者平均带有约 500V 的电压，主要由因摩擦发生的电荷和人体电容量变化发生的电压组成。人体电容量会随人体与其他物体的靠近程度而变化，作业者坐下、单足离地、双足离地或站立等姿势变化也会改变电容量。作业现场人体电容量变化情况如表 9-1-3 所示。

表 9-1-3　作业现场人体电容量变化情况

| 动作的种类 | 初期容量 | 动作后容量 | 变化量 |
|---|---|---|---|
| 坐着的作业者单足离地 | 192pF | 163pF | 减少 15% |
| 坐着的作业者双足抬起放到脚踏杆 | 192pF | 129pF | 减少 33% |
| 坐着的作业者身体前屈（带靠背的椅子） | 192pF | 184pF | 减少 4% |
| 站立的作业者单足上抬 | 167pF | 141pF | 减少 16% |
| 坐着的作业者站立起来 | 192pF | 167pF | 减少 13% |

### 5. 去除绝缘物体上静电的方法

采用离子化空气吹风是去除如糖块的包装纸、记录用纸、咖啡杯、作业者的衣服等绝缘物体上静电的方法。离子化空气吹风是指用 + 或 - 离子化空气不断向绝缘物吹拂，将绝缘物上所带的电荷中和。带电物体会吸引极性相反的离子进行自行中和，未被采用的离子和与带电物体同极性的离子会被推向远方，与其他的离子再结合，或与已接地的设备机架、地面接触而被中和。需要说明的是，空气离子化吹风不能代替手腕带去除人体产生的静电。

### 6. 导电性包装

不耐静电的电子部品移放时，必须要用防静电对策用的材料进行包装或放入导电性的容器中。包装不仅不能因摩擦而自身带电，还要能屏蔽外部电场。要防止来自带电人体或包装用泡沫塑料等外部物体的静电影响，要求具有比一般防静电材料更高的电气特性。形成静电屏蔽保护内部部品，要求包装用薄膜必须具有至少一层非常导电的物质。工厂内部临时的保管输送用导电性容器、部品箱托盘等能有效保护内容物减少静电影响，例如，金属或体积电阻在 $10^5\Omega \cdot cm$ 以下的塑料被广泛使用。

### 7. 小结

桌面垫及地板垫的电阻必须满足进入作业现场的带电体的电压能在 1s 内下降到 100V 以下。通过理论推导与实测已知，桌面垫或地板垫至大地的电阻应小于 $1\,000M\Omega$。手腕带要求有较快的放电时间（0.1s）确保人体因电容量的变化而产生的电压小于 100V，则手腕带的电阻值要求小于 $100M\Omega$。防静电对策作业台所使用的各种装备部品所要求的容许电阻与容许放电时间，如表 9-1-4 所示。

表 9-1-4　防静电对策用部品的最大容许电阻与容许放电时间表

| 材料 | 容许电阻/MΩ | 容许放电时间/s |
| --- | --- | --- |
| 地板垫 | <1 000 | <1 |
| 桌面垫 | <1 000 | <1 |
| 手腕带 | <100 | <0.1 |

设置导电性作业台后，必须定期使用兆欧表等仪表进行效果测定，及时排查如手腕带未接地、桌面垫的地线断线，清理地板垫、桌面垫表面覆着的污垢等。需要说明的是，电阻在 $10^9\Omega$ 以上的材料，不适合用于防静电对策作业台。

## 二、主要器件及芯片介绍

### （一）认识压电陶瓷片

压电效应是指某些物质沿其一定的方向施加压力或拉力时，随着变形的产生会在其某两个相对的表面产生符号相反的电荷（表面电荷的极性与拉、压有关），当外力去掉、形变消失后，又恢复不带电的状态，将机械能转变为电能的现象。具有压电效应的物质（电介质）称为压电材料。

压电陶瓷片的外形和结构如图 9-1-2 所示。

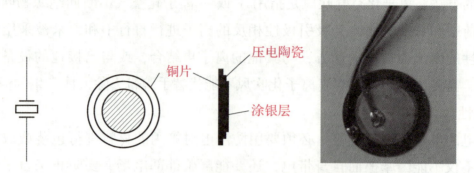

图 9-1-2 压电陶瓷片的外形和结构

### （二）认识光敏电阻

光敏电阻器是一种利用半导体的光电效应制成的，阻值随入射光的强弱而改变的电阻器。入射光增强，光敏电阻的阻值减小；入射光减弱，光敏电阻的阻值增大。它常用于光的测量、光的控制和光电转换。光敏电阻的外形和符号如图 9-1-3 所示。

图 9-1-3 光敏电阻的外形和符号

### （三）认识红外发射二极管和红外接收头

红外线是频率低于红色光的不可见光，波长为 0.75~100μs。红外发射二极管 SE303 是发射红外光（波长介于 0.75~100μs）的元器件，其外形和符号如图 9-1-4 所示。

红外接收头 HS0038B 是接收频率为 38kHz 的红外信号的元器件，并能对信号进行放大、检波、整形得到 TTL 电平的编码信号。红外接收头输出的原始遥控数据信号与发射端信号反向。红外接收头如图 9-1-5 所示。

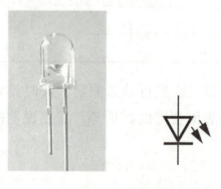

图 9-1-4 红外发射二极管的外形和符号

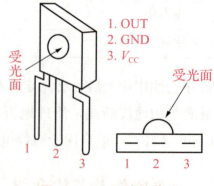

图 9-1-5 红外接收头

### （四）认识运算放大器 LM358

运算放大器 LM358 内部包括两个独立的、高增益的、内部频率补偿的双运算放大器，广泛应用于传感放大器、直流增益模组、音频放大器、工业控制、DC 增益部件等单电源供电的使用运算放大器的场合，也适用于双电源工作模式，其内部结构如图 9-1-6 所示。

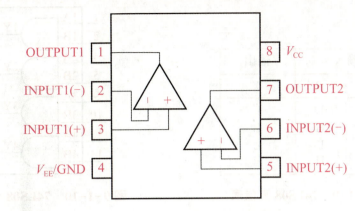

图 9-1-6 LM358 的内部结构

### （五）认识时基电路 NE555

时基电路 NE555 是多谐振荡器、单稳态触发器、施密特触发器等波形产生与变化电路的重要组成部分，常称为万能集成电路。NE555 引脚图如图 9-1-7 所示，内部组成原理图如图 9-1-8 所示。

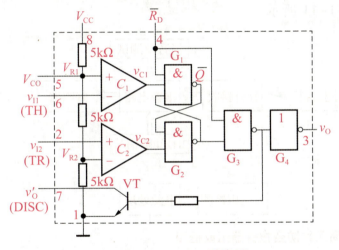

图 9-1-7 NE555 引脚图

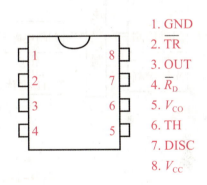

图 9-1-8 NE555 内部组成原理图

NE555 引脚功能简介。

1 脚：公共接地端为负极。

2 脚：低触发端 $\overline{TR}$，低于 1/3 电源电压时即导通。

3 脚：输出端 OUT，输出电流可达 200mA。

4 脚：强制复位端 $\overline{R}_D$，不用时可与电源正极相连或悬空。

5 脚：比较器的基准电压，简称控制端 $V_{CO}$，不用时可悬空或通过 $0.01\mu F$ 电容器接地。

6 脚：高触发端 TH，又称阈值端，高于 2/3 电源电压时即截止。

7 脚：放电端 DISC。

8 脚：电源正极 $V_{CC}$。

### （六）认识 2 输入端四与门电路 74LS08

2 输入端四与门电路 74LS08 内部含有 4 个 2 输入与门电路，其真值表如图 9-1-9 所示；引脚图如图 9-1-10 所示。

| 输入 | | 输出 |
|---|---|---|
| A | B | Y |
| L | L | L |
| L | H | L |
| H | L | L |
| H | H | H |

图 9-1-9　74LS08 真值表

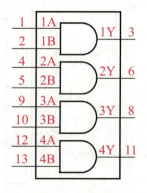

图 9-1-10　74LS08 引脚图

## 三、电路原理介绍

### （一）无线防盗报警器组成框图

简易无线防盗报警器组成框图如图 9-1-11 所示。

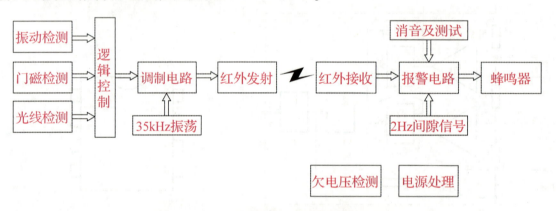

图 9-1-11　简易无线防盗报警器组成框图

### （二）无线防盗报警器的工作原理

**1. 稳压电路**

简易无线防盗报警器稳压电路如图 9-1-12 所示。AC12V 由 $X_1$ 接入，4 个 1N4007 桥式整流后，$C_{19}$、$C_{20}$ 对输入直流电源滤波，经 78L05 稳压后输出稳定的 DC5V，$C_{15}$、$C_{16}$ 对输出直流电源再次滤波，降低纹波系数，为电路提供更加平缓的稳定 DC5V。

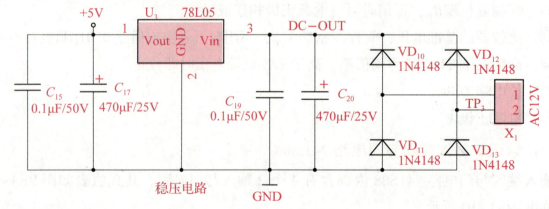

图 9-1-12　简易无线防盗报警器稳压电路

## 2. 欠电压检测电路

简易无线防盗报警器欠电压检测电路如图9-1-13所示。由 $U_5$ 和 $R_{P2}$ 组成高精度并联稳压电源，调节 $R_{P2}$，可改变输出电压 $V_{AK}$。一旦确定 $V_{AK}$，则运算放大器 LM358 输入端（V−）电压确定。经桥式整流及滤波后的直流电源，由 $R_{41}$ 和 $R_{42}$ 分压，LM358 输入端（V+）电压约为桥式整流滤波后直流电压的1/3。将由 $X_1$ 输入的交流电源电压调整为 AC12V，调节 $R_{P2}$ 使 $U_5$ 的 K 极电压为 3V，此时欠电压指示灯 $VD_8$ 应熄灭。将由 $X_1$ 输入的交流电源电压调整为 AC9V，调节 $R_{P2}$ 使 $VD_8$ 点亮，然后升高由 $X_1$ 输入的交流电压，欠电压指示灯 $VD_8$ 熄灭。反复升高、降低输入电压，确保欠电压报警电路正常且稳定。欠电压告警报警值公差应控制在 ±0.5V 内。

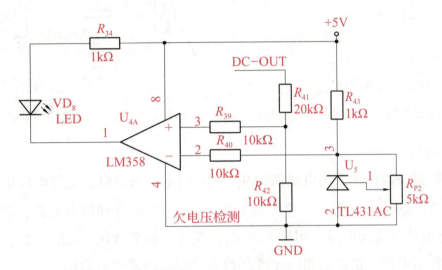

**图 9-1-13　简易无线防盗报警器欠电压检测电路**

### 3. 光线采集电路

简易无线防盗报警器光线采集电路如图9-1-14所示。当白天外部环境光线较强时，R 的光电阻较小，由 $R_2$、R、$R_3$ 分压，晶体管 $VT_2$ 因基极电压增大而导通，发光二极管 $VD_2$ 点亮。$VT_2$ 的集电极为低电平（逻辑0）。反之，当黑夜外部环境光线变暗，R 的暗电阻较大，分压后，晶体管 $VT_2$ 因基极电压减小（<0.5V）而截止，$VD_2$ 熄灭。$VT_2$ 的集电极为高电平（逻辑1）。

### 4. 门磁采集电路

简易无线防盗报警器门磁采集电路如图9-1-15所示。当磁性物质靠近（<10mm）干簧管时，$RS_1$ 内部接通，晶体管 $VT_5$ 因基极接地而截止，发光二极管 $VD_4$ 熄灭。$VT_5$ 的集电极为高电平（逻辑1）。反之，当磁性物质离开时，$RS_1$ 内部断开，晶体管 $VT_5$ 的基极经电阻 $R_{17}$ 接 DC5V 而导通，$VD_4$ 点亮。$VT_5$ 的集电极为低电平（逻辑0）。

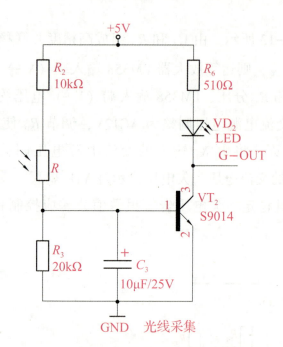
图 9-1-14 简易无线防盗报警器光线采集电路

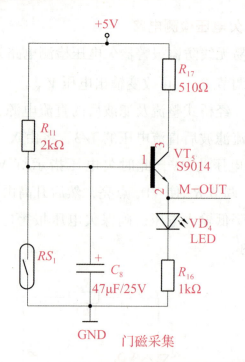
图 9-1-15 简易无线防盗报警器门磁采集电路

### 5. 振动采集电路

简易无线防盗报警器振动采集电路如图 9-1-16 所示。振动检测电路由压电陶瓷片 $P_1$、晶体管放大电路、单稳态电路组成。$P_1$ 检测到的信号通过 $C_2$ 耦合到放大电路，放大后的信号通过 $C_6$ 触发单稳态电路。接通电源，用笔轻敲 $P_1$，发光二极管 $VD_5$ 点亮 3~5s，说明振动检测电路已经正常。若不正常，请检测相应元件是否有错误或电路中有故障。

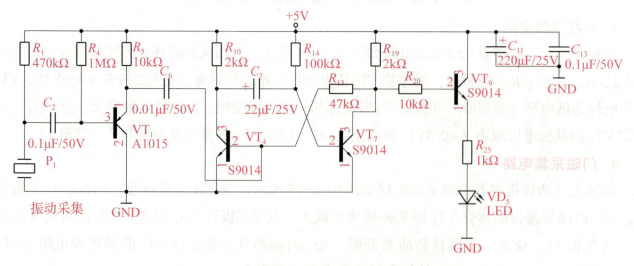
图 9-1-16 简易无线防盗报警器振动采集电路

### 6. 38Hz 产生电路

38kHz 振荡电路由 $U_1$ 和部分阻容元件构成，如图 9-1-17 所示。调节 $R_{P1}$ 使 $U_1$ 输出 38kHz ±500Hz 的方波信号。

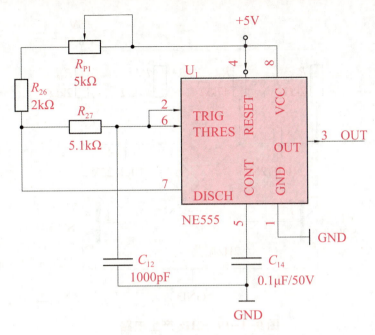

图 9-1-17  38Hz 产生电路

### 7. 红外发射电路（逻辑控制部分）

挡住 R 光线使 $VD_2$ 熄灭，$VT_2$ 集电极输出高电平。若振动检测电路被触发 $VD_5$ 点亮或磁性物质离开 $RS_1$，发光二极管 $VD_4$ 点亮，会使 $U_{2A}$ 输出高电平，$U_{2A}$ 输出的信号通过与38kHz信号相与后驱动晶体管 $VT_{13}$，红外发射二极管 $VD_9$ 发送出报警信号，如图9-1-18所示。

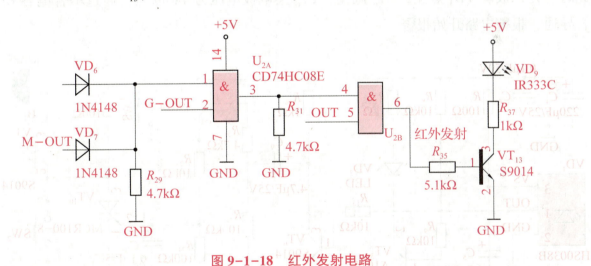

图 9-1-18  红外发射电路

### 8. 2Hz 产生电路

如图 9-1-19 所示，开机时，通过 $R_{33}$ 和 $R_{36}$ 分别给两只晶体管提供基极电流，电路的微小差异和正反馈，使一只管子饱和导通，而另一只截止。若 $VT_{12}$ 饱和导通，$VT_{12}$ 集电极电位下降，通过电容 $C_{16}$ 耦合至 $VT_{14}$ 基极，$VT_{14}$ 基极电位下降而有效截止，出现一个暂稳态。$C_{18}$ 充电，$C_{16}$ 放电，$VT_{12}$ 基极电位因 $C_{18}$ 充电而降低，$VT_{14}$ 因 $C_{16}$ 放电而升高，从而使 $VT_{12}$ 截止，$VT_{14}$ 饱和导通，$C_{18}$ 放电，$C_{16}$ 充电，不断循环往复，便形成了多谐振荡。$VT_{12}$ 的集电极输出2Hz左右的脉冲信号。

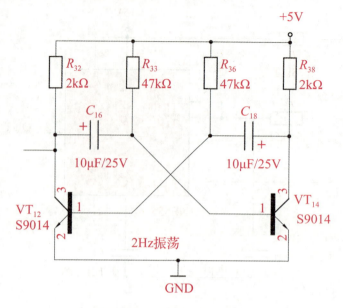

图 9-1-19 2Hz 产生电路

### 9. 红外接收电路

如图 9-1-20 所示,接收电路由 HS0038B 红外接收头和外围阻容元件构成,HS0038B 红外接收头在未接收到信号时,输出脚输出高电平,此时 $VT_3$ 截止发光二极管 $VD_3$ 熄灭,$VT_6$ 导通,$VT_6$ 集电极电压为 0.5V 以下,当 HS0038B 接收到有用信号时,输出脚输出低脉冲信号,此时发光二极管 $VD_3$ 点亮,$VT_6$ 截止,$VT_6$ 集电极电压为 4V 以上,通过耦合电容 $C_9$ 触发晶闸管导通,报警电路开始报警。

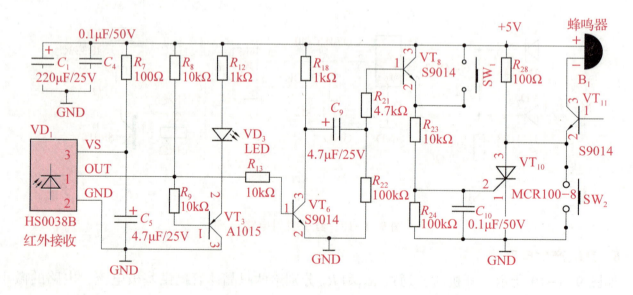

图 9-1-20 红外接收电路

## 任务二　无线防盗报警器的组装与调试

### 学习目标

1. 会检测电阻及电容器。
2. 会初步测量集成电路。
3. 会测量无线防盗报警器。
4. 会按照工艺要求组装无线防盗报警器电路。
5. 会检测电路参数，并调试无线防盗报警器。

### 学习过程

## 一、元器件识别与检测

### （一）清点并归类元器件

简易无线防盗报警器使用元器件包括贴片电阻、贴片电容、贴片晶体管、色环电阻、电位器、电解电容、独石电容、二极管、发光二极管、三端稳压TL431、三端稳压78L05、晶体管、晶闸管MCR100-8、集成电路74LS08、集成电路NE555、集成电路LM358、蜂鸣器、接线端子、按键、红外发光二极管、红外接收头HS0038B、干簧管、光敏电阻、压电陶瓷片等元器件，如图9-2-1所示。

图9-2-1　简易无线防盗报警器物料

根据简易无线防盗报警器原理图，编制简易无线防盗报警器的物料清单，如表9-2-1所示。

表9-2-1　简易无线防盗报警器元器件清单

| 序号 | 代号 | 名称 | 规格 | 序号 | 代号 | 名称 | 规格 |
|---|---|---|---|---|---|---|---|
| 1 | | | | 21 | | | |
| 2 | | | | 22 | | | |
| 3 | | | | 23 | | | |

续表

| 序号 | 代号 | 名称 | 规格 | 序号 | 代号 | 名称 | 规格 |
|---|---|---|---|---|---|---|---|
| 4 | | | | 24 | | | |
| 5 | | | | 25 | | | |
| 6 | | | | 26 | | | |
| 7 | | | | 27 | | | |
| 8 | | | | 28 | | | |
| 9 | | | | 29 | | | |
| 10 | | | | 30 | | | |
| 11 | | | | 31 | | | |
| 12 | | | | 32 | | | |
| 13 | | | | 33 | | | |
| 14 | | | | 34 | | | |
| 15 | | | | 35 | | | |
| 16 | | | | 36 | | | |
| 17 | | | | 37 | | | |
| 18 | | | | 38 | | | |
| 19 | | | | 39 | | | |
| 20 | | | | 40 | | | |
| 41 | | | | 51 | | | |
| 42 | | | | 52 | | | |
| 43 | | | | 53 | | | |
| 44 | | | | 54 | | | |
| 45 | | | | 55 | | | |
| 46 | | | | 56 | | | |
| 47 | | | | 57 | | | |
| 48 | | | | 58 | | | |
| 49 | | | | 59 | | | |
| 50 | | | | 60 | | | |

注：SMC 元件注意标注※或其他符号区分，色环电阻均为 0.25W。

### （二）元器件识别与测试

根据物料清单清点元器件，用万用表检测、筛选元器件，及时更换不合格的元器件，确保装配质量。对部分特殊元器件参数进行检测，完成表 9-2-2。注意：质量判定填写"可用"

"断路""短路""漏电"。所使用的万用表型号为＿＿＿＿＿＿＿＿＿＿＿＿＿＿＿＿。

表 9-2-2 简易无线防盗报警器部分元器件识别检测表

| 元器件 | | 识别及检测内容 | | | |
|---|---|---|---|---|---|
| 电阻 | $R_1$ | 标称值（含误差） | | 测量值 | 测量挡位 |
| 电容 | $C_3$ | 标称值/μF | | 介质 | 质量判定 |
| 二极管 | $VD_1$ | 正向电阻 | 反向电阻 | 测量挡位 | 质量判定 |
| 晶体管 | $VT_7$ | 画外形示意图 标出引脚名称 | | 电路符号 | 质量判定 |
| 晶闸管 | $VT_{10}$ | 画外形示意图 标出引脚名称 | | AK 极正反向电阻 | 质量判定 |
| 光敏电阻 | $R$ | 正常光照时电阻 | | 无光照时电阻 | 质量判断 |
| 万用表 | | 操作全过程中，对万用表的使用进行逐个检查 | | | |

## 二、无线防盗报警器电路安装

简易无线防盗报警器装配效果如图 9-2-2 所示。

### （一）无线防盗报警器装接工艺

本电路元器件安装焊接顺序为：贴片电阻、贴片电容、贴片晶体管→色环电阻、二极管→独石电容→集成电路插座→发光二极管、三端稳压 TL431、三端稳压 78L05、晶闸管 MCR100-8、红外发光二极管、红外接收头 HS0038B、电位器→蜂鸣器、接线端子、按键、电解电容→干簧管、光敏电阻、压电陶瓷片→集成电路 74LS08、集成电路 NE555、集成电路 LM358。

图 9-2-2 简易无线防盗报警器装配效果图

安装要求：贴片元件贴板安装，电阻、二极管采用卧式安装，离电路板不高于 1mm，电阻器色环标向要一致。其余元器件立式安装，电解电容、插座等贴板安装，发光二极管、晶体管离板 3~5mm 安装。光敏电阻用于检测环境光照情况，可根据实际情况确定高度及位置。红外发射二极管和红外接收头安装焊接时应注意将其方向相对，发射面与接收面位置应间隔 15~30mm。压电陶瓷片焊接时应尽量缩短焊接时间，以避免陶瓷片损坏。

### （二）装配评价

装配完毕，检查元器件数量，是否遗漏，检查元器件位置、极性等是否安装正确，焊点质量是否符合要求，元件焊接及装配工艺按表 9-2-3 进行评分。

表 9-2-3　焊接与装配评价表（30 分）

| 内容 | | 技术要求 | 等级 | 标准 |
| --- | --- | --- | --- | --- |
| 电路板的焊接工艺 | SMT（贴片）焊接 | PCB 上各 SMT 元器件焊点光滑、圆润、干净、无毛刺、大小适中、无漏、假、虚、连、歪焊 | A | 所有 SMT 元器件焊点光亮、圆润、干净、无毛刺。焊点基本一致、大小适中。无漏、假、虚、连、歪焊等现象 |
| | | | B | 所有 SMT 元器件焊点基本一致、大小适中。无漏、假、虚、连焊现象。个别（1~2 个）元器件焊点有毛刺，不光亮，或出现元器件歪焊现象 |
| | | | C | 3~5 个 SMT 元器件焊点有漏、假、虚、连焊、毛刺或者不光亮、歪焊等现象 |
| | THT（插件）焊接 | PCB 上各 THT 元器件焊点光滑、圆润、干净、无毛刺、大小适中、无漏、假、虚、连焊，引脚加工尺寸及成形符合工艺要求；导线长度、剥头长度符合工艺要求，芯线完好，捻头镀锡 | A | 所 THT 元器件焊点光亮、圆润、干净、无毛刺，焊点基本一致、大小适中，无漏、假、虚、连焊现象。引脚加工尺寸及成形符合工艺要求，导线长度、剥头长度符合工艺要求，芯线完好，捻头镀锡 |
| | | | B | 所 THT 元器件焊点光亮、圆润、干净、无毛刺，焊点基本一致、大小适中，无漏、假、虚、连焊现象。个别（1~2 个）元器件焊点有毛刺，不光亮，或导线长度、剥头长度不符合工艺要求，捻头无镀锡 |
| | | | C | 3~5 个元器件的焊点有漏、假、虚、连焊现象。或者焊点有毛刺、不光亮。或导线长度、剥头长度不符合工艺要求，捻头无镀锡 |
| 电子产品装配工艺 | | PCB 上元器件位置、极性安装正确，元器件、导线安装及元器件字标方向符合工艺要求；接插件、紧固件安装可靠牢固，PCB 安装对位；整机无烫伤、划伤、污物 | A | 所有元器件、导线安装符合工艺要求。元器件位置、极性安装正确。接插件、紧固件安装可靠牢固，PCB 安装对位。整机无烫伤、划伤、污物 |
| | | | B | 漏装 1~2 个元器件，或 1~2 个元器件位置、极性安装不正确，元器件、导线安装不符合工艺要求，或出现 1~2 处烫伤、划伤、污物 |
| | | | C | 漏装 3~5 个元器件，3~5 个元器件位置、极性安装不正确，元器件、导线安装及字标方向不符合工艺要求，出现 3~5 处出现烫伤、划伤、污物 |

## 三、无线防盗报警器电路调试与测试

### (一) 调测无线防盗报警器

#### 1. 通电前检查

短接 $TP_3$ 测试点，断开 $TP_1$ 和 $TP_2$ 测试点，用万用表 $R×1Ω$ 挡测量 $X_1$ 两端，即电源输入端，观察正向电阻和反向电阻，以判断电路是否短路，正常情况下，测正反向电阻时指针都应不动，即阻值为无穷大。

#### 2. 调测电源电路

（1）外部接线

通过接线端子 $X_1$ 接入工作电源（AC12V）。

（2）调试电源

$X_1$ 输入 AC12V 电源，用万用表测量 $C_{19}$ 和 $C_{17}$ 的端电压，查看电压是否正常，正常时 $C_{19}$ 端电压应该为 13~17V，$C_{17}$ 端电压应该在 (5±0.25) V。电压正常后说明整流、滤波和稳压已正常工作。

#### 3. 调测振动检测电路

振动检测电路由压电陶瓷片 $P_1$、晶体管放大电路、单稳态电路组成。$P_1$ 检测到的信号通过 $C_2$ 耦合到放大电路，放大后的信号通过 $C_6$ 触发单稳态电路。接通 $TP_1$ 测试点，用笔轻敲 $P_1$，发光二极管 $VD_5$ 点亮 3~5s，说明振动检测电路已经正常。若不正常，请检测相应元件是否有错误或电路中是否有故障。

#### 4. 调测光线采集电路

光线采集电路由光敏电阻 $R$、$VT_2$ 和部分阻容元件组成，当 $R$ 受光照时其内阻减小，晶体管 $VT_2$ 导通，发光二极管 $VD_2$ 点亮。当 $R$ 不受光照时其内阻增大，$VD_2$ 熄灭。通过使 $R$ 受光照或不受光照来检测电路是否正常，若不正常，则检查相关电路。

#### 5. 调测门磁采集电路

门磁采集电路由干簧管 $RS_1$、$VT_5$ 和部分阻容元件组成，当磁性物质靠近（<10mm）干簧管时，$RS_1$ 内部接通，发光二极管 $VD_4$ 熄灭；磁性物质离开 $RS_1$ 时内部断开，$VD_4$ 点亮。通过反复试验确定门磁采集电路能正常工作。

#### 6. 调测 38kHz 振荡电路

38kHz 振荡电路由 $U_1$ 和部分阻容元件构成。调节 $R_{P1}$ 使 $U_1$ 输出 38kHz±500Hz 的方波信号。

#### 7. 调测检测发射电路

挡住 $R$ 光线使 $LED_3$ 熄灭，$VT_2$ 集电极输出高电平，使 $VD_2$ 熄灭。若振动检测电路被触发 $VD_5$ 点亮或磁性物质离开 $RS_1$，发光二极管 $VD_4$ 点亮，会使 $U_{2A}$ 输出高电平，$U_{2A}$ 输出的信号通过与 38kHz 信号相与后驱动晶体管 $VT_{13}$，红外发射二极管 $VD_9$ 发送出报警信号。

**8. 调测接收电路**

接通 $TP_3$ 和 $TP_2$ 测试点，断开 $TP_1$ 测试点。接收电路由 HS0038B 红外接收头和外围阻容元件构成，HS0038B 红外接收头在未接收到信号时，输出脚输出高电平，此时 $VT_8$ 截止，发光二极管熄灭，$VT_6$ 导通，$VT_6$ 集电极电压在 0.5V 以下；当 HS0038B 接收到有用信号时，输出脚输出低脉冲信号，此时发光二极管 $VD_3$ 点亮，$VT_6$ 截止，$VT_6$ 集电极电压在 4V 以上，通过电容 $C_9$ 耦合，$VT_8$ 射极输出，触发晶闸管导通，报警电路开始工作。

**9. 调测声音报警电路**

检查由 $VT_{12}$、$VT_{14}$ 及其阻容元件组成的振荡电路元件是否有误，接通 $TP_2$ 测试点，将接收部分电路的电源接通，用示波器探测 $VT_{12}$ 的集电极是否有 2Hz 左右的脉冲信号输出。若无脉冲信号，请检查相关元件是否正常。2Hz 脉冲正常后，按下 $SW_1$ 键，晶闸管 $VT_{10}$ 被触发导通，蜂鸣器应该发出"滴滴滴"的报警音，按下 $SW_2$ 键，查看是否报警音消失。重复按下 $SW_1$ 键和 $SW_2$ 键 3 遍，确定此功能正常。

**10. 调测欠电压监测电路**

将由 $X_1$ 输入的交流电源电压调整为 AC12V，调节 $R_{P2}$ 使 $U_5$ 的 K 极电压为 3V，此时欠电压指示灯 $VD_8$ 应熄灭。将由 $X_1$ 输入的交流电源电压调整为 AC9V，然后调节 $R_{P2}$ 使 $VD_8$ 点亮，然后升高由 $X_1$ 输入的交流电压，欠电压指示灯 $VD_2$ 熄灭。反复升高、降低输入电压，确保欠电压报警电路正常且稳定。欠电压告警报警值公差应控制在±0.5V。

### （二）调试整机电路

接通 $TP_1$、$TP_2$ 和 $TP_3$ 测试点，在电路未报警的状态下，挡住 R 光敏电阻，移开 $RS_1$ 的磁性物质，此时报警电路发出报警音，接收指示灯 $VD_3$ 闪亮。按下 $SW_2$ 键声音信号消失，若 $VD_3$ 点亮，电路未报警说明报警电路有故障；若未点亮，则说明 38kHz 振荡电路频点未对准，微调 $R_{P1}$ 使振荡频率为 38kHz±500Hz。将磁性物质靠近 $RS_1$，此时发光二极管 $VD_4$ 熄灭，用笔轻敲压电陶瓷片 $P_1$ 报警电路重新报警。使 R 受光，此时不管是磁性物质离开 $RS_1$ 或振动检测电路被触发，报警电路都不应发出报警音。通过反复试验确保电路稳定可靠。

按键和指示灯说明：

$VD_2$ 光感指示灯，点亮时为白天，熄灭时为黑夜。

$VD_8$ 欠电压报警指示灯，点亮时表示欠电压，熄灭时表示正常。

$VD_4$ 门磁报警指示灯，点亮时表示无磁性物质，熄灭时表示有磁性物质。

$VD_5$ 振动报警指示灯，点亮时表示有振动，熄灭时表示无振动。

$VD_3$ 红外接收指示灯，点亮时表示接收到有效信号，熄灭时表示无有效信号。

$SW_1$ 报警测试按键。

$SW_2$ 报警消音按键。

### （三）测量 NE555 的工作频率

电路在常温下正常工作时，用示波器测量 NE555 的 3 脚振荡信号的波形、频率及幅值，如图 9-2-3 所示，将测量的数据填入表 9-2-4。

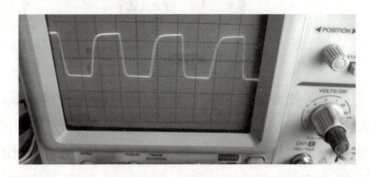

图 9-2-3　测量 NE555 的 3 脚振荡信号的波形、频率及幅值

表 9-2-4　ICL7107 的 38 脚（振荡信号）波形、周期及幅值

| 波形 | 示波器 | 频率 | 幅值 |
|---|---|---|---|
|  | 使用挡位：<br>_____ μs/div<br>_____ v/div<br>$T=$ _____ ms | $f=$ _____ Hz | $V_{P-P}=$ _____ V |

# 参 考 文 献

[1] 程勇，方万春. 数字电子技术基础 [M]. 北京：北京邮电大学出版社，2019.

[2] 邵利群，杭海梅. 数字电子技术项目教程 [M]. 北京：电子工业出版社，2017.

[3] 刘晓书，王毅. 电子产品装配于调测 [M]. 北京：科学出版社，2011.

[4] 李鹏. 数字电子技术及应用项目教程 [M]. 北京：电子工业出版社，2016.

[5] 代红英，李翠锦，陈成瑞. 数字电子技术 [M]. 成都：西南交通大学出版社，2019.

[6] 赵莹，陈英俊. 数字电子技术基础 [M]. 北京：机械工业出版社，2012.

[7] 戚金清，王兢. 数字电路与系统 [M]. 北京：电子工业出版社，2016.

[8] 胡全连. 数字电路与逻辑设计 [M]. 北京：机械工业出版社，2012.

# 目　录

**项目一　触摸式延时开关的认识与制作** …………………………………………………… 1
　　任务一　门电路的认识 ………………………………………………………………… 1
　　任务二　基本逻辑运算的认识 ………………………………………………………… 2
　　任务三　逻辑变量与逻辑函数的认识 ………………………………………………… 3
　　任务四　集成逻辑门电路的认识 ……………………………………………………… 5
　　任务五　集成门电路系列及其逻辑功能测试 ………………………………………… 6
　　任务六　触摸式延时开关的制作与调试 ……………………………………………… 7

**项目二　数码显示电路的认识与制作** …………………………………………………… 11
　　任务一　组合逻辑电路的分析与设计 ………………………………………………… 11
　　任务二　编码器的功能及应用 ………………………………………………………… 12
　　任务三　译码器的功能及应用 ………………………………………………………… 13
　　任务四　数码显示电路的制作与调试 ………………………………………………… 14

**项目三　单脉冲计数电路的认识与制作** ………………………………………………… 18
　　任务一　触发器的认识 ………………………………………………………………… 18
　　任务二　计数器的认识 ………………………………………………………………… 19
　　任务三　寄存器的认识 ………………………………………………………………… 20
　　任务四　单脉冲计数电路的制作 ……………………………………………………… 21

**项目四　汽车前照灯关闭自动延时控制电路的认识与制作** …………………………… 25
　　任务一　555 电路逻辑功能的认识 …………………………………………………… 25
　　任务二　555 定时器电路测试 ………………………………………………………… 26
　　任务三　汽车前照灯关闭自动延时控制电路的制作与调试 ………………………… 28

**项目五　函数信号发生器的认识与制作** ………………………………………………… 32
　　任务一　ADC 的认识 …………………………………………………………………… 32
　　任务二　DAC 的认识 …………………………………………………………………… 33

  任务三 函数信号发生器的制作与调试 ………………………………………………………… 34

## 项目六 $N$ 进制计数器认识与实现 ……………………………………………………………… 37
  任务一 可编程逻辑器件的认识 ……………………………………………………………… 37
  任务二 主流可编程逻辑器件 CPLD/FPGA 的认识 …………………………………………… 38
  任务三 可编程逻辑器件实现 $N$ 进制计数器 …………………………………………………… 39

## 项目七 数字毫伏表制作 ……………………………………………………………………………… 42
  任务一 数字毫伏表电路的认识 ……………………………………………………………… 42
  任务二 数字毫伏表的组装与调试 …………………………………………………………… 43

## 项目八 温度控制器制作 ……………………………………………………………………………… 46
  任务一 温度控制器电路的认识 ……………………………………………………………… 46
  任务二 温度控制器的组装与调试 …………………………………………………………… 47

## 项目九 无线防盗报警器制作 ………………………………………………………………………… 49
  任务一 无线防盗报警器电路的认识 ………………………………………………………… 49
  任务二 无线防盗报警器的组装与调试 ……………………………………………………… 50

# 项目一　触摸式延时开关的认识与制作

## 任务一　门电路的认识

### ❖ 课堂体验

1. 学生简要描述电子电路信号分为哪两类，各有什么特点。

   _____
   _____

2. 学生简要描述数字电路的特点和分类。

   _____
   _____
   _____

3. 将 $(302)_{10}$ 转换成十六进制数。

   |  |
   |---|
   |  |

4. 学生简要描述二-十进制代码的特点和分类。

   _____
   _____
   _____

### ❖ 评价与分析

活动过程评价表见表 1-1-1。

表 1-1-1　活动过程评价表

| 班级 | | 姓名 | | 学号 | | 日期 | |
|---|---|---|---|---|---|---|---|
| 序号 | 内容 | | | | 配分 | 得分 | 总评 |
| 1 | 能准确说出模拟信号的特点 | | | | 15 | | |
| 2 | 能准确说出数字信号的特点 | | | | 15 | | A |
| 3 | 能准确说出数字电路的特点和分类 | | | | 25 | | B |
| 4 | 能进行不同数制之间的转换 | | | | 25 | | C |
| 5 | 能准确说出二−十进制代码的特点和分类 | | | | 10 | | D |
| 6 | 能准确说出 8421BCD 码的特点 | | | | 10 | | |
| 小结与建议 | | | | | | | |

# 任务二　基本逻辑运算的认识

## ❖ 课堂体验

1. 学生准确描述与逻辑的概念，并写出其逻辑表达式。

_____

_____

2. 学生准确描述或逻辑的概念，并写出其逻辑表达式。

_____

_____

3. 学生准确描述非逻辑的概念，并写出其逻辑表达式。

_____

_____

4. 学生准确描述与非逻辑的概念，并写出其逻辑表达式。

_____

_____

5. 学生准确描述或非逻辑的概念，并写出其逻辑表达式。

_____

6. 学生准确描述与或非逻辑的概念，并写出其逻辑表达式。

## ❖ 评价与分析

活动过程评价表见表 1-2-1。

表 1-2-1　活动过程评价表

| 班级 | | 姓名 | | 学号 | | 日期 | |
|---|---|---|---|---|---|---|---|
| 序号 | 内容 | | | 配分 | 得分 | | 总评 |
| 1 | 能准确说出几种基本逻辑运算的概念 | | | 25 | | | A<br>B<br>C<br>D |
| 2 | 能准确写出几种基本逻辑运算的逻辑表达式 | | | 25 | | | |
| 3 | 能准确说出几种复合逻辑运算的概念 | | | 25 | | | |
| 4 | 能准确写出几种复合逻辑运算的逻辑表达式 | | | 25 | | | |
| 小结与建议 | | | | | | | |

# 任务三　逻辑变量与逻辑函数的认识

## ❖ 课堂体验

1. 学生简要列出逻辑函数的多种表示方法。

2. 学生写出逻辑代数的基本公式。

3. 将逻辑函数 $Y = AB + BC + AB\overline{C}$ 表示为最小项表达式。

4. 用卡诺图表示函数：① $Y = A\bar{B}C + \bar{A}B\bar{C} + D + \bar{A}D$；② $Y = \sum m(0,1,4,8,10,11)$。

5. 求函数 $Y = \sum m(1,2,3,4,5,10,12,13)$、$Y = \bar{A}\bar{B}CD + \bar{A}BCD + A\bar{C}D + ABC + BD$ 的最简与或表达式。

## ❖ 评价与分析

活动过程评价表见表 1-3-1。

表 1-3-1　活动过程评价表

| 班级 | | 姓名 | | 学号 | | 日期 | |
|---|---|---|---|---|---|---|---|
| 序号 | 内容 | | | | 配分 | 得分 | 总评 |
| 1 | 能准确说出逻辑函数的表示方法 | | | | 25 | | A<br>B<br>C<br>D |
| 2 | 能准确说出逻辑函数的运算规则 | | | | 25 | | |
| 3 | 能利用公式法化简逻辑函数 | | | | 25 | | |
| 4 | 能利用卡诺图法化简逻辑函数 | | | | 25 | | |
| 小结与建议 | | | | | | | |

# 任务四　集成逻辑门电路的认识

## ❖ 课堂体验

1. 学生画出典型 TTL 与非门电路。

2. 学生简要写出 TTL 与非门的工作原理。

3. 学生画出 OC 门、TSL 门逻辑符号，画出线与电路图。

4. 学生简要分析 CMOS 反相器的工作状态。

## ❖ 评价与分析

活动过程评价表见表 1-4-1。

表 1-4-1　活动过程评价表

| 班级 | | 姓名 | | 学号 | | 日期 | | |
|---|---|---|---|---|---|---|---|---|
| 序号 | 内容 | | | | 配分 | 得分 | | 总评 |
| 1 | 能说出 TTL 与非门的电路组成部分 | | | | 20 | | | A |
| 2 | 能准确画出 OC 门线与电路图 | | | | 20 | | | B |
| 3 | 能准确画出 TSL 门逻辑符号，分析其逻辑功能 | | | | 20 | | | C |
| 4 | 能准确说出 CMOS 反相器的电路组成和工作原理 | | | | 20 | | | D |
| 5 | 了解 CMOS 与非门和 CMOS 传输门电路 | | | | 20 | | | |
| 小结与建议 | | | | | | | | |

# 任务五  集成门电路系列及其逻辑功能测试

## ❖ 课堂体验

1. 学生简述对国产 74 系列 TTL 的认识。

   _____
   _____

2. 学生简述对 CMOS 芯片的认识。

   _____
   _____

3. 学生画出 74LS00 芯片的引脚图。

   ┌─────────────────────────────────────────────┐
   │                                             │
   │                                             │
   │                                             │
   │                                             │
   │                                             │
   │                                             │
   └─────────────────────────────────────────────┘

4. 学生简要说明线路连接时需要注意的事项。

   _____
   _____

5. 学生对测量结果进行分析。

   _____
   _____

## ❖ 评价与分析

活动过程评价表见表 1-5-1。

表 1-5-1　活动过程评价表

| 班级 | | 姓名 | | 学号 | | 日期 | |
|---|---|---|---|---|---|---|---|
| 序号 | 内容 | | | 配分 | 得分 | 总评 | |
| 1 | 掌握常用 TTL 集成门电路的主要应用系列，以及 TTL 门电路使用时的注意事项 | | | 20 | | A B C D | |
| 2 | 掌握常用 CMOS 集成门电路的主要应用系列，以及 CMOS 使用时的注意事项 | | | 20 | | | |
| 3 | 能准确说出 TTL 与非门主要参数的测试方法 | | | 20 | | | |
| 4 | 能准确说出 TTL 与非门电压传输特性的测试方法 | | | 20 | | | |
| 5 | 掌握门电路逻辑功能的测试与应用 | | | 20 | | | |
| 小结与建议 | | | | | | | |

# 任务六　触摸式延时开关的制作与调试

## ❖ 课堂体验

1. 学生简述 CC4011 各引脚的功能。

2. 学生画出 CC4011 引脚排列图。

3. 学生画出测试输出高电压的电路图。

### ❖ 评价与分析

活动过程评价表见表 1-6-1。

表 1-6-1 活动过程评价表

| 班级 | | 姓名 | | 学号 | | 日期 | |
|---|---|---|---|---|---|---|---|
| 序号 | 内容 | | | 配分 | 得分 | 总评 | |
| 1 | 根据要求通过资讯识别元器件、分析电路、了解电路参数指标 | | | 15 | | A B C D | |
| 2 | 规划制作步骤与实施方案 | | | 20 | | | |
| 3 | 任务实施 | | | 30 | | | |
| 4 | 任务总结报告 | | | 10 | | | |
| 5 | 职业素养 | | | 25 | | | |
| 小结与建议 | | | | | | | |

## 习题训练

**1. 填空题**

（1）二进制数只有_____和_____两种数码，计数基数是_____，进位关系是_____进一。

（2）BCD 码用_____位二进制数码来表示_____位十进制数。

（3）电子电路中的信号广义上来说可以分为两类：一类是时间上的连续信号，称为_____；另一类是时间上和幅都是离散的（即不连续的）信号，称为_____。

（4）数字信号是指可以用两种逻辑电平_____和_____来描述的信号。

（5）3 种基本的逻辑关系是_____、_____、_____。

（6）任何逻辑函数都可以用_____、_____、_____和_____4 种形式来表示。

（7）3 种基本逻辑门电路是_____、_____和_____。

（8）集电极开路的与非门也称为_____，使用集电极开路的与非门时，其输出端应外接_____。

（9）三态门的输出端有_____、_____和_____3 种状态。

（10）CMOS 门电路比 TTL 门电路的集成程度_____，带负载能力_____，功耗_____。

**2. 判断题（正确打√，错误的打×）**

（1）一个 $n$ 位的二进制数，最高位的是 $2^{n-1}$。　　　　　　　　　　　　　　（　　）

（2）8421BCD、2421BCD、5421BCD 码均属有权码。　　　　　　　　　　　（　　）

(3) BCD 码即 8421 码。( )

(4) 在数字电路中，逻辑值 1 只表示高电平，0 只表示低电平。( )

(5) 因为 $A + AB = A$，所以 $AB = 0$。( )

(6) 因为 $A(A + B) = A$，所以 $A + B = 1$。( )

(7) 任何一个逻辑函数都可以表示成若干个最小项之和的形式。( )

(8) 真值表能反映逻辑函数最小项的所有取值。( )

(9) 对于任何一个确定的逻辑函数，其函数表达式和逻辑图的形式是唯一的。( )

(10) 几个集电极开路与非门的输出端直接并联可以实现线与功能。( )

(11) 与非门的输入端有低电平时，其输出端恒为高电平。( )

(12) 逻辑 0 只表示 0V 电位，逻辑 1 只表示 +5V 电位。( )

(13) 高电平和低电平是一个相对的概念，它和某点的电位不是一回事。( )

(14) 把与门的所有输入端连接在一起，把或门的所有输入端也连接在一起，所得到的两个门电路的输入、输出关系是一样的。( )

3. 选择题

(1) 完成"有 0 出 0，全 1 出 1"的逻辑关系是( )。

A. 与　　　　　B. 或　　　　　C. 与非　　　　　D. 或非

(2) 要使异或门输出端 $Y$ 的状态为 0，$A$ 端应该( )。

A. 接 B　　　　B. 接 0　　　　C. 接 1　　　　D. 不做处理

(3) 二输入或门输入端之一作为控制端，接低电平，另一输入端作为数字信号输入端，则输出与另一输入( )。

A. 相同　　　　B. 相反　　　　C. 高电平　　　　D. 低电平

(4) 要使与或门输出恒为 1，可将或门的一个输入始终接( )。

A. 0　　　　　B. 1　　　　　C. 输入端并联　　　D. 0、1 都可以

(5) 要使与门输出恒为 0，可将与门的一个输入始终接( )。

A. 0　　　　　B. 1　　　　　C. 0、1 都可以　　　D. 输入端并联

4. 完成下列各数的互换

(1) $(11011101)_2 = ($ 　　　$)_{10} = ($ 　　　$)_8 = ($ 　　　$)_{16}$。

(2) $(207)_8 = ($ 　　　$)_2 = ($ 　　　$)_{16} = ($ 　　　$)_{10}$。

(3) $(A36)_{16} = ($ 　　　$)_2 = ($ 　　　$)_8 = ($ 　　　$)_{10}$。

(4) $(207.5)_O = ($ 　　　$)_D$，$(1010010)_B = ($ 　　　$)_H$。

5. 化简下列逻辑函数

(1) $Y = AB\bar{C} + A\bar{B}C + \bar{A}BC + ABC$。

(2) 用卡诺图化简 $Y = (\bar{A}B + A\bar{B})\bar{C} + \bar{B}CD + \bar{B}C\bar{D} + AB\bar{C}D$。

(3) $Y(A, B, C, D) = \sum m(2, 3, 4, 5, 8, 10, 11, 12, 13)$。

(4) $Y(A, B, C, D) = \sum m(1, 5, 8, 9, 13, 14) + \sum_d (7, 10, 11, 15)$。

## 6. 逻辑电路分析

如图 1 中各电路及其表达式是否有错？简述理由。图中所有的门电路均为标准系列。

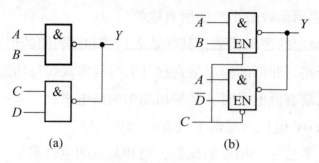

图 1　6 题逻辑电路图

(a) $Y = \overline{AB} \cdot \overline{CD}$；(b) $Y = \overline{\overline{ABC} \cdot \overline{A\overline{B}\,\overline{C}}}$

## 7. 简答题

（1）与模拟信号相比，数字信号具有哪些优点？

（2）数字电路按集成度是如何分类的？

（3）和 TTL 电路比较，CMOS 电路具有哪些特点？

（4）CMOS 集成门电路使用注意事项有哪些？

# 项目二 数码显示电路的认识与制作

## 任务一 组合逻辑电路的分析与设计

❖ **课堂体验**

1. 已知逻辑电路图如图 2-1-1 所示,分析该电路的功能。

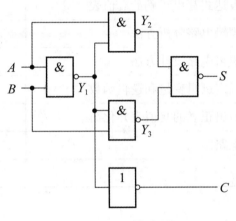

图 2-1-1 练习图

2. 用与非门设计一个交通报警控制电路。交通信号灯有黄、绿、红 3 种,3 种灯分别单独工作或黄、绿灯同时工作时属正常情况,其他情况均属故障,出现故障时输出报警信号。要求用与非门组成电路。

## ❖ 评价与分析

活动过程评价表见表 2-1-1。

表 2-1-1  活动过程评价表

| 班级 | | 姓名 | | 学号 | | 日期 | |
|---|---|---|---|---|---|---|---|
| 序号 | 内容 | | | | 配分 | 得分 | 总评 |
| 1 | 能准确说出组合逻辑电路和时序逻辑电路的特点 | | | | 10 | | |
| 2 | 能基本分析逻辑电路的功能 | | | | 10 | | |
| 3 | 能准确写出逻辑门的逻辑函数表达式 | | | | 10 | | A |
| 4 | 能根据逻辑函数表达式画出卡诺图并化简 | | | | 10 | | B |
| 5 | 能根据化简后的表达式写出正确的真值表 | | | | 10 | | C |
| 6 | 能准确说出组合逻辑电路分析方法 | | | | 10 | | D |
| 7 | 能正确描述组合逻辑电路设计方法 | | | | 10 | | |
| 8 | 能根据逻辑问题确定逻辑变量和逻辑函数 | | | | 10 | | |
| 9 | 能根据逻辑问题写出正确的真值表并化简 | | | | 10 | | |
| 10 | 能正确画出逻辑电路图 | | | | 10 | | |
| 小结与建议 | | | | | | | |

# 任务二  编码器的功能及应用

## ❖ 课堂体验

1. 学生简要描述 4 线-2 线编码器的逻辑功能。

_____

_____

2. 学生简要描述 10 线-4 线编码器的逻辑功能。

_____

_____

3. 试用 74LS147 和适当的门构成输出高电平有效并且有编码输出标志的编码器。

## ❖ 评价与分析

活动过程评价表见表 2-2-1。

表 2-2-1 活动过程评价表

| 班级 | | 姓名 | | 学号 | | 日期 | |
|---|---|---|---|---|---|---|---|
| 序号 | | 内容 | | | 配分 | 得分 | 总评 |
| 1 | | 能准确说出二进制编码器的逻辑功能 | | | 15 | | |
| 2 | | 能准确说出二-十进制编码器的逻辑功能 | | | 15 | | A |
| 3 | | 能准确说出 8 线-3 线优先编码器的逻辑功能 | | | 15 | | B |
| 4 | | 能准确说出 8421BCD 优先编码器的逻辑功能 | | | 15 | | C |
| 5 | | 能准确说出 74LS148 的应用方法 | | | 20 | | D |
| 6 | | 能准确说出 74LS147 的应用方法 | | | 20 | | |
| 小结与建议 | | | | | | | |

# 任务三　译码器的功能及应用

## ❖ 课堂体验

1. 学生简要描述 74LS138 译码器的逻辑功能。

_____

_____

2. 学生简要描述 74LS42 译码器的逻辑功能。

_____

_____

3. 试画出七段发光二极管显示器的两种接法。

4. 学生简要描述 7448 七段发光二极管显示译码器的逻辑功能。

### ❖ 评价与分析

活动过程评价表见表 2-3-1。

表 2-3-1 活动过程评价表

| 班级 | | 姓名 | | 学号 | | 日期 | |
|---|---|---|---|---|---|---|---|
| 序号 | 内容 | | | 配分 | 得分 | 总评 | |
| 1 | 能准确说出二进制译码器的概念 | | | 10 | | A B C D | |
| 2 | 能准确说出 3 线-8 线译码器 74LS138 的逻辑功能 | | | 20 | | | |
| 3 | 能准确说出二-十进制译码器的概念 | | | 10 | | | |
| 4 | 能准确说出 4 线-10 线译码器 74LS42 的逻辑功能 | | | 20 | | | |
| 5 | 能画出七段发光二极管显示器的两种接法 | | | 15 | | | |
| 6 | 能描述 7448 七段发光二极管显示译码器的逻辑功能 | | | 25 | | | |
| 小结与建议 | | | | | | | |

## 任务四　数码显示电路的制作与调试

### ❖ 课堂体验

1. 学生简述按键的分类及作用。

2. 学生画出 74LS04 的引脚图。

3. 学生画出 CD4511 的引脚图。

4. 学生简述数码显示电路调试时的注意事项。

## ❖ 评价与分析

活动过程评价表见表 2-4-1。

表 2-4-1　活动过程评价表

| 班级 | | 姓名 | | 学号 | | 日期 | |
|---|---|---|---|---|---|---|---|
| 序号 | 内容 | | | 配分 | 得分 | 总评 | |
| 1 | 根据要求通过资讯识别元器件、分析电路、了解电路参数指标 | | | 15 | | A B C D | |
| 2 | 规划制作步骤与实施方案 | | | 20 | | | |
| 3 | 任务实施 | | | 30 | | | |
| 4 | 任务总结报告 | | | 10 | | | |
| 5 | 职业素养 | | | 25 | | | |
| 小结与建议 | | | | | | | |

## 习题训练

**1. 填空题**

（1）3线-8线编码器有_____个输入，_____位二进制代码输出；4线-10线编码器有_____个输入，_____位二进制代码输出。

（2）将十进制的10个数码0~9编成二进制代码的逻辑电路称为_____编码器。

（3）把二进制代码的各种状态，按照其原意翻译成对应输出信号的电路，称为_____。

（4）二-十进制译码器的功能是将8421BCD码_____转换为对应_____十进制代码的输出信号。这种译码器应有_____个输入端，_____个输出端。

（5）数码显示器按显示方式分为_____、_____和_____，按发光材料分为_____、_____、_____和_____。

（6）LED主要用于显示_____和_____，LCD可以显示_____、_____、_____和_____等。

**2. 分析题**

（1）写出如图1所示电路对应的真值表。

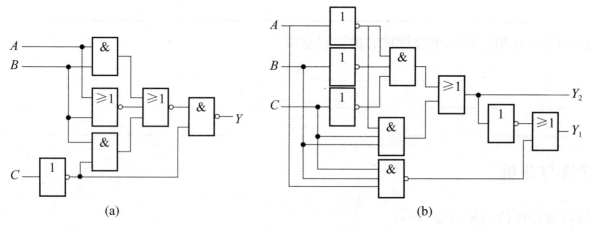

图1 题（1）的逻辑图

（2）为了使74138译码器的第十引脚输出为低电平，请标出各输入端应置的逻辑电平。

（3）用译码器74138和与非门实现下列函数：

1）$Y = ABC + \bar{A}(B+C)$；

2）$Y = AB + BC$；

3）$Y = ABC + A\bar{C}D$；

4）$Y = A\bar{B} + BC + AB\bar{C}$；

5）$Y = A\bar{B} + AC$。

**3. 画图题**

试用图形法化简如图2所示电路的逻辑图，并将化简结果以逻辑图的形式画出。

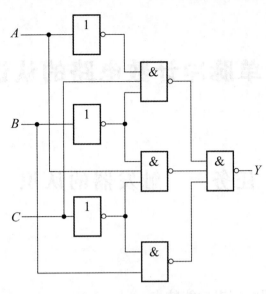

图 2　电路的逻辑图

**4. 设计题**

（1）试设计一个 3 人表决电路，多数人同意，提案通过，否则提案不通过。

（2）设计一个路灯的控制电路（一盏灯），要求在 4 个不同的地方都能独立地控制灯的亮灭。

（3）试设计一个温度控制电路，其输入为 4 位二进制数 $ABCD$，代表检测到的温度，输出为 $X$ 和 $Y$，分别用来控制暖风机和冷风机的工作，当温度低于或等于 5 时，暖风机工作，冷风机不工作；当温度高于或等于 10 时，冷风机工作，暖风机不工作；当温度介于 5 和 10 之间时，冷风机和暖风机都不工作（题中的 5 和 10 不代表温度的具体数值，是测量温度后的输出代码）。

（4）摔跤比赛有 3 个裁判员 $A$、$B$、$C$，另外有一个主裁判 $D$。$A$、$B$、$C$ 裁判认为合格时为一票，$D$ 裁判认为合格时为二票。多数通过时输出 $F=1$。试用与非门设计多数通过的表决电路。

（5）用红、黄、绿 3 个指示灯代表 3 台设备 $A$、$B$、$C$ 的工作情况，绿灯亮表示 3 台设备全都工作正常，黄灯亮表示有 1 台设备不正常，红灯亮表示有 2 台设备工作不正常，红、黄灯都亮表示 3 台设备都不正常。试列出该控制电路的真值表，并用合适的门电路实现。

# 项目三　单脉冲计数电路的认识与制作

## 任务一　触发器的认识

### ❖ 课堂体验

1. 请学生总结 RS 触发器的逻辑功能特点。

_____

_____

_____

2. 请学生总结 JK 触发器逻辑功能特点。

_____

_____

_____

3. 请学生总结 D 触发器的逻辑功能特点。

_____

_____

_____

### ❖ 评价与分析

活动过程评价表见表 3-1-1。

表 3-1-1　活动过程评价表

| 班级 | | 姓名 | | 学号 | | 日期 | | |
|---|---|---|---|---|---|---|---|---|
| 序号 | 内容 | | | | 配分 | 得分 | 总评 | |
| 1 | 能准确描述基本 RS 触发器和同步 RS 触发器的电路组成 | | | | 10 | | A B C D | |
| 2 | 能准确描述基本 RS 触发器和同步 RS 触发器的电路符号 | | | | 15 | | | |
| 3 | 能准确描述基本 RS 触发器和同步 RS 触发器的逻辑功能 | | | | 15 | | | |
| 4 | 能准确描述 JK 触发器和 D 触发器的电路符号 | | | | 20 | | | |
| 5 | 能准确描述 JK 触发器和 D 触发器的逻辑功能 | | | | 20 | | | |
| 6 | 能准确描述 T 触发器和 T′触发器的电路符号及逻辑功能 | | | | 20 | | | |
| 小结与建议 | | | | | | | | |

# 任务二　计数器的认识

## ❖ 课堂体验

1. 学生简要描述计数器有哪些划分方式及种类。

_____
_____

2. 学生简要说出 $N$ 位二进制计数器具有什么功能，可以当作什么来使用？

_____
_____

3. 学生简要写出主从 JK 触发器组成的 4 位同步十进制加法计数器逻辑关系式。

_____
_____

4. 学生简要说出获得 $N$ 进制计数器常用的方法。

_____

### ❖ 评价与分析

活动过程评价表见表 3-2-1。

表 3-2-1 活动过程评价表

| 班级 | | 姓名 | | 学号 | | 日期 | |
|---|---|---|---|---|---|---|---|
| 序号 | 内容 | | | | 配分 | 得分 | 总评 |
| 1 | 能准确说出计数器的含义 | | | | 15 | | A<br>B<br>C<br>D |
| 2 | 能准确说出计数器的分类 | | | | 15 | | |
| 3 | 能掌握异步二进制加法计数器的工作过程 | | | | 20 | | |
| 4 | 能掌握同步二进制加法计数器的工作过程 | | | | 20 | | |
| 5 | 能准确说出 4 位同步十进制加法计数器的逻辑关系 | | | | 20 | | |
| 6 | 能说出 $N$ 进制计数器常用的方法 | | | | 10 | | |
| 小结与建议 | | | | | | | |

## 任务三 寄存器的认识

### ❖ 课堂体验

1. 学生简要说出寄存器分为哪两种及它们之间的区别。

2. 学生简要说出基本寄存器有哪两种工作方式。

3. 学生简要说出移位寄存器分为哪几种。

4. 学生简要写出 74LS194 的功能。

## ❖ 评价与分析

活动过程评价表见表 3-3-1。

表 3-3-1 活动过程评价表

| 班级 | | 姓名 | | 学号 | | 日期 | |
|---|---|---|---|---|---|---|---|
| 序号 | 内容 | | | | 配分 | 得分 | 总评 |
| 1 | 能准确说出寄存器存取方式 | | | | 15 | | |
| 2 | 能准确说出寄存器常用的种类 | | | | 15 | | A |
| 3 | 能掌握单拍工作方式寄存器的工作过程 | | | | 20 | | B |
| 4 | 能掌握双拍工作方式寄存器的工作过程 | | | | 20 | | C |
| 5 | 能掌握单向移位寄存器的工作过程 | | | | 20 | | D |
| 6 | 掌握 74LS194 的功能 | | | | 10 | | |
| 小结与建议 | | | | | | | |

# 任务四　单脉冲计数电路的制作

## ❖ 课堂体验

1. 学生简要叙述 RS 触发器的功能。

2. 学生画出 74LS190 的引脚图。

3. 学生画出 74LS279 的引脚图。

## ❖ 评价与分析

活动过程评价表见表 3-4-1。

表 3-4-1　活动过程评价表

| 班级 | | 姓名 | | 学号 | | 日期 | |
|---|---|---|---|---|---|---|---|
| 序号 | 内容 | | | | 配分 | 得分 | 总评 |
| 1 | 根据要求通过资讯识别元器件、分析电路、了解电路参数指标 | | | | 15 | | A<br>B<br>C<br>D |
| 2 | 规划制作步骤与实施方案 | | | | 20 | | |
| 3 | 任务实施 | | | | 30 | | |
| 4 | 任务总结报告 | | | | 10 | | |
| 5 | 职业素养 | | | | 25 | | |
| 小结与建议 | | | | | | | |

## 习题训练

**1. 填空题**

（1）时序逻辑电路按状态转换情况可分为_____时序电路和_____时序电路两大类。

（2）触发器具有_____个稳定状态，在输入信号消失后，它能保持_____。

（3）在基本 RS 触发器中，输入端 $R$ 或 $\bar{R}$ 能使触发器处于_____状态，输入端 $S$ 或 $\bar{S}$ 能使触发器处于_____状态。

（4）在 CP 脉冲和输入信号作用下，JK 触发器能够具有_____、_____、_____和_____的逻辑功能。

（5）按计数进制的不同，可将计数器分为_____、_____和 $N$ 进制计数器等类型。

（6）按计数过程中数值的增减来分，可将计数器分为_____、_____和_____3 种。

（7）用来累计和寄存输入脉冲个数的电路称为_____。

**2. 判断题（正确打√，错误的打×）**

（1）触发器有两个稳定状态，一个是现态，另一个是次态。（　　）

（2）同步 D 触发器的 $Q$ 端和 $D$ 端的状态在任何时刻都是相同的。（　　）
（3）同一逻辑功能的触发器，其电路结构一定相同。（　　）
（4）仅具有反正功能的触发器是 T 触发器。（　　）
（5）寄存器具有存储数码和信号的功能。（　　）
（6）构成计数电路的器件必须有记忆能力。（　　）
（7）移位寄存器只能串行输出。（　　）
（8）移位寄存器就是数码寄存器，它们没有区别。（　　）

**3. 选择题**

（1）对于触发器和组合逻辑电路，以下（　　）的说法是正确的。
A. 两者都有记忆能力　　　　　　　　B. 两者都无记忆能力
C. 只有组合逻辑电路有记忆能力　　　D. 只有触发器有记忆能力
（2）对于 JK 触发器，输入 $J=0$、$K=1$，CP 脉冲作用后，触发器的 $Q^{n+1}$ 应为（　　）。
A. 0　　　　　　　　　　　　　　　B. 1
C. 可能是 0，也可能是 1　　　　　　D. 与 $Q^n$ 有关
（3）仅具有"保持""翻转"功能的触发器称为（　　）。
A. JK 触发器　　B. RS 触发器　　C. D 触发器　　D. T 触发器
（4）下列电路不属于时序逻辑电路的是（　　）。
A. 数码寄存器　　B. 编码器　　C. 触发器　　D. 可逆计数器
（5）下列逻辑电路不具有记忆功能的是（　　）。
A. 译码器　　B. RS 触发器　　C. 寄存器　　D. 计数器
（6）具有记忆功能的逻辑电路是（　　）。
A. 加法器　　B. 显示器　　C. 译码器　　D. 计数器
（7）数码寄存器采用的输入输出方式为（　　）。
A. 并行输入、并行输出　　　　　　B. 串行输入、串行输出
C. 并行输入，串行输出　　　　　　D. 串行输入、并行输出

**4. 综合题**

（1）试分析如图 1 所示的计数器的工作原理，说明计数器的类型。若初始状态 $Q_1Q_0=00$，画出连续 4 个 CP 脉冲作用下计数器的工作波形图。

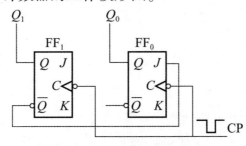

**图 1　计数器工作原理**

（2）试分析如图 2 所示电路的逻辑功能，分析计数器的类型，作出在连续 8 个 CP 作用下，$Q_2Q_1Q_0$ 的波形图（原态为 000）。

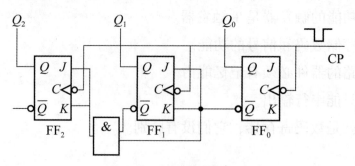

图 2  逻辑功能

（3）已知 JK 触发器 $J$、$K$ 的波形如图 3 所示，画出输出 $Q$ 的波形图（设初始状态为 0）。

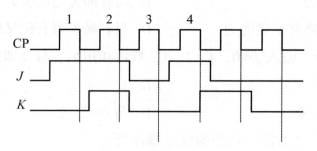

图 3  JK 触发器的波形

# 项目四 汽车前照灯关闭自动延时控制电路的认识与制作

## 任务一 555电路逻辑功能的认识

❖ **课堂体验**

1. 学生简要描述555定时器功能。
_____
_____
_____

2. 学生画出555构成的单稳态触发器电路及波形。

```
┌─────────────────────────────────┐
│                                 │
│                                 │
│                                 │
│                                 │
│                                 │
└─────────────────────────────────┘
```

3. 学生描述555构成的定时电路和延时电路结构上的区别，并简要分析两电路工作原理。
_____
_____
_____

4. 学生画出555构成的多谐振荡器电路及波形。

```
┌─────────────────────────────────┐
│                                 │
│                                 │
│                                 │
│                                 │
│                                 │
└─────────────────────────────────┘
```

5. 学生简要描述什么是占空比。

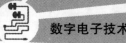

6. 学生查阅资料描述什么是施密特触发器。

## ❖ 评价与分析

活动过程评价表见表 4-1-1。

表 4-1-1 活动过程评价表

| 班级 | | 姓名 | | 学号 | | 日期 | |
|---|---|---|---|---|---|---|---|
| 序号 | 内容 | | | 配分 | 得分 | | 总评 |
| 1 | 能正确认识 555 定时器 | | | 15 | | | A<br>B<br>C<br>D |
| 2 | 能准确说出 555 定时器内部结构框架和工作原理 | | | 15 | | | |
| 3 | 能初步掌握单稳态电路的特点及主要参数估算 | | | 20 | | | |
| 4 | 能初步掌握 555 定时器构成多谐振荡器的电路原理 | | | 25 | | | |
| 5 | 能初步掌握 555 定时器构成施密特触发器的方式 | | | 25 | | | |
| 小结与建议 | | | | | | | |

# 任务二　555 定时器电路测试

## ❖ 课堂体验

1. 学生展示撰写完成的测试报告。

2. 学生画出 555 集成电路引脚排列图。

项目四 汽车前照灯关闭自动延时控制电路的认识与制作

---

3. 简述 555 定时器电路测试使用的工具。

4. 学生叙述进行 555 定时器构成的单稳态触发器功能测试的步骤。

5. 学生叙述进行 555 定时器构成的多谐振荡器功能测试的步骤。

6. 学生叙述 555 定时器构成的施密特触发器功能测试的步骤。

## ❖ 评价与分析

活动过程评价表见表 4-2-1。

表 4-2-1 活动过程评价表

| 班级 | | 姓名 | | 学号 | | 日期 | | |
|---|---|---|---|---|---|---|---|---|
| 序号 | | 内容 | | | 配分 | 得分 | 总评 | |
| 1 | | 能正确认识 555 定时器的引脚 | | | 10 | | A B C D | |
| 2 | | 能进行 555 定时器逻辑功能测试 | | | 15 | | | |
| 3 | | 能进行 555 定时器构成的单稳态触发器功能测试 | | | 25 | | | |
| 4 | | 能进行 555 定时器构成的多谐振荡器功能测试 | | | 25 | | | |
| 5 | | 能进行 555 定时器构成的施密特触发器功能测试 | | | 25 | | | |
| 小结与建议 | | | | | | | | |

## 任务三　汽车前照灯关闭自动延时控制电路的制作与调试

### ❖ 课堂体验

1. 学生简述 LM555 定时器构成的汽车前照灯关闭自动延时控制电路的原理。

2. 学生简述 LM555 定时器构成的汽车前照灯关闭自动延时控制电路组装时的注意事项。

3. 学生简述 LM555 定时器构成的汽车前照灯关闭自动延时控制电路的测试方法。

### ❖ 评价与分析

活动过程评价表见表 4-3-1。

表 4-3-1　活动过程评价表

| 班级 | | 姓名 | | 学号 | | 日期 | |
|---|---|---|---|---|---|---|---|
| 序号 | 内容 | | | 配分 | 得分 | | 总评 |
| 1 | 初步掌握由 LM555 构成的汽车前照灯关闭自动延时控制电路工作原理 | | | 15 | | | A<br>B<br>C<br>D |
| 2 | 规划制作步骤与实施方案 | | | 20 | | | |
| 3 | 任务实施 | | | 30 | | | |
| 4 | 任务总结报告 | | | 10 | | | |
| 5 | 职业素养 | | | 25 | | | |
| 小结与建议 | | | | | | | |

### 习题训练

**1. 填空题**

（1）555 定时器型号的最后几位为 555 的是_____产品，7555 的是_____产品。

（2）555 定时器的应用十分广泛，主要可以用它构成_____、_____和_____。

（3）555 定时器构成的是施密特触发器，电源电压为 $V_{CC}$，CO 端悬空，则回差电压为

_____。它可以将三角波变换成_____波。

（4）555定时器构成的单稳态电路输出暂稳态时间 $t_W$ 为_____，单稳态的应用场合有_____、_____。

（5）555定时器构成的多谐振荡器有_____个稳态，_____个暂态；单稳态电路有_____个稳态，_____个暂态；施密特电路有_____个稳态，_____个暂态。

（6）由555定时器构成的施密特触发器，其5脚接6V的电动势，则其 $u_{\overline{TR}}$ 为_____，$u_{TH}$ 为_____。

**2. 选择题**

（1）555定时器电路 $R_D$ 端不用时，应该(　　)。

A. 接高电平　　　　　　　　　　B. 接低电平

C. 通过 $0.01\mu F$ 的电容接地　　　D. 通过小于 $500\Omega$ 的电容接地

（2）555定时器电路5端不用时，应该(　　)。

A. 接高电平　　　　　　　　　　B. 接低电平

C. 通过 $0.01\mu F$ 的电容接地　　　D. 直接接地

（3）555定时器构成的施密特触发器不能实现的功能是(　　)。

A. 波形变换　　B. 波形整形　　C. 脉冲鉴幅　　D. 脉冲定时

（4）能起定时作用的电路是(　　)。

A. 施密特触发器　B. 单稳态电路　C. 多谐振荡器　D. 译码器

（5）555定时器构成的施密特触发器，当输入控制端CO外接9V电压时，回差电压为(　　)。

A. 3V　　　　B. 4.5V　　　　C. 6V　　　　D. 9V

（6）多谐振荡器可以产生(　　)。

A. 正弦波　　B. 三角波　　C. 矩形脉冲　　D. 锯齿波

（7）555定时器构成的单稳态触发器如图1所示，图中 $R$ 为 $20k\Omega$，$C$ 为 $0.5\mu F$，则触发器的暂稳态持续时间为(　　)。

A. 10ms　　　B. 11ms　　　C. 20ms　　　D. 5ms

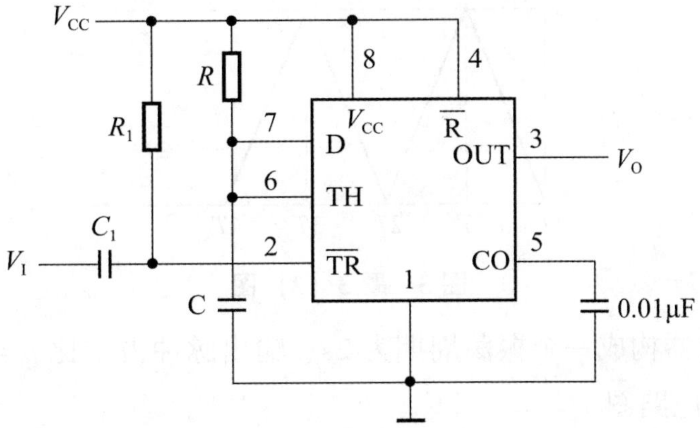

图1　题2（7）图

（8）为把 50Hz 的正弦波变成周期性矩形波，应当选用(　　)。

A. 施密特触发器　　　　　　　　B. 单稳态电路

C. 多谐振荡器　　　　　　　　　D. 译码器

（9）为产生周期性矩形波，应该选用(　　)。

A. 施密特触发器　　　　　　　　B. 单稳态电路

C. 多谐振荡器　　　　　　　　　D. 译码器

### 3. 分析题

（1）555 定时器构成的鉴幅电路，其输入、输出波形如图 2 所示。已知 $V_{T+}=3.6V$，$V_{T-}=1.8V$。试画出能实现该鉴幅功能的电路图，并表明电路中相关的参数值。

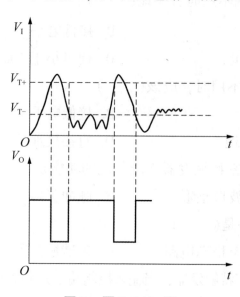

图 2　题 3（1）图

（2）已知施密特触发器的输入波形如图 3 所示。输入波形峰值为 $V_T=10V$，电源电压 $V_{CC}=9V$，试求：①若输入控制端 CO 通过电容接地，试画出施密特触发器的输出波形；②若输入控制端 CO 外接电压 $V_{CO}=8V$，试画出施密特触发器的输出波形。

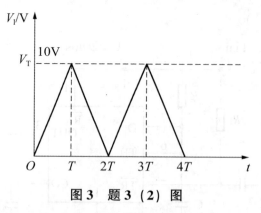

图 3　题 3（2）图

（3）试用 555 定时器构成一个振荡周期为 2s、输出脉冲占空比 $q=2/3$ 的多谐振荡器。设电容 $C=10\mu F$。画出的电路图。

（4）对于占空比可调的多谐振荡器，可以产生占空比可调（0~1）的矩形波，试分析电路工作原理，并推导占空比公式。

（5）如图4所示是由555定时器构成的什么电路？图中控制扬声器鸣响的是哪个电位器？控制音调高低的又是哪个电位器？若原来无声，如何调节才能鸣响？欲提高音调，又该如何调节？

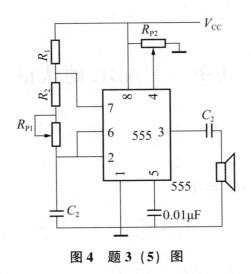

图4　题3（5）图

# 项目五　函数信号发生器的认识与制作

## 任务一　ADC 的认识

### ❖ 课堂体验

1. 学生简要描述 ADC 的 4 个步骤。

2. 学生简要描述 ADC 的种类，各有什么特点。

3. 学生简要叙述并行比较型 ADC 的特点。

### ❖ 评价与分析

活动过程评价表见表 5-1-1。

表 5-1-1　活动过程评价表

| 班级 | | 姓名 | | 学号 | | 日期 | |
|---|---|---|---|---|---|---|---|
| 序号 | 内容 | | | | 配分 | 得分 | 总评 |
| 1 | 能够认识 ADC 的分类 | | | | 15 | | A<br>B<br>C<br>D |
| 2 | 能够叙述 A/D 转换的基本步骤 | | | | 20 | | |
| 3 | 能够了解 ADC 的基本原理 | | | | 25 | | |
| 4 | 能够了解 ADC 的主要技术指标 | | | | 15 | | |
| 5 | 能够掌握 ADC0809 逻辑功能测试的方法 | | | | 25 | | |
| 小结与建议 | | | | | | | |

# 任务二 DAC 的认识

## ❖ 课堂体验

1. 学生简要描述 DAC 分类，查阅资料找出其他分类方法。

   _____
   _____

2. 学生简要描述倒 T 形电阻网络 DAC 原理图结构特点。

   _____
   _____
   _____

3. 学生查阅资料，简要描述 DAC 其他技术指标。

   _____
   _____
   _____

## ❖ 评价与分析

活动过程评价表见表 5-2-1。

表 5-2-1 活动过程评价表

| 班级 | | 姓名 | | 学号 | | 日期 | | |
|---|---|---|---|---|---|---|---|---|
| 序号 | 内容 | | | | 配分 | 得分 | 总评 | |
| 1 | 能够认识 DAC 的分类 | | | | 15 | | A<br>B<br>C<br>D | |
| 2 | 能够认识集成 DAC | | | | 20 | | | |
| 3 | 能够了解 DAC 的基本原理 | | | | 25 | | | |
| 4 | 能够了解 DAC 的主要技术指标 | | | | 15 | | | |
| 5 | 能够掌握 DAC0832 逻辑功能测试的方法 | | | | 25 | | | |
| 小结与建议 | | | | | | | | |

# 任务三  函数信号发生器的制作与调试

## ❖ 课堂体验

1. 学生简述对函数发生器的认识。

   _____
   _____

2. 学生简述 ADC 及 DAC 的原理。

   _____
   _____

3. 学生简述使用示波器时的注意事项。

   _____
   _____
   _____

4. 学生画出 LM358 的引脚图。

   

## ❖ 评价与分析

活动过程评价表见表 5-3-1。

表 5-3-1  活动过程评价表

| 班级 | | 姓名 | | 学号 | | 日期 | | |
|---|---|---|---|---|---|---|---|---|
| 序号 | 内容 | | | | 配分 | 得分 | | 总评 |
| 1 | 通过资讯识别元件、分析电路框架、了解电路参数指标 | | | | 15 | | | A<br>B<br>C<br>D |
| 2 | 能理清详细制作步骤与方案 | | | | 20 | | | |
| 3 | 操作实施规范 | | | | 30 | | | |
| 4 | 任务总结报告 | | | | 10 | | | |
| 5 | 职业素养 | | | | 25 | | | |
| 小结与建议 | | | | | | | | |

## 习题训练

**1. 填空题**

（1）ADC 是将_____转换为_____的电路。

（2）A/D 转换的一般步骤包括_____、_____、_____、_____4 个过程。

（3）ADC 性能的主要指标是_____、_____和_____。

（4）A/D 转换器的种类很多，因其工作原理不同可分为_____和_____两类。

（5）DAC 是能将 n 位二进制的_____转换成_____的电路。

（6）D/A 转换器由_____、_____、_____和_____组成。

（7）DAC 的主要技术指标有_____、_____、_____。

（8）集成电路 DAC0832 属_____转换器。

（9）根据 D/A 转换器译码网络不同，可以构成_____、_____、_____、_____等类 DAC。

**2. 判断题（正确打√，错误的打×）**

（1）A/D 转换器的精度主要取决于它的位数，位数越多，量化电平越小，A/D 的转换精度越高。（　　）

（2）一个 A/D 转换器的二进制数的位数越多，量化单位 Δ 越小。（　　）

（3）A/D 转换器过程中，必然会出现量化误差。（　　）

（4）逐次比较型 ADC 也是一种直接型模数转换器。（　　）

（5）双积分型模数转换器属于一种间接型模数转换器。（　　）

（6）双积分型 A/D 转换器的转换精度高、抗干扰能力强，因此常用于数字式仪表中。（　　）

（7）D/A 转换的位数越多，能够分辨的最小输出电压变化量就越小。（　　）

（8）D/A 转换的位数越多，转换精度越高。（　　）

（9）取样定理的规定，是为了能不失真地恢复原来的模拟信号，而又不使电路过于复杂。（　　）

（10）在实际应用中，都采用了集成 DAC 和 ADC 来实现 A/D 和 D/A 转换。（　　）

**3. 选择题**

（1）一个无符号 8 位数字量输入的 D/A 转换器，其分辨率为(　　)位。

A. 1　　　　B. 3　　　　C. 4　　　　D. 8

（2）4 位倒 T 形电阻网络 D/A 转换器的电阻网络的电阻取值有(　　)种。

A. 1　　　　B. 2　　　　C. 4　　　　D. 8

（3）为使取样输出信号不失真地表示输入模拟信号，$f_s$ 取样频率和输入模拟信号的最高频率 $f_{imax}$ 的关系是(　　)。

A. $f_s \geq f_{imax}$　　B. $f_s \geqslant f_{imax}$　　C. $f_s \geq 2f_{imax}$　　D. $f_s \leq 2f_{imax}$

（4）将一个时间上连续变化的模拟量转换为时间上断续（离散）的脉冲信号的过程称为（　　）。

A. 采样　　B. 量化　　C. 保持　　D. 编码

（5）用二进制码表示指定离散电平的过程称为（　　）。

A. 取样　　B. 量化　　C. 保持　　D. 编码

（6）将幅值上、时间上离散的阶梯电平统一归并到最邻近的指定电平的过程称为（　　）。

A. 取样　　B. 量化　　C. 保持　　D. 编码

**4. 分析题**

（1）一个 8 位 D/A 转换器，如果输出电压满量程为 5V，则它的分辨率是多少？

（2）有一个 4 位倒 T 形电子网络 D/A 转换器，设 $V_{REF} = -8V$，$R_F = 3R$，试求 $D_3 \sim D_0 = 1111$、时输出电压 $V_o$。

# 项目六　N 进制计数器认识与实现

## 任务一　可编程逻辑器件的认识

### ❖ 课堂体验

学生简述：

（1）PLD 是什么？

_____

_____

（2）PLD 的功能由什么确定？是一种什么样的数字集成电路？

_____

_____

（3）PLD 与一般数字集成电路有何不同？

_____

_____

（4）现在的 PLD 主要生产厂商有哪些？主流类型是什么？

_____

_____

（5）画出 PLD 发展流程图（标识年代与主要产品类型）。

|  |
|  |
|  |
|  |
|  |

### ❖ 评价与分析

活动过程评价表见表 6-1-1。

表 6-1-1　活动过程评价表

| 班级 | | 姓名 | | 学号 | | 日期 | |
|---|---|---|---|---|---|---|---|
| 序号 | 内容 | | | | 配分 | 得分 | 总评 |
| 1 | 能说出 PLD 是什么 | | | | 15 | | A<br>B<br>C<br>D |
| 2 | 能准确分析 PLD 功能由什么确定 | | | | 15 | | |
| 3 | 能准确说出 PLD 是一种什么样的数字集成电路 | | | | 25 | | |
| 4 | 能进行 PLD 与一般数字集成电路比较 | | | | 25 | | |
| 5 | 能准确说出 PLD 的发展历程 | | | | 10 | | |
| 6 | 能准确说出当今 PLD 主要生产厂商及主流类型 | | | | 10 | | |
| 小结与建议 | | | | | | | |

# 任务二　主流可编程逻辑器件 CPLD/FPGA 的认识

## ❖ 课堂体验

学生简述：

（1）CPLD/FPGA 的特点：_____

（2）CPLD 与 FPGA 的不同点：_____

（3）CPLD/FPGA 的用途：_____

（4）CPLD/FPGA 与单片机的不同点：_____

## ❖ 评价与分析

活动过程评价表见表 6-2-1。

表 6-2-1　活动过程评价表

| 班级 | | 姓名 | | 学号 | | 日期 | |
|---|---|---|---|---|---|---|---|
| 序号 | 内容 | | | | 配分 | 得分 | 总评 |
| 1 | 能准确说出 CPLD/FPGA 的特点 | | | | 25 | | A<br>B<br>C<br>D |
| 2 | 能准确说出 CPLD/FPGA 的不同点 | | | | 25 | | |
| 3 | 能准确说出 CPLD/FPGA 的用途 | | | | 25 | | |
| 4 | 能准确指出 CPLD/FPGA、单片机与 DSP 的不同点 | | | | 25 | | |
| 小结与建议 | | | | | | | |

# 任务三　可编程逻辑器件实现 N 进制计数器

## ❖ 课堂体验

1. 学生简述：
1）PLD 设计方法有哪两部分？

2）PLD 的软件设计有哪两部分？

3）PLD 设计流程一般有哪几步？


2. 学生简述：
1）使用 QuartusII 软件开发一个计数器需要哪些硬件和软件？


2）使用 QuartusII 软件建立一个项目有哪几步？


3）任务三实现 6 位二进制计数时选择的 FPGA 芯片型号是什么？


4）FPGA 的设计流程是什么？


## ❖ 评价与分析

活动过程评价表见表 6-3-1。

表 6-3-1　活动过程评价表

| 班级 | | 姓名 | | 学号 | | 日期 | |
|---|---|---|---|---|---|---|---|
| 序号 | 内容 | | | | 配分 | 得分 | 总评 |
| 1 | 能说出 PLD 设计方法 | | | | 20 | | A<br>B<br>C<br>D |
| 2 | 能准确分析 PLD 设计流程 | | | | 20 | | |
| 3 | 能准确说出 QuartusII 软件开发一个计数器的硬件和软件 | | | | 10 | | |
| 4 | 能准确说出使用 QuartusII 软件建立项目有哪几步 | | | | 10 | | |
| 5 | 能准确选择 FPGA 芯片型号 | | | | 20 | | |
| 6 | 能明确 FPGA 的设计流程 | | | | 20 | | |
| 小结与建议 | | | | | | | |

## 习题训练

**1. 填空题**

（1）可编程逻辑器件简称_____，它的逻辑功能由_____确定。

（2）CPLD_____年代出现，_____公司开发。

（3）FPGA_____年代出现，_____公司开发。

（4）上网查询 CPLD 的一种代表产品型号是_____，其用途是_____。

（5）上网查询 FPGA 的一种代表产品型号是_____，其用途是_____。

（6）典型 PLD 组成是_____。

**2. 判断题（正确打√，错误的打×）**

（1）20 世纪 80 年代中期，Lattice 公司推出 CPLD。　　　　　　　　（　　）

（2）Altera 公司首先推出是 FPGA。　　　　　　　　　　　　　　　（　　）

（3）现在最低端的 PLD 已经不使用了。　　　　　　　　　　　　　（　　）

（4）PLD 与单片机是差不多的。　　　　　　　　　　　　　　　　（　　）

（5）PLD 是一个数字集成电路半成品。　　　　　　　　　　　　　（　　）

**3. 选择题**

（1）通过软件可以改变硬件的是(　　)。

A. CPU　　　　　B. MCU　　　　　C. PLD　　　　　D. DSP

（2）目前开发 PLD 的硬件语言有(　　)。

A. 梯形图　　　　B. VHDL　　　　C. 汇编语言　　　D. C 语言

（3）目前开发 PLD 应用较多的开发软件有（　　）。

A. QuartusII　　　　B. Verilong HDL

C. ISE WebPACK　　D. Max plusII

**4. 综合题**

（1）画出 PLD 设计流程图。

（2）使用 QuartusII 软件选择 FPGA 模块实现六十进制计数器。

# 项目七　数字毫伏表制作

## 任务一　数字毫伏表电路的认识

❖ **课堂体验**

1. 学生简述三位半数码管的结构与功能。

_____

_____

_____

2. 学生画出七段数码管的等效电路图。

3. 学生画出 MC14433 芯片的引脚图。

4. 学生画出 MC1403 的引脚图。

5. 学生画出 CD4511 芯片的引脚图。

## ❖ 评价与分析

活动过程评价表见表 7-1-1。

表 7-1-1 活动过程评价表

| 班级 | | 姓名 | | 学号 | | 日期 | |
|---|---|---|---|---|---|---|---|
| 序号 | 内容 | | | 配分 | 得分 | 总评 | |
| 1 | 能认识七段数码管的结构类型及三位半 LED 数码管 | | | 10 | | A B C D | |
| 2 | 能掌握 MC14433 的基本知识 | | | 20 | | | |
| 3 | 能掌握 CD4511 的基本知识 | | | 20 | | | |
| 4 | 能掌握 MC1403 的基本知识 | | | 20 | | | |
| 5 | 能掌握数字毫伏表电路的工作原理与过程 | | | 30 | | | |
| 小结与建议 | | | | | | | |

# 任务二  数字毫伏表的组装与调试

## ❖ 课程体验

1. 学生简述检测电阻及电容器的过程。

2. 学生简述测量集成电路的过程。

3. 学生简述测量三位半数码管的过程。

4. 学生简述调试毫伏表时遇到的问题及解决的方法。

## ❖ 评价与分析

活动过程评价表见表 7-2-1。

表 7-2-1 活动过程评价表

| 班级 | | 姓名 | | 学号 | | 日期 | |
|---|---|---|---|---|---|---|---|
| 序号 | 内容 | | | | 配分 | 得分 | 总评 |
| 1 | 认识三位半数码管、MC14433、CD4511、MC1403 等元件的内部结构与引脚功能 | | | | 10 | | A<br>B<br>C<br>D |
| 2 | 认识数字毫伏表电路的工作原理 | | | | 10 | | |
| 3 | 规划制作步骤与实施方案 | | | | 20 | | |
| 4 | 任务实施 | | | | 30 | | |
| 5 | 任务总结报告 | | | | 10 | | |
| 6 | 职业素养 | | | | 20 | | |
| 小结与建议 | | | | | | | |

## 习题训练

**1. 填空题**

（1）把模拟量到数字量的转换称为_____转换。反之，把数字量到模拟量的转换称为_____。

（2）实现 D/A 转换的电路称为_____。

（3）当七段数码管显示数字 2 时所对应的发光段是_____；当七段数码管显示数字 7 时所对应的发光段是_____。

（4）三位半数码管中的半位是指千位数只能是_____或_____，不能从 0 变化到 9，所以称为半位。

（5）数字毫伏表是利用 A/D 转换原理，将_____量——电压转换成_____量——8421BCD 码，再通过数字显示系统，将数字量显示出来。

**2. 判断题**

（1）将模拟量转换为与之成正比的数字量的转换，称为 D/A 转换。（    ）

（2）ADC 的位数越多，分辨率越高。（    ）

（3）量化误差是无法消除的。（    ）

（4）三位半 LED 数码管中的三位和半位均能从 0 变化到 9。（    ）

（5）数字毫伏表中的 ADC 属于双积分型 ADC。（    ）

**3. 选择题**

（1）使用万用表检测七段数码管的质量时，应选择（    ）挡来测量。
A. $R×1$    B. $R×100$    C. $R×1k$    D. $R×10k$

（2）量化后的数值通过编码用（    ）数表示出来。
A. 二进制    B. 八进制    C. 十进制    D. 十六进制

（3）三位半数字显示的直流毫伏表的测量精度为（    ）。
A. 1mV    B. 10mV    C. 100mV    D. 1V

（4）使用数字毫伏表测量实际电压时，若出现过量程，则数码管（    ）。
A. 显示 1    B. 显示 0    C. 显示 1999    D. 熄灭

（5）当使用数字毫伏表测量实际电压时，若显示全灭，说明数字毫伏表出现了（    ）情况。
A. 精度太高    B. 超出量程    C. 被测电压太小    D. 损坏

**4. 简述题**

数字毫伏表由哪些电路组成？各有什么作用？

# 项目八　温度控制器制作

## 任务一　温度控制器电路的认识

### ❖ 课堂体验

1. 学生简要说明 PT100 的性能参数。
   _____
   _____
   _____

2. 学生画出 ICL7107 芯片的引脚排列。

   ┌─────────────────────────────────────────┐
   │                                         │
   │                                         │
   │                                         │
   │                                         │
   │                                         │
   └─────────────────────────────────────────┘

3. 学生简要说明 PC817 芯片的结构与功能。
   _____
   _____
   _____

4. 学生简要叙述温度控制器的工作原理。
   _____
   _____
   _____

5. 学生简要叙述温度控制器的工作过程。
   _____
   _____
   _____

## ❖ 评价与分析

活动过程评价表见表 8-1-1。

表 8-1-1 活动过程评价表

| 班级 | | 姓名 | | 学号 | | 日期 | | |
|---|---|---|---|---|---|---|---|---|
| 序号 | 内容 | | | | 配分 | 得分 | | 总评 |
| 1 | 能够正确认识 PT100 的符号、外形及电阻变化 | | | | 10 | | | A |
| 2 | 能够正确认识 ICL7107 的外形、引脚排列 | | | | 10 | | | B |
| 3 | 能够正确认识 PC817 的相关知识 | | | | 20 | | | C |
| 4 | 能够掌握温度控制器的工作原理 | | | | 30 | | | D |
| 小结与建议 | | | | | | | | |

# 任务二　温度控制器的组装与调试

## ❖ 课堂体验

1. 简述检测电阻及电容器的过程。

2. 简述初步测量集成电路的步骤。

3. 简述测量温度传感器的过程。

4. 简述组装温度控制器电路时遇到的问题及解决办法。

5. 简述检测电路参数的步骤。

## ❖ 评价与分析

活动过程评价表见表8-2-1。

表8-2-1 活动过程评价表

| 班级 | | 姓名 | | 学号 | | 日期 | |
|---|---|---|---|---|---|---|---|
| 序号 | 内容 | | | | 配分 | 得分 | 总评 |
| 1 | 认识PT100、ICL7107、PC817等元件的内部结构与引脚功能 | | | | 15 | | A<br>B<br>C<br>D |
| 2 | 认识温度控制器电路的工作原理 | | | | 15 | | |
| 3 | 规划制作步骤与实施方案 | | | | 10 | | |
| 4 | 任务实施 | | | | 40 | | |
| 5 | 任务总结报告 | | | | 10 | | |
| 6 | 职业素养 | | | | 10 | | |
| 小结与建议 | | | | | | | |

## 习题训练

**1. 填空题**

（1）电路中 $R_{P3}$ 的作用是＿＿＿＿＿＿＿＿＿＿＿＿＿＿＿＿＿＿＿＿＿＿＿＿。

（2）电路中 $R_{P4}$ 的作用是＿＿＿＿＿＿＿＿＿＿＿＿＿＿＿＿＿＿＿＿＿＿＿＿。

（3）电路中二极管 $VD_1$ 的作用是＿＿＿＿＿＿＿＿＿＿＿＿＿＿＿＿＿＿＿＿。

（4）电容 $C_5$ 的作用＿＿＿＿＿＿＿＿＿＿＿＿＿＿＿＿＿＿＿＿＿＿＿＿＿。

**2. 选择题**

（1）二极管 $VD_2$ 的作用是（　　）。

A. 整流　　　　　　B. 钳位　　　　　　C. 开关　　　　　　D. 保护

（2）晶体管 $VT_1$ 的作用是（　　）。

A. 放大　　　　　　B. 开关　　　　　　C. 射随　　　　　　D. 检波

（3）调节 $R_{P6}$，使其阻值变大，可使IC4B的放大倍数（　　）。

A. 增大　　　　　　B. 减小　　　　　　C. 不变

（4）$U_{4A}$ 和外部元件组成电路是（　　）。

A. 反比例运算放大电路　　　　　　B. 同比例运算放大电路

C. 电压比较器

**3. 简述题**

简述温度控制原理。

# 项目九　无线防盗报警器制作

## 任务一　无线防盗报警器电路的认识

### ❖ 课堂体验

1. 简述静电及其防护常识。

_____
_____
_____

2. 简述压电陶瓷片的性能参数。

_____
_____
_____

3. 学生画出 NE555 的引脚排列。

4. 学生画出无线防盗报警器的组成方框图。

5. 学生简述无线防盗报警器的工作过程。

_____
_____
_____

## ❖ 评价与分析

活动过程评价表见表 9-1-1。

表 9-1-1 活动过程评价表

| 班级 | | 姓名 | | 学号 | | 日期 | |
|---|---|---|---|---|---|---|---|
| 序号 | 内容 | | | | 配分 | 得分 | 总评 |
| 1 | 能够正确认识静电的概念 | | | | 10 | | |
| 2 | 能够正确认识导体释放静电的方法，以及导电性桌面、地板垫、手腕带 | | | | 20 | | A |
| 3 | 能够正确认识去除绝缘物体上静电的方法 | | | | 10 | | B |
| 4 | 能够掌握温度控制器的工作原理 | | | | 10 | | C |
| 5 | 能够正确认识压电陶瓷篇、光敏电阻、红外发射二极管和红外接收头 | | | | 15 | | D |
| 6 | 能够正确认识 LM358、NE555 芯片 | | | | 15 | | |
| 7 | 能够掌握无线报警器的工作原理 | | | | 20 | | |
| 小结与建议 | | | | | | | |

# 任务二　无线防盗报警器的组装与调试

## ❖ 课堂体验

1. 学生简述检测电阻及电容器的过程。

2. 学生简述初步测量集成电路时遇到的问题及解决办法。

3. 简述测量无线防盗报警器时应注意的事项。

4. 学生简述组装无线防盗报警器电路时遇到的问题及解决的措施。

_____
_____
_____

5. 学生简述调试无线防盗报警器的过程。

_____
_____
_____

## ❖ 评价与分析

活动过程评价表见表 9-2-1。

表 9-2-1　活动过程评价表

| 班级 | | 姓名 | | 学号 | | 日期 | |
|---|---|---|---|---|---|---|---|
| 序号 | 内容 | | | | 配分 | 得分 | 总评 |
| 1 | 认识 PT100、ICL7107、PC817 等元件的内部结构与引脚功能 | | | | 15 | | A<br>B<br>C<br>D |
| 2 | 认识无线防盗报警器电路的工作原理 | | | | 15 | | |
| 3 | 规划制作步骤与实施方案 | | | | 10 | | |
| 4 | 任务实施 | | | | 40 | | |
| 5 | 任务总结报告 | | | | 10 | | |
| 6 | 职业素养 | | | | 10 | | |
| 小结与建议 | | | | | | | |

**习题训练**

**1. 填空题**

（1）电阻 $R_2$ 的作用_____。

（2）电阻 $R_{13}$ 的作用是_____。

（3）电容 $C_3$ 的作用是_____。

**2. 选择题**

（1）二极管 $VD_6$ 的作用是（　　）。

A. 整流　　　　　B. 钳位　　　　　C. 开关　　　　　D. 续流

（2）晶体管 $VT_8$ 的作用是（　　）。

A. 放大　　　　　B. 开关　　　　　C. 射随　　　　　D. 检波

(3) 由 $U_1$ 组成的振荡电路 $C_{12}$ 增大,其振荡频率会（　　）。

A. 增大　　　　　　B. 减小　　　　　　C. 不变

(4) 二极管 $VD_6/VD_7$ 组成逻辑关系是（　　）。

A. 与　　　　　B. 或　　　　　C. 异或　　　　　D. 非

(5) $U_{4A}$ 和外部元件组成电路是（　　）。

A. 反比例运算放大电路　　　　　　B. 同比例运算放大电路

C. 电压比较器

### 3. 计算题

当 $X_1$ 输入电压为 AC12V 时,求滤波电容 $C_{19}$ 在空载时的端电压。

### 4. 简述题

晶体管 $VT_{12}$、$VT_{14}$,电容 $C_{16}$、$C_{18}$ 和电阻 $R_{32}$、$R_{33}$、$R_{36}$、$R_{38}$ 等组成什么电路,简述其电路工作原理。